浙江省高职院校“十四五”重点立项建设教材

智能制造生产线技术及应用

主　编　郑秀丽　郑道友　李海清
副主编　潘孝业　陈哲权　赵秀菊
参　编　黄建勤　付　强　章洋舟
李晓丽　李　瑞

机械工业出版社

本书共分为八个项目，每个项目都有详细的讲解和操作步骤，主要内容包括智能制造总体认知、智能制造生产线认知、生产线加工设备认知、生产线工业机器人应用、智能仓储系统操作、生产线设备数据交互、智能制造生产线联调、生产线信息化管理。本书图文并茂，内容翔实，通俗易懂，具有很强的可操作性。通过这些项目的学习和实践，学生将掌握智能制造生产线的基本概念和组成，了解如何操作加工设备和智能仓储系统，并能够理解设备间的通信协议，实现生产线的联调，借助信息化管理系统赋能，提高生产率、生产质量和设备使用率。本书还提供了一些综合实例演练，帮助读者更好地掌握所学知识。

本书适合作为高等职业院校装备制造类相关专业智能制造课程的教材，也可以作为初学者自学用书或者培训班的培训教材。

为方便教学，本书配套 PPT、电子教案及视频资源，凡购买本书作为授课教材的教师可登录 www.cmpedu.com 注册后免费下载。

图书在版编目（CIP）数据

智能制造生产线技术及应用 / 郑秀丽，郑道友，李海清主编 . -- 北京 : 机械工业出版社，2024. 10.

ISBN 978-7-111-76765-7

Ⅰ. TH166

中国国家版本馆 CIP 数据核字第 20248C82C2 号

机械工业出版社（北京市百万庄大街 22 号　邮政编码 100037）

策划编辑：赵红梅　　责任编辑：赵红梅　王莉娜

责任校对：龚思文　李　婷　　封面设计：马若濛

责任印制：刘　媛

北京中科印刷有限公司印刷

2024 年 12 月第 1 版第 1 次印刷

184mm × 260mm・16.5 印张・399 千字

标准书号：ISBN 978-7-111-76765-7

定价：49.00 元

电话服务	网络服务
客服电话：010-88361066	机　工　官　网：www.cmpbook.com
010-88379833	机　工　官　博：weibo.com/cmp1952
010-68326294	金　　书　　网：www.golden-book.com
封底无防伪标均为盗版	机工教育服务网：www.cmpedu.com

前　言

现代职业教育肩负着培养高素质劳动者和技术技能人才的重要责任与使命。本书以习近平新时代中国特色社会主义思想为指导，深入贯彻落实党的二十大精神，将思想道德建设与专业素质培养融为一体，着力培养爱党爱国、敬业奉献，具有工匠精神的高素质技能人才。

本书是浙江省高职院校“十四五”重点立项建设教材，根据高等职业院校人才培养目标、智能制造生产线技术及应用课程教学基本要求，结合编者多年的教学经验和教改实践编写而成。本书以光电智能制造生产线平台为载体，以具体的工作任务为主线，以任务训练为核心，以相关知识为基础，将“教、学、练”有机结合，通过完成生产加工设备、地轨机器人、立体库、AGV 小车、生产线联调和信息化管理等项目的学习，学生可以较为系统和完整地掌握操作技能、交互参数设置、生产线设备的联调等知识，对智能制造生产线的工作原理能有一个全面的认识，逐步形成生产单元运行调试与维护的思路，掌握解决问题的方法，促进智能制造生产运维领域复合型技能人才的培养，加快先进制造业技术技能积累和高素质人才队伍建设。

本书由浙江工贸职业技术学院郑秀丽、郑道友和浙江工业职业技术学院李海清任主编，浙江工贸职业技术学院潘孝业、陈哲权、赵秀菊任副主编，参编人员有亚龙智能装备集团股份有限公司黄建勤和付强、浙江工贸职业技术学院章洋舟和李瑞、瑞安市质量技术监督研究院李晓丽。本书在编写过程中，参考了智能生产线方面诸多教材、数控机床系统和智能货柜的相关资料等，得到了亚龙智能装备集团股份有限公司的大力支持，编者对以上文献作者和公司深表谢意。

由于编者水平有限，书中难免出现疏漏，敬请读者批评指正。

编　者

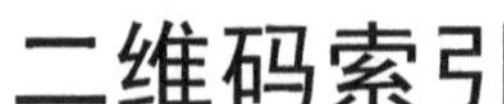

二维码索引

页码	名称	图形	页码	名称	图形
23	机器人搬运		93	激光切割机操作	
38	数控车床操作		104	机器人机械手安装过程	
57	立式加工中心对刀过程		173	智能立体库操作	
73	五轴加工中心开机运行		206	联调设置	
80	数控折弯机操作				

目录

项目一 智能制造总体认知

项目说明

在信息化时代背景下，新的现代化技术不断涌现，对人们的生产生活产生了极大的影响，加快了社会发展的步伐。作为高新技术在工业生产领域中的一种重要体现，智能制造技术能够在保证工业产品质量的基础上，提高工业制造的生产率，降低工业生产的劳动强度。本项目着重剖析了智能制造的概念及其发展、内涵、特征与典型模式，对智能制造领域核心技术也做了详细介绍。

任务一 智能制造概况认知

知识目标

（1）了解智能制造的概念及其发展过程。
（2）了解国内外智能制造的发展现状。
（3）了解智能制造的特征与典型模式。

技能目标

能分析智能制造的概念并解析其内涵。

素养目标

（1）掌握基本的知识，培养良好的学习习惯。
（2）从智能制造概念的快速发展过程中，领悟制造业的巨大进步，培养学生的创新精神。
（3）通过国内外智能制造概念的发展比较，激发学生的爱国情怀。
（4）激发学生关注制造业发展的兴趣。

任务引导

引导问题 1：中国制造让你自豪吗？说出让你最自豪的一款产品。

引导问题 2：你认为智能制造应该是什么样的？

知识准备

一、智能制造概念的发展

智能制造的概念最早由欧洲、美国、日本等发达国家和地区于 20 世纪 80 年代末提出。由于制造技术、信息技术、网络技术等不断发展，关于智能制造的概念和内涵也处在不断变化、充实和完善之中。智能制造的概念主要经历了以下发展阶段，尚无公认定义。

1. 概念提出阶段

1988 年，智能制造最早出现在美国纽约大学 P.K.Wright 和卡内基梅隆大学 D.A.Bourne 的《智能制造》（《Manufacturing Intelligence》）一书中。书中指出，智能制造是集成知识工程、制造软件系统及机器人视觉等技术，在没有人工干预条件下，智能机器人独自完成小批量生产的过程。

2. 概念发展阶段

20 世纪 90 年代，在智能制造概念提出后不久，智能制造的研究获得欧洲、美国、日本等工业化发达国家和地区的普遍重视，围绕智能制造技术（IMT）与智能制造系统（IMS）开展国际合作研究。1991 年，日本、美国、欧洲地区共同发起实施的“智能制造国际合作研究计划”中定义“智能制造系统是一种在整个制造过程中贯穿智能活动，并将这种智能活动与智能机器有机融合，将整个制造过程从订货、产品设计、生产到市场销售等各环节以柔性方式集成起来的能发挥最大生产力的先进生产系统”。

3. 概念深化阶段

21世纪以来，随着物联网、大数据、云计算等新一代信息技术的快速发展及应用，智能制造被赋予了新的内涵，即新一代信息技术条件下的智能制造（Smart Manufacturing）（图1-1）。2010年9月，美国在华盛顿举办的“21世纪智能制造的研讨会”指出，智能制造是对先进智能系统的强化应用，使得新产品的迅速制造、产品需求的动态响应以及对工业生产和供应链网络的实时优化成为可能。2012年，美国通用公司提出“工业互联网（Industrial Internet）”，通过它将智能设备、人和数据连接起来，并以智能的方式分析这些交换的数据，从而帮助人类和设备做出更智慧的决策。“工业互联网”强调智能设备（Intelligent Devices）、智能系统（Intelligent Systems）和智能决策（Intelligent Decisioning）三要素的整合。2013年4月，在汉诺威工业博览会上，德国政府宣布启动“工业4.0（Industry 4.0）”国家级战略规划，通过利用信息－物理系统（Cyber–Physical Systems，CPS），实现由集中式控制向分散式增强型控制的基本模式转变，其目标是建立高度灵活的个性化和数字化的产品与服务的生产模式，推动现有制造业向智能化方向转型。“工业4.0”中强调智能生产（Smart Production）和智能工厂（Smart Factory）。

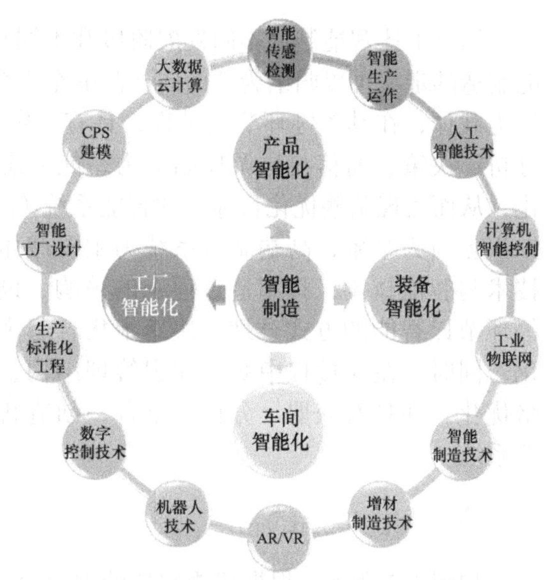

图1-1　新一代信息技术条件下的智能制造

二、我国智能制造概念的发展

我国智能制造研究开始于20世纪90年代。从机械工程学角度来看，智能制造未来应该包含对工作环境的自动识别和判断，对现实工况做出快速反应，制造实现与人和社会的相互交流。智能制造系统应能通过智能化和集成化的手段来增强制造系统的柔性和自组织能力，提高快速响应市场需求变化的能力。智能制造的本质是应用人工智能理论和技术解决制造中的问题，智能制造的支撑理论是制造知识和技能的表示、获取、推理，而如何挖掘、保存、传递、利用制造过程中长期积累下来的大量经验、技能和知识是现代企业亟须解决的问题。智能制造应具有感知、分析、推理、决策、控制等功能，是制造技术、信息技术和智能技术的深度融合。

从经济学角度来看，近年来从经济学角度对智能制造的研究逐渐增多，智能制造在产业或经济的层面使得市场竞争的资源基础、产业竞争范式以及国家间产业竞争格局发生了深刻变革。它将改变企业核心竞争力所依赖的资源基础；重塑国际产业分工格局，后发国家必须寻求新的产业赶超路径。制造业数字化、智能化可使产品性能发生质的飞跃，有效提高产品设计质量与效率，大大提高加工质量、效率与柔性，有效降低资源与能源消耗，使企业资源实现最优化，同时使产品制造模式、生产组织模式以及企业商业模式等众多方

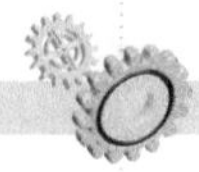

面发生根本性的变化，将引发制造业的革命性变化。智能制造将推动制造业生产方式变革，促进全球供应链管理创新，引领制造业服务化转型，加速制造企业成本再造。

2015年，我国正式发布《中国制造2025》，在“战略任务和重点”中，明确提出“加快推动新一代信息技术与制造技术融合发展，把智能制造作为两化深度融合的主攻方向；着力发展智能装备和智能产品，推进生产过程智能化，培育新型生产方式，全面提升企业研发、生产、管理和服务的智能化水平”。

三、智能制造的内涵

结合上述智能制造不同发展阶段和不同角度的定义，从智能制造的本质特征出发，智能制造的定义可以归纳为“面向产品的全生命周期，以新一代信息技术为基础，以制造系统为载体，在其关键环节或过程，具有一定自主性的感知、学习、分析、决策、通信与协调控制能力，能动态地适应制造环境的变化，从而实现某些优化目标”的智能系统（图1-2）。智能制造是以知识创新为基础，高端制造系统为主要载体，利用最新的信息化技术与智能技术，将制造过程中的采购、设计、生产到经营销售等环节以智能的方式合理、快捷地集合起来，以实现生产力最大化，同时，在这过程中对其知识管理结构、生产管理结构进行网络优化，并具有获取、分析、整合、创造新知识等功能的先进制造系统。

图1-2　智能制造系统

四、智能制造的特点

如图1-3所示，根据智能制造的内涵及要求，在精确化、服务化、社会化的市场需求驱动下，智能制造主要呈现以下特点。

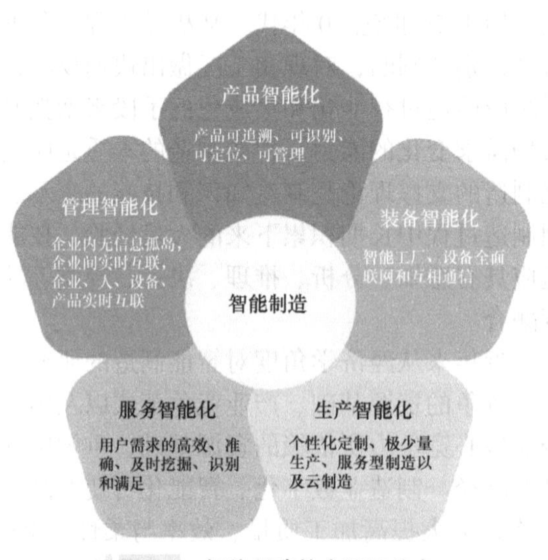

图1-3　智能制造的内涵及特点

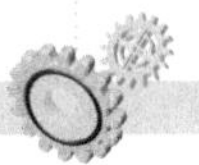

1. 生产过程高度智能

智能制造在生产过程中能够自我感知周围环境，实时采集、监控生产信息。智能制造系统中的各个组成部分能够依据具体的工作需要，自我组成一种超柔性的最优结构并以最优的方式进行自组织，以最初具有的专业知识为基础，在实践中不断完善知识库，遇到系统故障时，系统具有自我诊断及修缮能力。智能制造能够对库存水平、需求变化、运行状态进行反应，实现生产的智能分析、推理和决策。

2. 资源的智能优化配置

信息网络具有开放性、信息共享性，由信息技术与制造技术融合产生的智能化、网络化的生产制造可跨地区、跨地域进行资源配置，突破了原有的本地化生产边界。制造业产业链上的研发企业、制造企业、物流企业通过网络衔接，实现信息共享，能够在全球范围内进行动态的资源整合，生产原料和部件可随时随地送往需要的地方。

3. 控制系统化

智能制造基于数字技术，并结合知识的处理、智能优化以及智能数控加工方法，保证整个制造系统的高效、稳定运行，保证生产制造的效率。与传统制造系统相比，智能制造处理的对象是系统的知识而并非数据，系统处理的方法是智能灵活的；建模的方式是智能数学的方法，而不是经典数学（微积分）的方法。近年来，利用智能数学研发的方法包括：专家系统、模式识别、博弈论、定性推理、多值逻辑、数据挖掘、网格计算等数量繁多的智能方法，将这些方法进行重新组合，能够形成新的计算方法，以极大地扩展智能制造领域，因此智能数学方法的系统建立仍是未来智能制造的研发重点。

4. 产品高度智能化、个性化

智能制造产品通过内置传感器、控制器、存储器等技术具有自我监测、记录、反馈和远程控制功能。智能产品在运行中能够对自身状态和外部环境进行自我监测，并对产生的数据进行记录，对运行期间产生的问题自动向用户反馈，使用户可以对产品的全生命周期进行控制管理。产品智能设计系统通过采集消费者的需求进行设计，用户在线参与生产制造全过程成为现实，极大地满足了消费者的个性化需求。制造生产从先生产后销售转变为先定制后销售，避免了产能过剩。

五、智能制造的典型模式

2015年，工业和信息化部发布了《2015年智能制造试点示范专项行动实施方案》（以下简称“2015年专项行动”），基本确定了流程制造、离散制造、智能装备和产品、智能制造新业态新模式、智能化管理、智能服务6个方面作为试点示范专项行动，这也是智能制造典型模式的初始形态。随后，在2016年发布的《智能制造试点示范2016专项行动实施方案》中，明确提出了智能制造五大试点示范重点行动，即智能制造五大典型模式，分别为离散型智能制造模式、流程型智能制造模式、网络协同型智能制造模式、大规模个性化定制型智能制造模式和远程运维型智能制造模式，并进一步划分了每个试点示范行动下的细分行业和领域，提出了更高的要求与目标。例如，通过流程型制造提高企业产业链管理、质量控制与溯源、能源需求侧管理、节能减排以及安全生产等方面的智能化水平，而这些要求在“2015 年专项行动”中并未提出。

为了进一步对智能制造进行研究评价，浙江省首次公布了智能制造评价办法，本项目根据该办法中的相关内容和制造业企业或装备制造企业产品的生产过程、产品特点、生产模式等，对不同类型的智能制造进行了归纳整理，见表 1-1。

表 1-1　各类型智能制造典型模式

类别	包含项目（内容）	具体内容（指标）
离散型智能制造	产品与工厂设计数字化，制造过程自动化，数据的互联互通，制造执行系统，企业资源计划管理系统，总体技术，综合指标	工厂 / 车间设计、工艺流程及布局建成数字化模型，实现产品数字化三维设计与工艺仿真，建立产品数据管理系统，实现产品全生命周期管理等
流程型智能制造	工厂设计数字化，生产过程自动化，数据的互联互通，制造执行系统，企业资源计划管理系统，总体技术，综合指标	车间 / 工厂设计、工艺流程和布局建成系统模型，数据自动化采集率、自控投用率为 90% 以上，实时数据库平台与过程控制系统、生产管理系统实现互通集成，可靠的信息安全技术等
网络协同型智能制造	并行工程技术，资源配置功能，智能制造总体技术，智能制造综合指标	产业链不同环节企业之间资源、信息及知识共享，围绕产品实现异地的研发、设计、测试、人力等资源的有效统筹与协同，信息、知识等资源异地共享
大规模个性化定制型智能制造	个性化产品数据库，模块化设计方法，个性化定制平台，敏锐弹性智能制造，智能制造技术，智能制造综合指标	产品模块化设计，符合用户需求的个性化产品、个性化数据库，新产品研发、弹性生产、货物运输和售后服务等有机统一与不断优化等
远程运维型智能制造	远程运维服务平台与服务软件，远程运维服务核心模型，远程运维服务综合指标	云服务平台，装备实现无人控制，产品存储实现优化管理、预测与决策、运行性能优化等服务，核心部件生命周期分析平台，专家系统的故障预测模型等

由表 1-1 可知，不同类型制造业或装备制造业的智能制造在一些细节上或表述中有些差别，但是整体表述与终极目标是相同的，即在新一代信息技术基础上，把设计、生产、管理、服务等制造的各个环节都融入智能制造，使其成为具备信息自感知、自决策以及自执行等优质功能的制造生产过程、系统及模式。

六、国内外智能制造的发展现状

1. 德国智能制造的发展现状

德国作为全球制造业中最具竞争力的国家之一，德国的西门子、奔驰、博世、宝马等品牌以其高品质享誉世界。为了保持德国制造在世界上的影响力，推动德国制造业的智能化改造，在德国工程院及产业界共同推动下，德国在 2013 年正式推出了德国工业 4.0 战略。工业 4.0 的内涵是凭借智能技术，融合虚拟网络与实体的信息物理系统，降低综合制

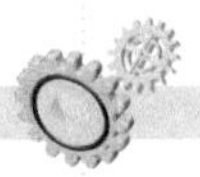

造成本，联系资源、人员和信息，提供一种由制造端到用户端的生产组织模式，从而推动制造业智能化的进程。德国智能制造以信息物理系统为中心，促进高端制造等战略性新兴产业的发展，大幅降低产品生产成本，构建德国特色的智能制造网络体系。德国工业 4.0 战略的智能化战略主要包括智能工厂、智能物流和智能生产三种类别。总而言之，德国制造业的智能化过程以工业 4.0 战略为依托，顺应第四次工业革命的历史机遇，通过标准化规范战略部署，重视创新驱动，实现制造业智能化转型升级的战略目标，使德国在全球化生产中保持科研先发优势。图 1-4 所示为工业发展历程以及德国工业 4.0 落地企业生产车间。

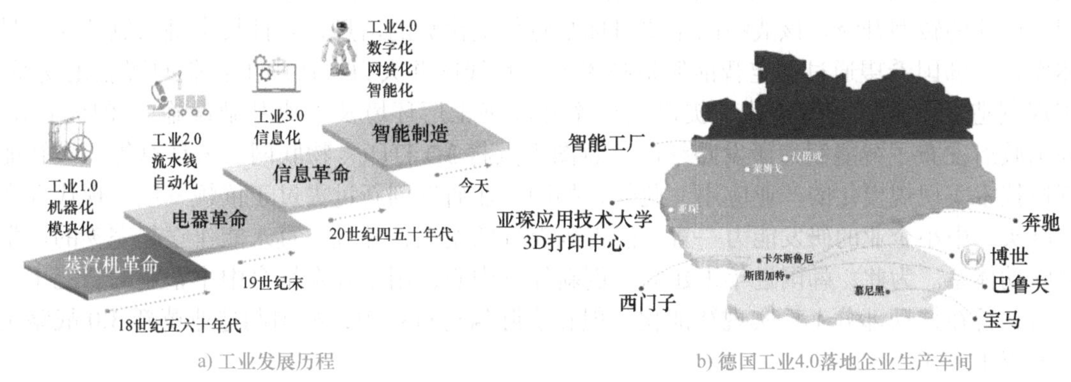

a) 工业发展历程　　b) 德国工业4.0落地企业生产车间

图 1-4　工业发展历程以及德国工业 4.0 落地企业生产车间

2. 美国智能制造的发展现状

美国制造业长期以来饱受“去工业化”、产业转移的困扰。为了复苏实体经济，美国政府大力推动以发展智能制造为重点的“制造业回流”战略，以应对其国内愈发严重的产业空心化问题。2011 年，由美国政府、产业界和学术界共同组建的美国智能制造领导联盟发布了二十一世纪智能制造计划，明确了智能制造发展的目标和路径，为制造业智能化建设提供了可参考的标准。2012 年，美国国家科技委员会发布了先进制造业国家战略计划，明确指出要加强智能制造建设。在实行制造业智能化的过程中，尤其要重视创新在其中的引领作用。通过营造良好的创新环境，并通过众包、奖励等模式大力鼓励开放式的全民创新，将创新驱动战略放在首位，从而在重大的核心技术领域实现突破并抢占制造业升级发展的先机。总而言之，美国的智能制造发展由政府牵头，依托技术创新能力强的大企业和制造业科研机构，重视中小企业和民众的创新成果，取得了一定的成效。

3. 日本智能制造的发展现状

日本在第二次世界大战之后经历了制造业高速发展的黄金时期，但由于劳动力短缺、生产要素成本高昂、国际贸易摩擦加剧等外部原因，以及日本国内信息技术已经与制造技术成规模地融合并应用到制造业生产中的内部条件，使日本拥有了实行智能制造战略的需求和动机。20 世纪 80 年代末，日本工业界专家提出希望能够通过对制造业的智能化改造来提高要素生产率，并将先进制造技术推向世界。但是由于该战略项目的国际合作成本过高，以及技术交流产生的知识产权保护问题未能得到妥善解决，导致其实施效果大打折扣。近年来，日本政府针对先进制造部门采用资金推动战略，并通过努力加强知识产权保护、促进产学研深度合作来鼓励技术创新和进步。但总体来说，日本的智能制造战略并未达成使日本制造业加速发展的战略目标。深层次原因在于，支撑日本智能制造发展的相关因素未能达到发展要求，包括信息化建设水平较低、企业和行政体制僵化，以及未能对创新驱动发展战略加以足够的重视等。

4. 韩国智能制造的发展现状

进入 21 世纪以来，韩国制造业面临着产业竞争日益加剧、原有优势产业受到新兴工业国崛起冲击的挑战。因此，韩国政府在 2014 年提出了制造业革新 3.0 战略，意图实现国家产业的转型升级。该战略的主要目标是将传统优势的信息、软件技术融入制造业。具体而言，韩国希望通过制定智能制造技术发展路线图并大力扶持中小企业的智能化发展，实现制造业产业链的智能化，提高生产率并改善工厂环境及工业基础设施。2015 年末，韩国政府发布了智能制造研发路线图，意图重点将 3D 打印、物联网、云计算等八大智能制造技术实现规模化的产业应用。此外，韩国产业研发创新过去过于依赖三星、现代等产业巨头，中小企业的研发能力一直未能得到充分的挖掘，并且一直未能建立起完善的产学研联动体系。为此，韩国近年来建立了创新经济中心，用于开发培育中小企业的智能工厂项目，旨在推动部分工厂实现智能化。但在实际执行过程中，韩国制造业革新 3.0 战略更多地流于形式。

5. 我国智能制造发展现状

改革开放至今，我国制造业发展取得了举世瞩目的成就，从发展的整体规模和技术含量上都成功实现了历史性的跨越。2006 年，我国制造业的整体规模就超过了日本，四年之后又成功超越美国，成为全球制造业第一大国。但是我国制造业的智能化程度仍然较低，落后于部分西方发达国家，且存在核心技术未能实现完全自主、整体仍处在世界制造业价值链下游等问题。此外，人口红利的迅速减退和要素成本的不断提升也使传统比较优势日渐弱化。为了提升我国制造业的综合竞争力，加快我国由制造大国向制造强国的历史转变，《中国制造 2025》明确指出要以推进智能制造为制造业发展的主攻方向，从而推动制造业协同创新和向服务型制造的转变。

我国智能制造发展历程可分为三个阶段：第一阶段可概括为工业化带动信息化阶段。1956 年“一化三改”的基本完成标志着我国社会主义工业化正式起步。改革开放以来，我国制造业信息化进入了发展的快车道，信息技术成为国家高技术研究发展计划圈定的七个重点发展领域之一，同时期“工业智能工程”建设的提出标志着我国探索智能制造发展的开端。第二阶段是“两化”融合阶段，党的十七大报告提出“大力推进信息化与工业化融合”“振兴装备制造业”。到 2010 年，全域信息化已经基本在我国实现，为带动引领工业发展创造了良好的外部条件。第三阶段是信息化引领工业化阶段，《中国制造 2025》的颁布标志着智能化成为我国制造业发展的新目标和新方向。同年，《国家智能制造标准体系建设指南（2015 年版）》提出了智能制造标准体系应用标准的建设目标，大数据、物联网、云计算等新兴业态不断与传统产业融合，我国智能制造呈现良好的发展态势。

当前，以工业机器人、智能控制系统、新型传感器等为代表的智能制造产业体系已经

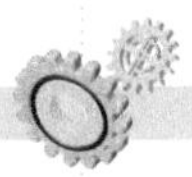

在我国基本形成。以工业机器人为例，根据国际机器人联盟的统计数据，我国工业机器人应用市场规模从 2014 年开始就稳居世界第一，年供货量在十年间增长了二十余倍。但是我国人均拥有的工业机器人数量仍然较低，未达到世界平均水平。我国智能制造仍然有着后发优势和广阔的市场前景。我国智能制造的发展特征如图 1-5 所示。

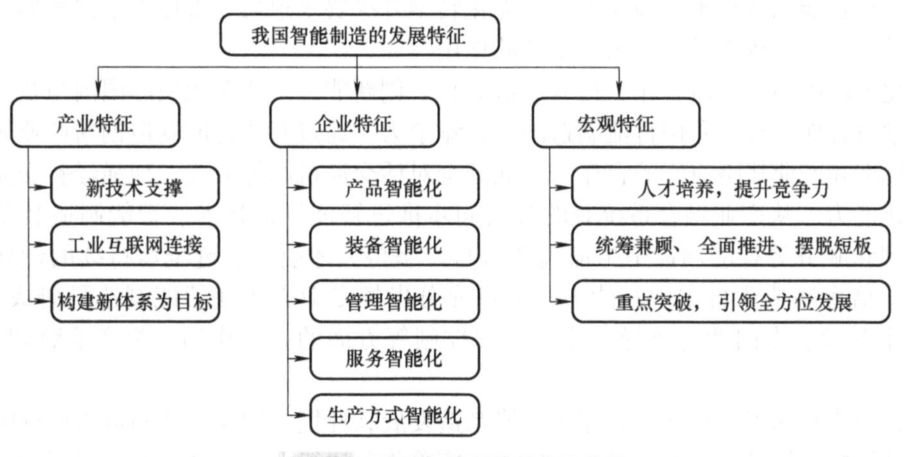

图 1-5 我国智能制造的发展特征

具体而言，我国智能制造产业增长迅速，核心智能测控装置进入产业化发展阶段，智能制造对制造业竞争力的提振效果日益凸显，特别是仪器仪表及食品包装机械领域的发展十分突出；重大智能制造成套设备取得重要成果，成功自主研制了全自动油田固井车、万吨产量烷基化废酸再生装置、千万吨级炼油加氢装置循环氢压缩机高压干气密封及其控制系统等重要工业设备。机器人自动化智能冲压生产线等智能制造装备成功中标，进军国际高端市场；智能制造装备示范应用进展显著，长三角、环渤海、珠三角等地区已经逐步发展成为智能制造装备产业集聚区。

相较于发达工业国家，我国制造业产业技术水平相对较低、创新体系尚不完善、自主创新能力较弱等原因制约了智能制造的发展。智能制造核心软硬件一定程度上受制于国外，创新法制保障不健全、企业融资困难等问题亟待解决。

七、我国智能制造的发展启示

加强基础理论体系研究，构建智能制造顶层设计。加强对智能制造的基础理论体系研究，首先需要加强从宏观角度对技术发展趋势的理解，把握核心问题。牢牢把握云计算、大数据、物联网等智能制造核心信息技术的研究前沿及科技理论，构建以工业互联网为核心的智能制造互联体系。充分发挥政府的顶层设计作用，通过顶层协调，加快构建智能制造基础理论研究体系，制定基础共性的行业标准。鼓励智能制造领域的企业和科研院所深入合作，推动智能制造顶层设计指导基础理论研究，从而形成有机体系，为我国智能制造长期可持续发展奠定坚实的理论基础。

构建智能制造创新产业体系，培育一批示范龙头企业。要实现智能制造产业的可持续发展，就必须构建完善的智能制造创新产业体系。不断强化关键技术和部件的基础创新能力，在系统协同、高精度新型传感器、智能仪表等智能制造核心软硬件方面加大投入，提升制造业产业技术水平。在大数据和工业互联网为主要背景下，以智能制造装备、先进工业软件、智能制造工厂为主要发展方向，发挥政府的组织协调作用，构建以企业为主体、自主创新为原动力、产业政策为保障的创新产业体系。实施集中突破战略，聚焦重点目标，大力扶持培育一批具有代表性的智能制造示范龙头企业。以龙头企业带动关键核心技术研发，在智能制造技术设施完善、智能化转型升级要求迫切、市场需求强烈的领域进行重点突破，以实现树立品牌、示范带动的作用。

深化国际国内产学研合作，提升制造业自主创新能力。要深化国际国内与智能制造相关的产学研合作，提升我国智能制造的综合竞争力。通过共建智能制造创新产业园区、加强产业标准和产业战略研究的合作、建立健全对话交流机制等方式，加强经验交流和知识成果转化能力。从产业融合系统观的视角同步推进智能制造技术、智能制造装备、智能生产管理和服务等智能制造全生命周期流程。坚持人才引领，健全可持续的创新人才培育体系，培育制造业自主创新能力。通过充分发挥专业人才在智能制造科研成果转化、创新技术开发、专门业务指导、质量流程控制等方面的主导作用，为产业赋智、赋才、赋能。

加强法律和知识产权保障，完善智能制造发展软环境。构建智能制造法律保障的基础框架，维护核心技术应用的科学有序发展。完善相关法律保护机制，明确智能制造企业及利益相关方的法律权利、义务和责任。特别在数据隐私安全保障方面，要完善法律法规，建立事前事后的风控体系，为智能制造企业在进行新技术应用及改造升级时提供法律制度保障。特别要加强知识产权保护，完善保护智能制造企业创新的发展软环境。通过完善知识产权保护的相关法律法规，加大对侵犯智能制造企业合理合法权利行为的惩处力度，增设具有针对性的创新成果保护政策，保障企业创新主体的合法权益。

突出金融财税支持力度，构建智能制造金融支撑体系。要强化金融财税政策对智能制造企业的支持力度，积极引导金融机构设计有利于智能制造企业融资的创新金融产品，拓宽智能制造企业的融资渠道，降低融资成本。统筹发挥不同层级金融机构的优势，健全多层次资本市场，给予符合要求的智能制造企业以贷款融资便利。加大政府产业基金领投力度，发挥支持引导和指向作用，带动风险创投、私募股权基金等社会资本对智能制造企业的投资等。在财税支持方面，一方面要制定切实有利于智能制造企业发展的税收优惠政策，减轻企业资金负担，从而为创新研发提供宽松的资金环境；另一方面要继续加强财政资金对智能制造产业的倾斜，对智能制造企业的重大项目建设、技术改造和关键基础设施建设提供定向税收减免，助力智能制造新业态的健康发展。

拓展思考

智能制造是决策革命。

通过“共享、重用”，互联网帮助人们对更多的资源进行配置，而配置过程就是决策过程。这使得资源配置优化的空间增大了，故而价值性增强。与此同时，优化配置的难度也因此而增大。故而，人们往往需要机器帮助来配置资源。机器帮助人类决策，意味着人们控制复杂问题的能力增强了，这就会释放出工业创新的空间。比如“流水线上的个性化定制”，这就是工业 4.0。而工业 4.0 又会带动数字化设计等一系列技术的进步。

任务二　智能制造领域核心技术认知

知识目标

（1）理解智能制造在制造业中的地位。
（2）掌握智能制造的核心技术。

技能目标

（1）提高学生对智能制造对制造强国影响的理解。
（2）通过对智能制造技术的理解，提高学生的知识素养。

素养目标

（1）通过理解智能制造的重要性，增强学生学习的动力，提高职业素养。
（2）通过对智能制造技术的理解，提高学生的知识素养，激发学生创新创业的信心。

任务引导

引导问题：什么是信息化技术、工业化技术？说出你的理解。

知识准备

一、智能制造是实现我国制造业由大变强的核心技术

我国制造业的强大“韧性”来自于党中央的坚强领导、坚实的制造基础、完整的工业体系、不断健全的产业链、丰富的人力资源及持续提升的创新能力。应该说制造强国的建设信心大幅提升，长三角地区的制造业是相当发达的，也是制造强国建设的主力军，是重要的支撑力量。中国工程院在其研究报告中指出，智能制造是实现我国制造业由大变强的核心技术和主线，绿色制造是重要保障，特别提出要优先推进制造业发展。

发展智能制造，就是要用数字技术和智能技术赋能制造业高质量发展。第一，智能

制造本身可以改造提升传统产业。第二，数字技术、智能技术贯穿于整个生产过程的全链条，能从生产、销售、服务各方面促进制造业转型升级，包括出现新业态、新模式，也是区域发展的新途径。数字技术和智能技术能变革制造业发展模式，一个是制造模式的变革，真正实现了网络化制造；还有一个是变革管理模式，真正实现了数字化管理。第三，变革管理方式，真正把数字世界和物理世界渗透融合，最终实现人、机、物全面互联互通，数据驱动全生命周期和全制造流程的数字化、制造化。

二、推进智能制造要把掌握关键核心技术作为重点

智能制造是先进的信息技术和先进的制造技术深度融合，贯穿于制造业的研发设计、生产制造和经营管理、售后服务等全过程，是一种崭新的生产方式。经过多年发展，我国在信息技术、硬件、先进制造等方面都取得了很大进步，一些产业已进入世界前列，但从总体适应智能制造的发展趋势、满足大量推进智能制造的要求来看，仍有一些关键核心技术跟国外有较大差距。推进智能制造要把掌握关键技术、核心设备作为重点。

三、智能制造是推进制造强国战略的主要技术路线

进入新时代，国家确定并全力推进制造强国战略，加快建设制造强国、加快发展先进制造业成为我国的国家战略。要以智能制造为主攻方向推动产业技术变革和优化升级，推动制造业产业模式和企业形态根本性转变，以“鼎新”带动“革故”，以增量带动存量，促进我国产业迈向全球价值链中高端。

新一轮科技革命和产业变革与我国加快转变经济发展方式形成了历史性交汇，智能制造是主要的交汇点，新一代人工智能技术与先进制造技术深度融合所形成的新一代智能制造技术成为新一轮工业革命的核心技术，也成为第四次工业革命的核心驱动力。

智能制造是一个大概念、大系统。智能制造是先进制造技术与新一代信息技术的深度融合，贯穿于产品、制造、服务全生命周期的整个环节以及相应系统的优化集成，是实现制造的数字化、网络化和智能化，不断地提升企业产品质量、效益和制造的水平。

智能制造系统主要是由智能产品、智能生产和智能服务三大功能系统以及智能制造云和工业互联网两大支撑系统集成而成的。智能制造是贯穿产品全生命周期的一个大的创新系统，同时智能制造也是一个不断演进的大系统，它包含了智能制造的三个基本范式：数字化制造是第一代智能制造；数字化、网络化制造或者是“互联网 + 制造”，是第二代智能制造；第三代智能制造也就是数字化、网络化和智能化制造，也称之为新一代智能制造，如图 1-6 所示。我国必须充分发挥后发优势，实行并联式的发展方式，也就是数字化、网络化和智能化并行推进、融合发展的技术方针。

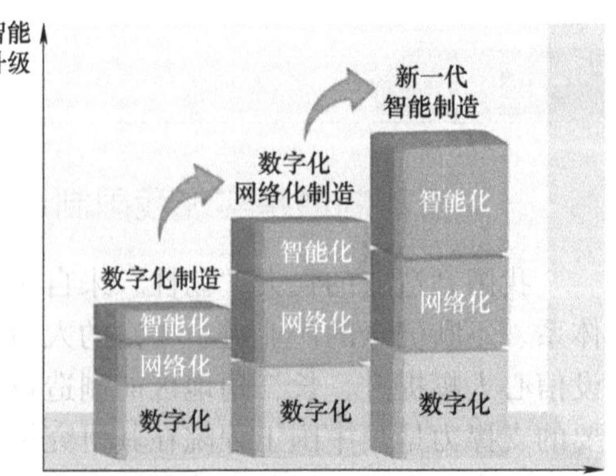

图 1-6 智能制造演进图

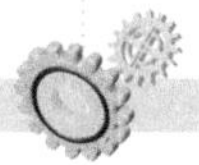

四、智能制造是第四次工业革命的核心技术

回顾制造系统的发展历史，其发展的第一个阶段是传统的制造和人物理系统，历史上人类不断地发明创造各种不同的机械，这种由人和机器所组成的制造系统大量替代人的体力劳动，大大地提高了制造的质量和效率，使社会生产力得以极大提高。

这些制造系统由两部分组成，人和物理系统，因此称之为人物理系统。制造系统的第一个阶段是传统的，物理系统是这个系统的主体，而人是这个系统的主宰和主导。

制造系统发展的第二个阶段进入了数字化制造的阶段，这时系统发展为人、信息和物理系统，即数字化制造，我们称其为智能制造的第一种基本范式，也可以称之为第一代智能制造。在这个过程中，与传统的制造系统相比，数字化制造系统本质的变化是在人和物理系统之间增加了一个信息系统，从原来的人、物理二元系统进化成了人、信息和物理三元系统，这有巨大的优越性。

第三个阶段，进入了数字化、网络化的第二代智能制造阶段。进入 21 世纪以来，互联网、云计算和大数据这些信息技术日新月异、飞速发展，并且极其迅速地转化为现实生产力，形成了群体性的跨越。这些历史性的技术进步集中汇聚在了新一代人工智能上，是生产力的战略性突破。新一代人工智能已经成为新一轮科技革命的核心技术，充分认识到新一代人工智能技术的发展，将深刻地改变人类社会生活、改变世界。新一代的智能制造技术本质是“人工智能 + 互联网 + 数字化制造”，它的最大变化是在系统中增加了认知和学习的部分，因此制造系统具备了认知和学习能力，形成了真正意义上的人工智能。

第四次工业革命最大的变化是在人和信息系统的关系上发生了根本性变化，用一句成语来比喻，就是从“授之以鱼”变成了“授之以渔”。纵观历史，每一次工业革命都是共性赋能技术和制造技术的深度融合，都有一种革命性的、共性的赋能技术，它能够赋能制造技术，和制造技术深度融合形成新的工业技术，成为这次工业革命的核心技术。

第一次工业革命和第二次工业革命分别是以蒸汽机和电力的发展和应用作为根本动力，极大地提升了生产力，使人类社会进入了现代工业社会。而第三次工业革命是以数字化技术的创新和应用为标志，推动了工业革命的先进发展。新一代智能制造技术的突破和广泛应用，将推动形成这次工业革命新的高潮，引领真正意义上的工业 4.0，实现第四次工业革命。

中国制造业必须抓住这一千载难逢的历史机遇，集中优势力量打一场战略决战，实现战略性的历史跨越，推动中国制造业由大变强，进入世界产业链的中高端，实现中国制造业的跨越发展。

五、信息化技术与自动化控制在智能制造中的应用优势

智能制造就是以信息技术为依托，将信息深度感知技术、精准控制技术以及智能化决策技术等各环节深度应用的过程，其流程如图 1-7 所示。而智能制造技术就是相关技术人员以计算机模拟系统为支撑分析某一系统，提升工作效率，达到节省人力、物力，增加效益的技术手段。计算机系统是其关键，借助该系统能够完成各项分析工作，提高生产率及时效性。

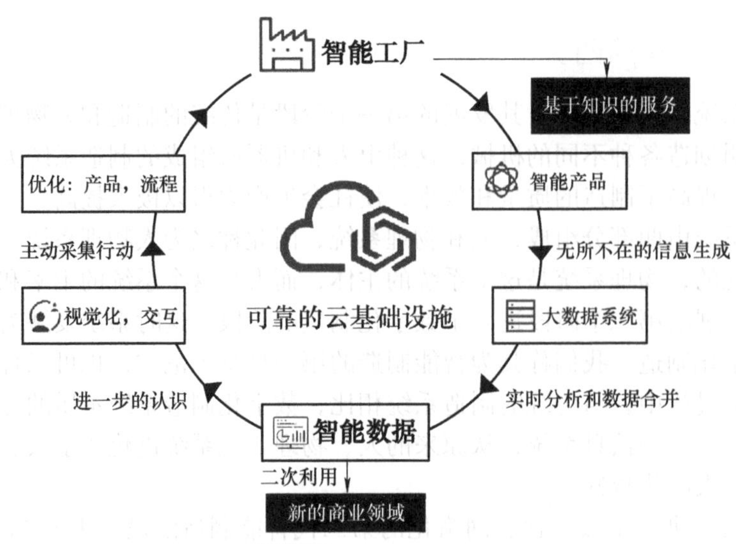

图 1-7　智能制造流程

在智能制造的发展过程中，只有将信息化技术与自动化控制进行应用才能够最大限度地发挥其效用，进一步减少人工作业量。这一方面可以减少产品生产对于人工的依赖，减轻人员工作压力；另一方面能够在很大程度上降低风险事件的发生率，提升生产的安全性和效率。与传统制造相比，充分应用信息化及自动化技术的智能制造特征更明显，可以通过模拟人类思维达到提升工作质量、降低生产成本的目的，对于推动制造业转型升级有重要的现实意义。信息化技术与自动化控制的具体应用优势包括以下几点。

1. 降低技术应用门槛

信息化及自动化技术涉及内容极为广泛，综合性强，既包括常规机械技术，也包括传感技术等，将其用于智能制造中能够有效加强各方联系。智能制造技术也可将信息化及自动化技术作为应用基础，充分发挥二者优势，降低智能制造技术的应用门槛。此外，信息化技术与自动化控制有利于智能制造技术的完善，可推动智能制造技术进一步发展。同时，智能制造技术对于信息化技术与自动化控制能够起到反向推动作用，促使其向多元化方向发展，进一步发挥其价值。

2. 便于设备检修

在智能制造中应用信息化技术与自动化控制能够在较大程度上提升设备检修的便捷性以及效果，为设备稳定运行提供保障。一般情况下，智能化设备系统较为复杂，且内部构成要素多，一旦其中的某一环节出现问题，就需要耗费较多时间及人力进行繁杂的测试和维修。然而，在信息化、自动化技术应用下，相关工作人员可通过计算机系统分析，在短时间内了解问题出现的原因、位置并予以针对性修缮，在提升检修效率的同时，能够避免发生更严重的安全问题。其原因是设备中的某一环节出现问题后，相应的电路数据也会发生改变，在对比电路物理量后，便可精准锁定故障部位。

3. 拓宽技术应用范围

智能制造技术与传统机械自动化生产相比，特征尤为突出，其不仅操作更为便捷、效

率更高，且安全性更强，因此在制造领域发挥了关键作用，能够有效满足当前行业发展要求。将智能化制造与信息化技术、自动化控制相结合可以在原有基础上进一步拓宽智能化技术的应用范围，在更多行业领域发挥其优势。以机械制造中的远程操作为例，传统生产技术下工作人员必须通过电信号传输完成操作，不仅稳定性不强，且操作较复杂。而在信息化、智能化技术推动下，智能制造技术得以更大范围应用，工作人员可通过网络信号完成远程操作，非常便捷。

六、机电一体化技术在智能制造中的实践运用

1. 传感技术

传感技术是机电一体化技术在智能制造中的核心技术，主要用于捕捉、传输生产制造中形成的数据信息。因此，当机电一体化技术运用于智能制造时，要考虑传感技术的结构设计、运用需求以及技术作用，有效体现机电一体化技术的价值。从智能制造实践运用来看，在生产制造过程中，部分零件的参数和生产信息无法真正实现自动化采集、整合、分析，不利于严格把控产品生产质量。若产品质量出现问题且未及时修正，将直接影响生产制造效益。运用传感技术并结合相关的传感设备、软件系统，可以针对生产制造全过程实现动态化监测管理，有效监控各个生产环节，及时获取生产制造过程中产生的各类数据信息，并结合预设的既定参数审核产品质量，确保实现生产制造全过程监控。传感技术原理如图 1-8 所示。此外，可以结合生产过程形成的数据信息实施整合、存储、分析，准确掌握生产制造各个流程的细节，保障产品生产质量，有助于及时对生产设备进行维护管理。总体来看，传感技术在智能制造中发挥了极大作用，对提高智能制造的准确性和机电一体化技术水平具有关键作用。

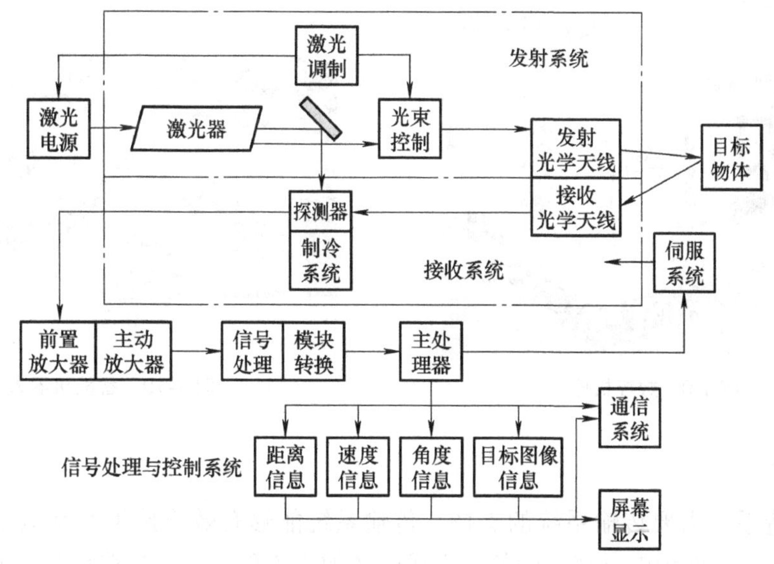

图 1-8　传感技术原理

2. 数控技术

数控技术是结合数字信息、借助计算机编程完成生产制造过程自动化控制的制造技术，包括机械技术、计算机软件技术等。数控技术依托于数控机床（图 1-9）开展具体运用。制造业是运用数控技术的早期产业之一，因此数控技术是智能制造的关键技术，在促进智能制造实现创新发展方面具有重要作用。数控技术在智能制造中的运用优势主要体现在两个方面。一方面，保证生产制造精准度。数控技术需要依托精密设备和自动化控制系统才能发挥应有的作用，因而数控技术在实践运用中能够获得可靠的精密性和自动性支持，保证智能制造生产的产品与设计预期保持高度一致。在数控系统支撑下，可以补偿制造过程形成的误差，以提高生产加工精准度，确保产品质量。另一方面，保证智能制造生产率。有效运用数控技术可以大幅提高机床生产加工效率，通过多种自动化控制功能缩短生产加工时间。

3. 智能机器人

人工智能主要针对模拟、延伸、扩展人类智能的理论、技术、实践进行研究、开发以及应用，分属于计算机科学。人工智能技术通过对人类行为、思维等方面的研究、开发以及应用，利用计算机程序的输入输出实现对人类行为的高度还原，旨在利用人工智能技术解决人类不便处理与应对的各种难题。在智能制造中运用智能机器人（图 1-10）技术，可以根据生产制造的具体需求调整智能机器人编程内容，结合计算机技术对智能机器人实现远程管理和控制，确保智能机器人能够根据预先设定的程序高效、有序地完成生产制造工作，确保生产过程顺利。

图 1-9　数控机床

图 1-10　智能机器人

4. 柔性制造

柔性制造系统需要传输系统的支持。传输系统能够有效连接生产制造系统的各个设备，将待加工零部件传输至其他设备，完成生产加工流程。柔性制造系统一般包括 3 个部分：一是加工设备，包括数控机床和零部件加工中心；二是存储和移动设备，负责零部件及待加工物料的存储和移动；三是信息处理和控制设备，主要采用核心系统群控，负责生

产加工全过程控制，包括各项指令传递、生产加工数据信息反馈、生产加工计划拟订以及产品各项参数管理等。从智能制造的角度分析，运用柔性制造系统的优势和价值体现在两个方面。一方面，柔性制造系统有较为良好的生产加工能力，即使生产加工机床发生故障，系统也可以自动绕过故障，确保生产加工连续。另一方面，柔性制造系统可以保障产品质量，实现高效、顺畅的产品生产、加工、移动全流程，有效保障产品质量和产品精度。图 1-11 所示为智能柔性系统。

◂RPS500L智能柔性系统

标配12托盘工位，可扩展至18工位甚至更多，额定负载为500～1000kg

◂LPS1000L智能柔性产线

额定负载为500～1000kg，可自由组合多台卧式加工中心和五轴加工中心，形成柔性加工产线

图 1-11 智能柔性系统

在实践运用中，智能制造有机结合机电一体化技术，可以弥补智能制造存在的不足，突破智能制造的局限性，使机电一体化技术与智能制造技术、智能制造系统充分融合，大幅提升智能制造的实践效果和生产制造成效。智能制造与机电一体化技术具有良好的互通性，因此在实践运用中不存在过多问题，也不会产生高额的费用，且获得的经济效益十分可观。持续提高智能制造水平，将推动我国制造产业实现高质量发展，有利于制造业在国民经济发展中展现出更高的效能，提供先进的技术支持。

七、VR/AR 在智能制造中的应用

为了使制造业变得越来越智能，新的智能制造系统需要无缝连接物理世界和数字世界。虚拟现实 / 增强现实即 VR（Virtual Reality）/AR（Augmented Reality），因为具有强大的数据可视化和交互性、沉浸性的特点而被誉为是一种可以拓展人类感知能力、改变产品形态和服务模式的新兴技术。对制造业而言，其改变了产品研发过程中的信息流，为制造过程提供可视化、辅助和扩展空间，有助于在开发过程的早期阶段发现并避免设计错误，减少了物理原型的数量，并为企业节省了时间和成本。在许多智能制造应用中，VR/AR 被认为是改善和加速产品和工艺开发的宝贵工具。

VR/AR 作为新一代计算平台，支持人类对智能制造系统产生的大量数据进行实时的、

与生产背景最相关的可视化访问。虽然人工智能、数字化技术取得了长足发展，但很长一段时间内人类仍将在制造操作中扮演不可或缺的角色，VR/AR 是实现以人为本的智能制造的核心技术。

VR/AR 在装配应用、维护和培训、产品测评、智能工厂布局、物流和仓储管理中发挥着广泛作用，能大幅提升设计、生产、装配、规划和物料管理效率。信息流和物流是智能工厂正常运行的两条动脉。相比而言，针对物流和仓储的可视化研究不是很多，但是这个行业的发展可以促进 AR 技术的成熟。目前已有一些商业和研究机构开始涉足物流与仓储可视化技术。物流行业中，分拣步骤耗费时间最多。调查报告显示，仓储管理的分拣和运输货物占物流总成本的 11% ～ 13%。分拣人员利用 AR 技术可以扩展视角，确保更多的可见性、灵活性、指引性以及前瞻性，从而节省搜索和分类时间，大大提高工作效率。

AR 技术在物流与仓储管理中应用的核心技术是扫描技术。扫描精度和扫描速度将决定 AR 技术能否在物流应用中得到推广。当前多数 AR 分拣指引系统都是基于视觉的扫描技术，如何提高扫描精度和速度，是 AR 技术在物流和仓储管理中应用面临的挑战。为了提高产品的可用性，降低扫描设备的体积和重量，提高扫描算法的准确率和识别速度，增加录入效率是未来研究的重点和方向。

拓展思考

智能制造的瓶颈往往是经济可行性。

经济可行性包括效益和成本两个部分。资源配置是效益的来源之一。效益从何而来呢？中长期是转型升级带来的效益，短期内是管理水平提升带来的效益。智能制造可以显著提升管理水平。互联网可以实现“扁平化”“远程化”，大数据可实现“透明化”，智能算法可让人避免淹没在大数据的海洋中。由于历史原因，智能制造的机会往往在于管理与控制的融合，或者说“信息化”与“自动化”的“两化融合”。所谓的历史原因，就是指这方面的机会比较多。从管理入手，就要找到管理中的问题。这时精益管理、西格玛、PDCA 循环等方法就起到了作用。这些方法让企业先从 OT（Operational Technology）角度发现价值，再从 IT（Information Technology）角度推进智能化，让价值落袋。这也是从技术可行性角度考虑的。所谓标准化、流程化、精益化是智能化的基础，就是这个意思。智能制造的另外一部分价值来源于成本的降低：“共享、重用”让成本降低；大数据让知识获取的成本降低；工业互联网平台让管理和持续改进的成本降低。工业互联网平台如何让持续改进的成本降低的？

工业 App 和数字孪生的思想解决了这个问题。

项目二

智能制造生产线认知

项目说明

新一代信息技术的广泛应用，推动制造工业发展理念、制造模式、技术体系等发生变革，智能、协调等也成为现代制造工业的核心价值体现。这就必须加强对工业自动化生产线的革新，通过有效引入智能制造技术，提高企业的整体生产水平，促进工业生产向着更加智能化、信息化的方向发展。智能制造生产线的稳定发展，可提高企业经济效益和核心竞争力，为全面提高生产率、保障产品质量、降低生产成本、缩减生产周期提供可能。基于此，本项目介绍产教研智能制造生产线，阐述智能制造生产线的概念、总体设计、多个模块的设计，并简单介绍智能制造生产线在各行业中的应用。

任务一　智能制造生产线的基本构成认知

知识目标

（1）了解智能制造生产线的概念。

（2）掌握产教研智能制造生产线的基本构成。

技能目标

（1）熟悉产教研智能制造生产线的生产流程。

（2）掌握产教研智能制造生产线各模块技术的基本原理。

素养目标

（1）学习生产线的组成及其工作原理，增加知识储备，提高行业兴趣。

（2）通过生产线各设备间的联系，理解团结协作的重要性。

任务引导

引导问题 1：说说你对中国制造业的了解，并举一个例子。

引导问题 2：说说你对世界制造业的了解，并举一个例子。

知识准备

一、智能制造生产线的概念

经过了数十年的发展，智能制造的内涵逐渐丰富，目前一般认为智能制造的含义是，在新一代信息技术的基础上，将产品制造流程和生命周期作为对象，实现系统层级上的实时优化管理，是成熟阶段的制造业智能化。相比于数字化和网络化阶段，智能制造全面使用计算机自动控制，并实现了工业互联网、工业机器人、大数据的全面综合应用。智能制造可以大大缩短产品研发时间、提质增效、降低成本，体现了物理实体与虚拟网络的深度融合特征。

智能制造为现代制造业企业提供了一种有竞争力的生产模式。智能制造生产线具备智能制造的各类加工装备和控制系统等软硬件，能够实现比较完善的功能。智能制造生产线配备立体仓库、AGV 小车、FANUC 工业机器人（含固定安装和行走轴机器人）、常用智能制造数控机床、在线检测设备等硬件设备，具有制造执行系统（MES）、电气控制、生产线监控、机床故障诊断，S7–PLCSIMV15、Roboguide（发那科机器人仿真软件）、TIA Portal（博图）等系统控制和辅助功能，可以实现对生产制造环节的全方位监视控制与实操实训。其系统各单元可独立运行，以方便实训教学。智能制造是制造业转型升级的重要发展方向。工业机器人、智能制造设备监控管理系统、加工中心等是智能制造生产线的重要组成部分。

如图 2-1 所示，光电智造产教研融合平台包含机器人单元、仓储系统、执行单元、加工单元、检测单元、工具单元、分拣单元、总控单元、设备平台单元、数控机床控制综合

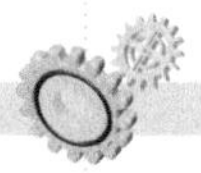

平台、专业群教学资源库等先进设备和技术，可适应多种零件的生产，具有较高的柔性。其涉及的部分加工、激光切割、折弯、焊接须具备连线作业的能力。同时，其产线设计与实际生产相符合且便于教学，在实际教学中既可进行整线的实训，也可进行单个单元的实训。

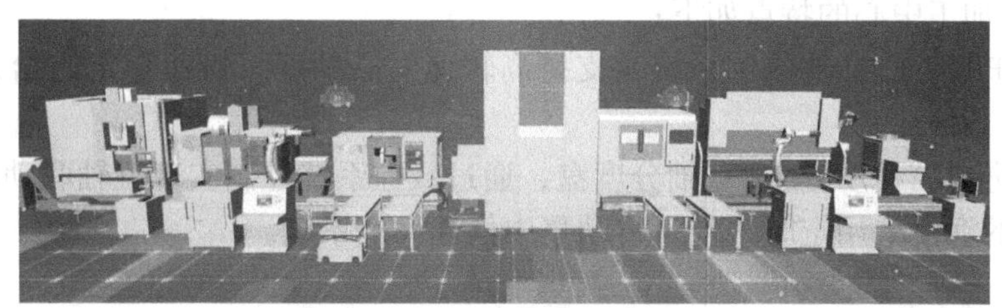

图 2-1 光电智造产教研融合平台

光电柔性智造生产线的设计如图 2-2 所示，学生可在该平台上实际动手操作，学习工业机器人智能化生产制造系统的全部流程，如机器人编程、示教、维护、焊接调试、折弯调试、视觉调试、数控机床调试过程、机械维修过程、实际切削过程、编程学习、电气维修、机床检验过程等。通过该平台的学习可使学生得到机器人智能化生产制造的全部知识，以适应现代化智能制造业对智能产线调试从业人员的技能要求，使学生拥有直接进入社会谋职并寻求发展的强大资本。

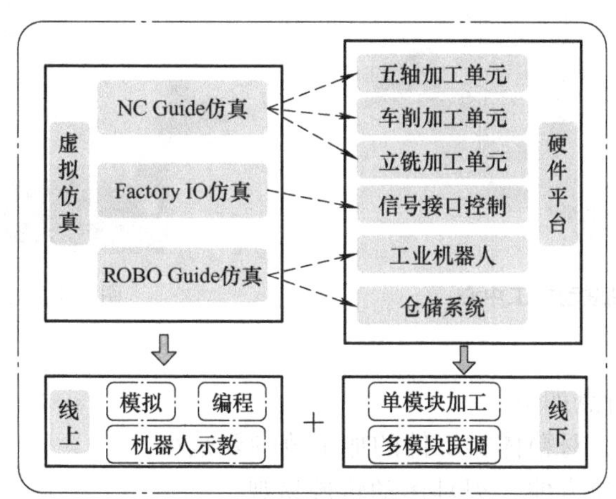

图 2-2 光电柔性智造生产线的设计

二、智能制造生产线的基本构成

1. 五轴联动加工中心

五轴联动加工中心也称五轴加工中心，是一种科技含量高、精密度高、专门用于加工复杂曲面的加工中心，有德国德玛吉，日本马扎克、大隈，中国科德凯达等众多品牌，图 2-3 所示为五轴联动加工中心示例。五轴联动加工中心是解决叶轮、叶片、船用螺旋桨、重型发电机转子、汽轮机转子、大型柴油机曲轴等加工的唯一手段，能够适应汽车零部件、飞机结构件等现代模具的加工。五轴联动加工中心有X、Y、Z、A、C五个轴，X、Y、Z和A、C轴形成五轴联动加工，擅长空间曲面加工、异形加工、镂空加工、打孔、斜孔、斜切等。五轴高速加工中对一个国家的航空、航天、军事、科研、精密器械、高精医疗设备等行业有着举足轻重的影响力。

五轴联动加工中心的特点如下：

1）采用FANUC五轴数控系统，支持高转速、高精度、快速稳定进给，工件一次装夹就可完成复杂的加工。

2）采用进口高精度CNC双轴分度盘，通过数控系统控制实现五轴联动功能。

3）机床的润滑采用定时、定量自动集中供油润滑系统。

2. 立式加工中心

立式加工中心如图2-4所示，是指主轴轴线与工作台垂直设置的加工中心，主要适用于加工板类、盘类、模具及小型壳体类复杂零件。立式加工中心能完成铣削、镗削、钻削、攻螺纹和切削螺纹等工序。立式加工中心最少是三轴二联动，有的可进行五轴、六轴控制。

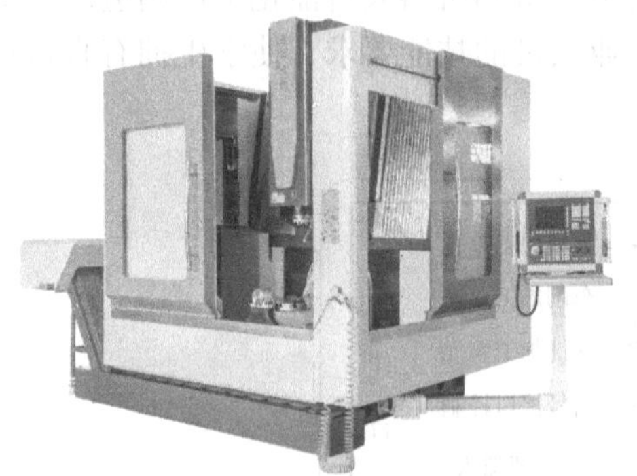

图2-3　五轴联动加工中心

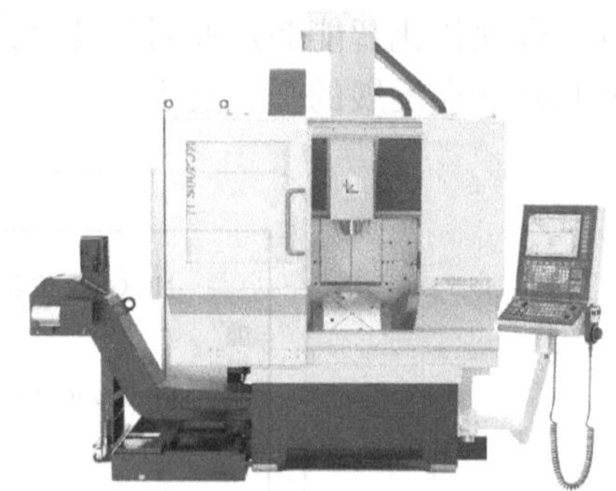

图2-4　立式加工中心

立式加工中心的特点如下：

1）立柱高度有限，对箱体类工件的加工范围要减小。

2）工件装夹、定位方便，刃具运动轨迹易观，可及时发现问题进行停机处理或修改。

3）冷却条件易建立，切削液能直接到达刀具和加工表面。

4）三个坐标轴与笛卡儿坐标系吻合，与图样视角一致，切屑易排除和掉落，避免划伤加工过的表面。

5）结构简单，占地面积较小，价格较低。

3. 数控车床

图2-5　数控车床

数控车床（图2-5）是使用较为广泛的数控机

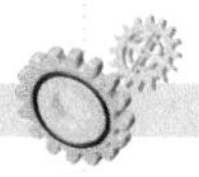

床之一，又称为 CNC 车床，是我国使用量最大、覆盖面最广的一种数控机床，约占数控机床总数的 25%。数控机床是机械制造设备中具有高精度、高效率、高自动化和高柔性等优点的工作母机，能按照事先编制好的加工程序，自动地对被加工零件进行加工。数控车床是数控机床的主要品种之一，在数控机床中占有非常重要的位置，主要用于轴类零件和盘类零件的内外圆柱面、任意锥角的内外圆锥面、复杂回转内外曲面和圆柱、圆锥螺纹等的切削加工，并能进行切槽、钻孔、扩孔、铰孔及镗孔等。

4. 自动化立体仓库

随着我国经济的快速发展，自动化立体仓库广泛应用于航空、军事工业、汽油石化、金融和冶金等领域，在我国仓储领域占据着重要地位。自动化立体仓库采用计算机分级控制管理，可实时显示更新数据图像和实现高速数据通信，自动化程度达到新高度。

摩登纳（Modula）立体货柜是典型的自动化立体仓库，如图 2-6 所示，它是以金属托盘为存储单位，通过中央升降小车的牵引，实现货物的垂直化仓储管理。立体货柜是储存、提取和放置物料及产品的自动机器，能够利用 Copilot 的触摸屏控制面板来操控机器的功能。Modula 能够适应狭小空间，占地面积小而储存量大，并且安全、准确、省时，利于实现实时化库存管理。

机器人搬运

5. 地轨机器人

地轨机器人如图 2-7 所示，安装于机器人地轨，主要实现机加工区域即五轴、铣车加工中心、立式车床加工中心等机床的相对运动，实现进出料接驳料道与立体货柜之间的工件搬运动作。机器人双手爪夹具如图 2-8 所示，用于机床自动化加工单元上下料中的工件夹持，具有较高的抓持稳定性，且定位精度高、耐用性好、维护简单。

图 2-6 摩登纳立体货柜

图 2-7 地轨机器人

6. AGV 小车

AGV（Automated Guided Vehicles）又名无人搬运车（图 2-9），通常也称为 AGV 小

车。它具有电磁或光学等自动导航装置，能够沿规定的导航路径行驶，不需要人工引航，可自动将货物或物料从起始点运送到目的地，具有安全保护以及各种移载功能。

AGV 小车的特点如下：

1）柔性好，自动化程度高，智能化水平高，行驶路径可根据仓储货位要求、生产工艺流程等的改变而灵活改变，并且运行路径改变费用低。

2）一般配备有装卸机构，可以与其他物流设备自动接口，实现货物和物料装卸与搬运全过程自动化。

3）清洁生产。AGV 依靠自带的蓄电池提供动力，运行过程中无噪声、无污染，可以应用在许多要求工作环境清洁的场所。

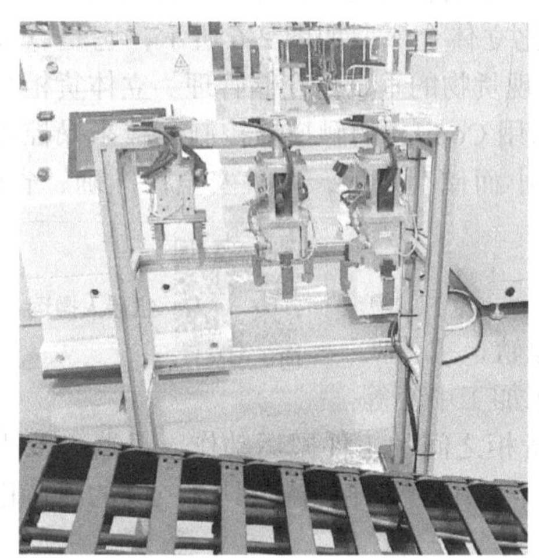

图 2-8　机器人双手爪夹具

图 2-9　AGV 小车

生产线智能化程度影响产品的生产质量、效率和成本。为适应市场的需求，越来越多的企业开始组建智能制造生产线。通过新建或改造智能制造生产线，可以提高产品质量和生产率，降低生产成本，并且可以实现生产加工全过程信息的监控与管理，为智能制造技术技能人才培养和服务区域产业转型升级提供实践平台。

拓展思考

ROBOGUIDE 是 FANUC 工业机器人公司提供的一款仿真软件，它围绕一个离线的三维世界进行模拟，在这个三维世界中模拟真实的机器人和周边设备的布局，进一步模拟机器人的运动轨迹。通过这样的模拟可以验证方案的可行性，同时获得准确的节拍时间。ROBOGUIDE 软件内置了所有 FANUC 工业机器人的模型和运动参数，以及大量的外围设备模型库；除此之外，在仿真软件中可以使用几乎所有工业机器人选项功能。TIA Portal 是西门子重新定义自动化的概念、平台以及标准的自动化工具平台，TIA 是 Totally Integrated Automation 的简称，即全集成自动化。

任务二　智能制造生产线的典型应用认知

知识目标

（1）了解智能制造生产线的发展现状。
（2）了解智能制造生产线的典型应用。

技能目标

（1）搜集智能制造生产线的典型应用案例，提高其搜集信息资源的能力。
（2）通过了解生产线的典型应用，理解并整理智能制造生产线的优势。

素养目标

（1）通过了解生产线的典型应用，激发学生创新创业思维，提高职业素养。
（2）通过任务引导的开场方式，锻炼学生的口头表达能力和逻辑思维能力。

任务引导

引导问题1：你见过物品加工的生产线吗？举一个例子。

引导问题2：你见过的最智能的生产线是怎样的？它是哪家公司的？发展现状如何？

知识准备

很多行业中的企业高度依赖自动化生产线，如钢铁、化工、制药、饮料、烟草、芯片

制造、电子组装、汽车整车和零部件制造等，已实现自动化的加工、装配和检测，一些机械标准件生产也应用了自动化生产线，比如轴承。但是，装备制造企业目前还是以离散制造为主。很多企业的技术改造重点，就是建立自动化生产线、装配线和检测线，利用智能制造技术逐步建立智能制造生产线。以下是智能制造生产线的应用举例。

一、基于数字孪生的智能制造生产线的优势

生产线是加工作业的执行主体，汇合了信息流、物料流和控制流等要素，因此生产线智能化是实现智能制造的关键。截至目前，生产线的发展已经历多次演化。传统生产线只包括物理实体空间，通过人为操作管理生产要素，制定加工任务，实施生产控制。通过人为纸质登记的方式存储生产活动时的人员、设备、物料等信息，使得这些生产信息的查询、传递、统计、分析十分繁琐。且由于生产要素的异构多源、生产控制的迟滞和生产计划的不确定性等因素，使生产线具有较高的复杂性、协同性及不确定性。其面临的问题包括生产计划的变更、生产线设备故障以及产品质量参差不齐、各工位作业衔接较差、工时定额的不稳定等。其核心问题是无法对实时变化的生产环境和生产计划做出有效决策。

数字孪生的发展为上述问题的解决提供了参考。智能制造生产线可通过数字孪生系统（图 2-10）快速了解生产线各个工位的实时工作情况，为生产人员制定生产计划、检修各工位设备以及管理生产资料等提供实时的动态信息，对制造业领域实现智能制造具有一定参考价值。数字孪生系统实现了生产线作业过程中生产信息的实时收集，并在上位机上实时动态显示虚拟模型的作业情况，达到了预期的目的，并为进一步研究奠定了基础。

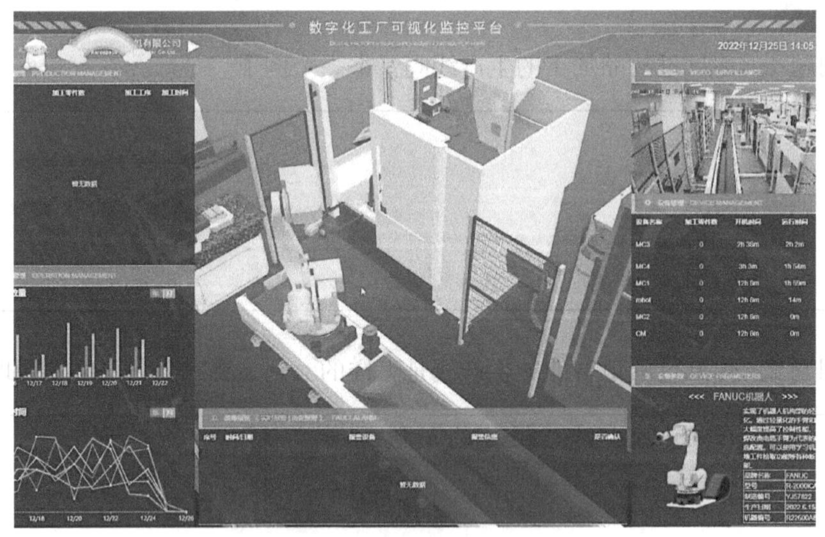

图 2-10　生产线数字孪生系统

二、智能制造生产线实训系统应用

智能制造生产线系统结合智能立体仓库、物料输送单元、全自动加工单元、全自动检测单元、激光标识单元、自动装配单元、AGV 系统及信息管理系统形成一套完整的智能

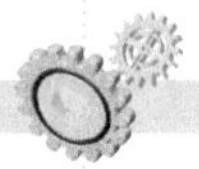

生产线单元，同时借助PLC系统，能够实现各个分系统的协同工作。在该系统中能够实现伺服电动机的壳体、前端盖、后端盖、电动机轴的全自动加工过程，同时通过检测单元能够完成电动机轴的自动检测；激光标识单元能够实现智能生产线的定制化处理，能够完成产品的标识跟踪，自动装配单元能够实现轴承的全自动压紧装配，同时通过直角坐标机器人系统，能够完成电动机前端盖、后端盖的全自动螺钉锁紧装配过程，生产过程的物料全部通过AGV系统实现物料的自动周转，如图2-11所示。

图2-11 智能制造生产线实训系统

智能制造生产线系统以伺服电动机为载体，能够支持多个独立单元的运行，同时又能够完成整线的自动生产过程。该套系统将智能制造过程中应用的多种制造设备及生产工艺融合在一起，使实训学员能够对多个领域和生产环节进行实践实训，为更进一步地理解智能制造的概念，为其后期在工作中更好地应用智能制造方法，提供了一种良好的实践设备。同时，该套系统也为智能制造方向的实训提供了一个系统、全面的生产应用模式，而该模式的应用也会对未来智能制造的发展提供一种应用支撑。

三、飞机总装脉动生产线智能制造技术的应用

近年来，我国飞机总装开始从机库式作业向脉动式、移动式作业模式发展。当今，波音、洛克希德·马丁和空客等世界先进航空制造企业在实施新的战略规划时，不断将新的数字化、信息化和自动化手段应用于飞机总装，并逐步朝智能化方向发展，引领着未来航空工业制造技术和制造产业发展的新方向。

智能装配单元是飞机总装智能生产中不可或缺的组成部分。某型飞机总装建设了水平尾翼智能装配单元，如图2-12所示。该智能装配单元以部件装配和检测仿真模型为驱动，以激光跟踪仪测量数据为输入，采用大部件对接误差实时测量与自适应控制系统，实现了部件数字化装配与测量的闭环工作模式。在飞机总装生产中，通过各个智能装配单元相互联系、相互配合，可最终建设高度集成的智能生产线。

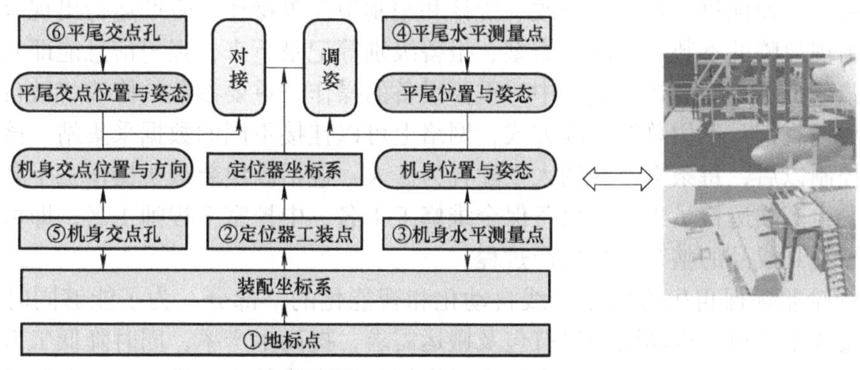

图2-12 水平尾翼智能装配单元

四、智能制造生产线在再生橡胶中的应用

在橡胶轮胎行业，工业机器人技术在国外轮胎企业的物流和智能生产中已经得到了广泛应用，米其林、普利司通、倍耐力等知名轮胎企业都拥有独特的智能生产技术。作为全球轮胎制造大国，我国轮胎行业也逐步朝着智能化的方向发展，越来越多的企业已经应用了自动化的立体仓库、AGV 小车等，工业机器人也已投入使用。我国橡胶机械制造企业已研发成功橡胶轮胎搬运机器人及智能化输送系统，助力橡胶轮胎行业实现自动化、智能化生产。

根据中国橡胶工业协会发布的《中国橡胶工业强国发展战略研究》路线图的规划，再生胶行业在“十三五”末，即2020年前完成“万吨废旧轮胎绿色自动化粉碎示范生产线”；在“十四五”末，即2025年前完成“废旧轮胎生产再生橡胶万吨自动化示范生产线”，并明确提出了产业升级对生产线自动化的要求。

中胶橡胶资源再生（青岛）有限公司的发展规划完全契合我国橡胶工业强国发展战略。目前公司自主研发的万吨级废轮胎环保再生橡胶生产线已经实现连续化生产，生产线的多项关键技术科技成果已经通过科技成果鉴定或标准化评价。该生产线将废轮胎胶块破碎，经制备胶粒—胶粉制备—胶粉再生及连续式挤出整合在一起，实现了密闭、连续、中温、常压、环保生产。生产线自动化控制系统则采用具有业界先进水平和能够适应未来发展趋势的新型全冗余分布集散式控制系统（DCS）。

分布集散式控制系统利用上位机和下位机实行集中控制和分布控制相结合。下位机依据采集的电动机电流、温度、效率、过载和报警信号等设备运转参数，对生产线的现场设备分别进行速度设置、启动 / 停止、正转 / 反转或报警输出等控制实现分布式控制；上位机利用通信网络与下位机进行通信，对下位机进行参数设置、信息存储和数据处理，以实现集中控制的功能。整个控制系统依据现有设备的实际分布情况、可采取的控制方式，实现了结构一体化，具有易裁剪性。同样，可参考现场工艺的设计要求以及工艺布局，进行方便、灵活的组合。

系统采用智能化的控制模式，操作简捷方便、界面友好美观。在中控室，通过计算机的显示界面可以监视整个生产过程；还可以查询实时的生产参数、数据；任意调入各工艺图、运行表、设定表和控制表工艺图，以图形的方式显示各个工段的工艺流程和数据；运行状态表中反映主要设备的开关状态、设备的电流、现场仪表的参数等。建立工艺参数的数据库，可以方便地进行查询、修改、统计和编制报表等操作；生产运行出现故障时，系统自动将出现故障的参数、时间、类型、报警级别等记录下来，报警信息能即时弹出，并有多种方式的提示；生产运行过程中对重要设备的操作、重要参数的修改将被自动记录下来，以便后期查询；采用总线布线方式，网络上可以挂接不同的数据采集站。该生产线实现自动化控制以后，每条生产线的人工配置为 5 人，包括胶块装载机操作工 1 名、物流叉车工 1 名、生产线巡检员 1 名、设备保全维修工 1 名、中控室工程师 1 名，即可完成整条生产线从原料到成品的整个产品生产过程。

作为废轮胎环保再生橡胶生产线自动化和智能化的一部分，为了能够同时满足两个再生橡胶胶片生产单元成品的码垛打包及搬运需求，提高生产率，同时降低工人的劳动强度，在再生橡胶胶片的码垛打包工序引入码垛机器人来代替人工进行搬运和码垛。胶片抓

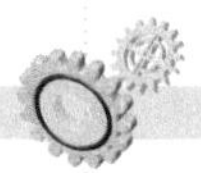

取过程如图 2-13 所示，码垛机器人在生产线上的应用如图 2-14 所示。

图 2-13　胶片抓取过程

图 2-14　码垛机器人在生产线上的应用

在生产线研发阶段，自动化控制系统是将整条装备生产线划分为若干个设备模块，设备按模块进行设计和制造，电气控制方案也是按照设备模块进行设计的。现在，研发团队又完成了对整条生产线的电气控制方案和自动化控制方案的设计，对整线的自动化控制系统进行了升级和优化，开发出了万吨级再生胶生产线智能自动化控制系统 2.0 版，并正在推进电气控制及其自动化的标准化工作，对电气控制元件指定品牌并使用统一的企业标准，为今后生产线达到更高的自动化水平奠定基础。

该智能生产线已实现整个生产过程的自动化。目前正采用多种传感器进行数据采集上传，建立数据库，在上位机上对包括工艺参数在内的数据进行分析，自动调节工艺参数，以实现生产过程的智能控制。生产线实现自动化和智能化，不仅大幅减少了生产用工，提高了生产率，同时也使产品质量的稳定性得到了大幅调高；大大提升了再生胶生产装备的技术水平。

五、智能制造生产线在铸造加工中的应用——以联诚公司为例

山东联诚精密制造股份有限公司（以下简称联诚公司）是国家高新技术企业、国家级绿色工厂、中国铸造行业综合百强企业、省级企业技术中心。该公司基础业务专注于铸铁、铝合金等精密铸件的开发设计、生产和销售，拥有几百台高端机械加工设备及十几条世界先进的自动化铸造生产线，在生产工艺和质量管理方面潜心研究，已形成了包括模具制造、铸造、精密加工和表面处理及最终性能检测等完整的零部件制造体系，探索出联诚公司独特的跨行业、多用户、多品种、定制式商业模式，为多家世界 500 强及行业领军企业提供了大量优质产品和一站式服务。

精密加工（图 2-15）是联诚公司精密工作量占比最大的一部分，几百台加工中心、数控车床以及各种加工设备，可以完全覆盖 0.2 ～ 300kg 的零件；插齿机可以加工直径在 800mm 以内的零件。联诚公司积累了二十多年的丰富加工经验，在生产设备自动化和管理信息化方面加大投入力度，不断优化生产环节，持续提升综合竞争力。针对大批量的零件生产，专门配置了智能制造生产线，以提高效率、减少人工；而针对中等批量的产品，则配置由一台机械手对应多台加工设备组成的生产单元，将灵活性和高效率完美搭配。

精密铸铁是联诚公司最强的业务之一。从公司成立以来，铸铁业务一直都是重中之

重，公司拥有水平铸造线、垂直铸造线、多触头高压铸造线等，承接着来自全球各地的铸造任务。大批熟练的一线工人、完整的工艺流程、全面的检测设备，能够充分保证铸件的质量和性能。图 2-16 所示为铸铁加工部分画面。

图 2-15　精密加工及其产品　　图 2-16　铸铁加工画面与铸铁产品

精密铸铝方面（图 2-17），联诚公司对铝合金材料的铸造工艺（包括铝砂铸造、铝压铸造、重力铸造和铝合金锻造）覆盖了 0.5 ～ 20kg 的零件。联诚公司可以根据用户对零件的性能要求，灵活选择工艺方案，不断提高产品质量，降低生产成本。

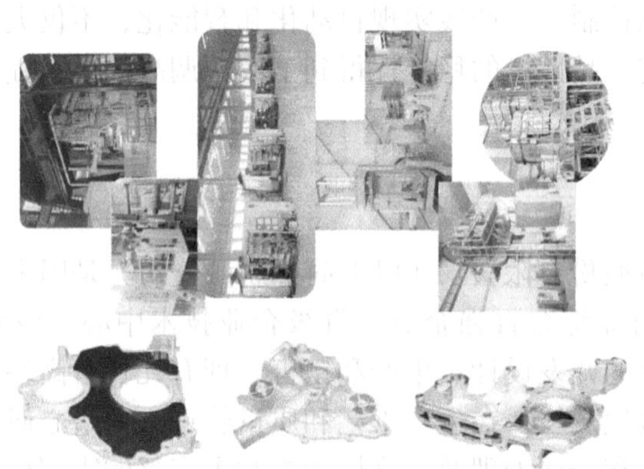

图 2-17　铸铝加工画面与主要铸铝产品

联诚公司的产品广泛应用于乘用车、商用车、工程 / 农业机械、液压系统、商用压缩机、医疗器械、环保设备、高铁及太阳能等行业和领域，如图 2-18 所示。

在当今的市场上，产品更迭速度快，用户对供应商协同、快速、准确开发新产品的要求不断提高，这需要企业有更强大的研发能力。应对这种情况，联诚公司成立了技术研发及信息化中心，共取得了国家专利 42 项，包含发明专利 3 项、实用新型专利 38 项、外观设计专利 2 项。技术研发及信息化中心能大大地提高新产品研发能力，快速对产品进行检测分析，为企业发展增添新动力。而智能制造生产线可提高制造业自动化水平和生产率，并引领产业实现智能转型。

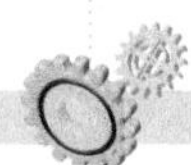

商用压缩机　　液压系统

体育休闲用车　　乘用车

商用车　　农业机械

工程机械　　环保水处理和新能源

图 2-18　产品展示

拓展思考

智能制造技术在应用推广过程中的关键问题。

1. 感知问题

智能制造系统的感知功能是依靠传感器集成技术实现的。现阶段，很多数控机床控制中心的操作感知方式都极为单一，因而在对产品的加工过程进行检测时，会存在产品生产全过程无法被精准、系统地反映出来的问题，制约了产品质量的提升。所以，技术人员需尽快思考出可以有效发挥传感器集成技术的方法，使智能制造技术更加高效地应用到工业产品生产中。

2. 决策问题

传感器集成模块、决策模型结构、算法都会影响系统的决策。所以，如何保证制造系统传感器数据模块信息的准确性，成为亟待解决的问题。

3. 控制问题

传感器的制造和控制技术能够对智能控制系统产生直接的影响，能够高效地完成对执行元件和决策模型的控制。因而，在后续发展智能技术的过程中，工作人员应重点关注对知识的分析和能力获取，思考提高智能制造系统反应速度和模块实时性的方法。

综上所述，在市场需求不断变化、科学技术飞速发展的时代背景下，智能制造技术开始逐步向着柔性化和批量化的方向发展。在接下来的发展过程中，相关技术人员需在利用智能制造技术的同时，做好对现阶段智能制造技术存在问题的分析，尽快思考出相应的解决对策，对智能化制造技术进行优化。

项目三 生产线加工设备认知

项目说明

在生产线智能制造系统中，数控车床、立式加工中心、五轴加工中心等都是重要的加工设备。它们通过编程对毛坯进行成形加工，自动、高效完成特定轨迹或者特定形状。

本项目分为五个任务：①数控车床的概述和单机操作；②立式加工中心的概述和单机操作；③五轴加工中心的概述和单机操作；④数控折弯机的概述和单机操作；⑤激光切割机的概述和单机操作。与本项目相关的知识为加工设备的种类、应用和基本组成、工作原理、注意事项等，整个实施过程涉及加工设备按键说明、加工操作、数控编程等方面内容。

任务一　数控车床认知

知识目标

（1）掌握数控车床主要机械结构的组成。

（2）掌握数控车床的加工特点和工作原理。

（3）掌握数控车床操作面板上按键的含义。

（4）掌握数控车床的编程、加工程序调试操作，并能解决在此过程中出现的简单报警。

技能目标

（1）能正确区分数控车床各组成部分。

（2）能够说出数控车床主要机械结构的特点及功能。

（3）能熟练操作数控车床并解决数控车床常见报警和故障。

素养目标

（1）在实践过程中培养学生的责任感、使命感。

（2）学习数控车床操作、编程技术，培养精益求精的工匠精神。

（3）学会正确观察各类数控车床的方法，在观察中时刻注意自身的安全，养成良好的操作习惯。

（4）消除报警时，应符合规范，注意人身安全、设备安全，树立安全第一的观念。

任务引导

引导问题 1：从主体上看，数控车床主要由哪几部分组成？

引导问题 2：数控车床的操作面板由哪两部分组成？

知识准备

现代机械制造企业要想在竞争激烈的市场上脱颖而出，就必须不断提高自身的核心竞争力和影响力，积极应用各项先进的生产技术。数控技术是机械制造行业的新技术，企业通过合理运用该项技术能够最大化提高机械产品的加工精度，确保产品加工生产的高质量性。

数控车床（CNC 车床）能自动地完成对轴类与盘类零件内外圆柱面、圆锥面、圆弧面、螺纹等的切削加工，并能进行切槽、钻孔、扩孔和铰孔等工作。数控车床的加工精度稳定性好、加工灵活、通用性强，能适应多品种、小批量生产自动化的要求，特别适合加工形状复杂的轴类和盘类零件。

一、数控车床的组成

数控车床一般由车床本体、数控系统、数控介质、辅助装置、伺服系统等部分组成，如图 3-1 所示。图 3-2 所示为数控车床外形图。

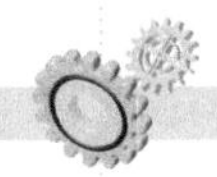

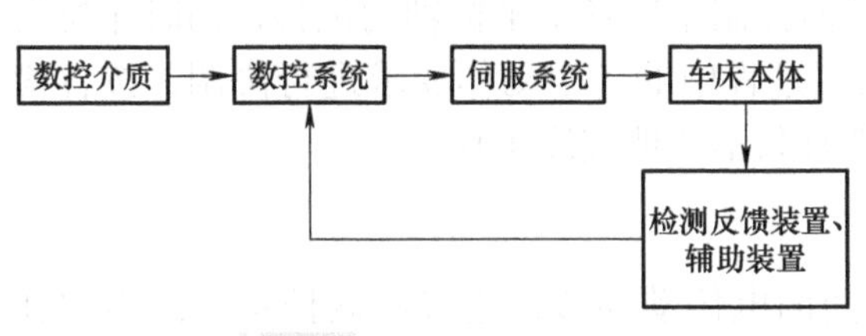

图 3-1 数控车床的组成

图 3-2 数控车床外形图

1. 车床本体

车床本体是指数控车床的机械结构实体。与普通车床相比较，数控车床本体同样由床身、导轨、主轴箱、主传动系统、进给传动系统、刀架及拖板等部分组成，但数控车床的整体布局、外观造型、传动机构以及操作界面等都发生了很大的变化，主要有以下几点。

1）主传动系统：主传动系统一般分为齿轮有级变速和电气无级调速两种类型。较高档的数控车床都要求配置变频调速电动机，以实现主轴较大调速范围的无级变速，满足各种加工工艺的要求；采用高性能主传动及主轴部件，具有传递功率大、刚度高、抗振性好及热变形小等优点。

2）进给伺服传动系统：进给伺服传动系统一般采用滚珠丝杠副、直线滚动导轨副等高效传动件，具有传动链短、结构简单、传动精度高等特点。

3）刀具自动交换和管理系统：高档数控车床有较完善的刀具自动交换和管理系统。工件一次安装后，能自动完成工件多道加工工序。

4）防护罩壳：全功能数控车床或车削中心大都采用机、电、液、气一体化设计和布局，为了操作安全，一般采用全封闭或半封闭防护罩壳。

总之，由于数控车床与普通车床的特点不同，使数控车床的机械结构有一定的改变。例如数控车床进给传动系统经滚珠丝杠驱动溜板和刀架，实现Z向（横向）和X向（纵向）的进给运动；而普通车床主轴的运动经交换齿轮箱、进给箱、溜板箱再传到刀架，从而实现纵向和横向的进给运动。因此，数控车床进给传动系统的结构较普通车床的大为精简。数控车床主轴与纵向丝杠间虽然没有机械传动连接，但它也能加工各种螺纹，如米制、寸制螺纹以及锥螺纹等。它一般是采取伺服电动机驱动主轴旋转，并且在主轴箱内安装有脉冲编码器。脉冲编码器一般不直接安装在主轴上，而是通过一对齿轮或同步带与主轴联系起来，主轴的运动通过齿轮或同步带 1∶1 地传给脉冲编码器。当主轴旋转时，脉冲编码器便发出检测脉冲信号给数控系统，使主轴的旋转与进给丝杠的回转运动相匹配，进而实现加工螺纹时主轴转一转，刀架 Z 向（横向）移动一个导程的运动关系。

2. 数控系统

数控系统是数控车床的控制中心，是数控车床的灵魂所在。它主要由操作系统、主控制器、PLC、输入 / 输出接口等部分组成。其中，操作系统由显示器和键盘组成。主控制器类似计算机主板，主要由 CPU、存储器、运算器、控制器等部分组成。数控系统可控制位置、速度、角度等机械量，以及温度、压力等物理量，其控制方式可分为数据运算处理控制和时序逻辑控制两大类。其中，主控制器内的数据运算处理控制就是根据所读入的零件程序，通过译码、编译等信息处理后，进行相应的刀具轨迹插补运算，并通过与各坐标伺服系统的位置、速度反馈信号相比较，从而控制车床各个坐标轴的位移；而时序逻辑控制通常主要由 PLC 来完成，它根据车床加工过程中的各个动作要求进行协调，按各检测信号进行逻辑判别，从而控制车床各个部件有条不紊地按序工作。

3. 伺服系统

伺服系统是连接控制系统和车床本体之间的电传动环节，它接收数控系统发出的脉冲信号，将其转换为车床移动部件的运动，加工出符合图样要求的零件。伺服系统主要由驱动装置和执行机构两大部分组成。目前，伺服系统大多采用交、直流伺服电动机作为系统的执行机构，各执行机构由驱动装置驱动。交、直流伺服电动机一般适用于全功能型数控机床，而步进电动机多用在经济型或简易数控机床上。每个脉冲信号所对应的位移量称为脉冲当量，它是数控车床的一个基本参数。数控车床常用的脉冲当量一般为 0.001 ～ 0.01mm。数控系统发出的脉冲指令信号与位置检测反馈信号比较后作为位移指令，再经驱动装置功率放大后，驱动电动机运转，进而通过丝杠拖动刀架或工作台运动。

4. 辅助装置

辅助装置是为加工服务的配套部分，主要包括润滑冷却装置、排屑照明装置、液压气动装置、过载与限位保护装置、工件自动交换机构（APC）、刀具自动交换机构（ATC）、工件夹紧与放松机构、回转工作台以及对刀仪等部分。机床的功能与类型不同，其所包含的辅助装置的内容也有所不同。

二、工作原理

数控车床加工零件时，首先根据所设计的零件图，经过加工工艺分析、设计，将加工过程中所需的各种操作，如主轴起停、主轴变速、刀具选择、切削用量、进给（走刀）路线、切削液供给、刀具与工件相对位移量等，以规定的数控代码按一定的格式编写成加工程序，然后通过键盘或其他输入设备将程序传送到数控系统，由数控系统中的计算机对接收的程序指令进行处理和计算，向伺服系统和其他各辅助控制线路发出指令，使它们按程序规定的动作顺序、刀具运动轨迹和切削工艺参数进行自动加工，零件加工结束时机床停止。

当数控车床通过程序输入、调试和首件试切合格，进入正常批量加工时，操作者一般只要进行工件上、下料操作，再按一下程序“循环启动”按钮，数控车床就能自动完成整个加工过程。

三、加工特点

数控车床加工与普通车床加工相比，主要有以下特点。

1. 自动化程度高

数控车床加工零件是按事先编好的程序自动完成对零件的加工。操作者除了操作面板、装卸工件、进行关键工序的中间检测以及观察机床运行等之外，不需要进行繁重的重复性手工操作，劳动强度和紧张程度大大减轻，劳动条件也大大改善。

2. 加工零件精度高，质量稳定

数控车床是以数字形式给出指令进行加工的。由于目前数控装置的脉冲当量一般达到

了 0.001mm，而进给传动链的反向间隙与丝杠螺距误差等均可由数控装置进行补偿，因此数控车床能达到较高的加工精度和质量稳定性。这是由数控车床的结构设计采用了必要的措施以及具有机电结合的特点决定的。首先，数控车床在结构上引入了滚珠丝杠螺母机构、各种消除间隙的机构等，使机械传动的误差尽可能小；其次，数控车床采用了软件精度补偿技术，使机械误差进一步减小；最后，数控车床按程序自动加工，避免了人为操作误差。这些措施不仅保证了较高的加工精度，而且使同一批生产的零件尺寸一致性好，产品质量稳定。

3. 能加工形状复杂的零件

数控车床可以加工普通车床难以加工或根本加工不出来的零件，如外轮廓为椭圆、内腔为成形面的零件等。因此，数控车床可以对普通车床难以加工的复杂型面进行加工。

4. 加工适应性强

当加工对象改变时，除了更换相应的刀具和解决工件装夹方式外，只需重新编制程序，数控车床就可自动加工出新的零件，而不必对机床做任何大的调整。因此，数控车床可以很快地实现加工各种不同零件的目的，对新产品的研制开发以及产品的改型提供了极大便利。

5. 生产率高

数控车床具有自动换刀、自动变速和其他辅助操作自动化功能，并采用了很高的空行程运行速度，使辅助时间大大缩短；数控车床具有良好的结构刚性，允许数控车床进行大切削用量的强力切削，有效节省了基本时间，从而大大提高了劳动生产率。

6. 良好的经济效益

数控车床加工零件，分配在每个零件上的设备费用很昂贵，但其高的生产率、高的加工精度、稳定的质量、减少了废品率且工艺装备费用低等特点，使生产成本大大下降，从而可获得良好的经济效益。

7. 易于构建计算机通信网络

由于数控车床本身是与计算机技术紧密结合的，因而易于与计算机辅助设计和制造（CAD/CAM）系统连接，进而形成 CAD/CAM/CNC 相结合的一体化系统，在生产实践和数控技术教学上都具有重大意义。

8. 便于生产管理的现代化

用数控车床加工零件，能准确地计算出零件的加工工时，并能有效地简化检验工具、夹具和半成品的管理工作，有利于使生产管理现代化。

虽然数控车床有以上优点，但数控车床价格昂贵、技术复杂、维修困难、加工成本高，并且要求管理及操作人员素质较高，因此应综合平衡，以使企业获得最佳的经济效益。

四、数控车床的操作

数控车床的操作是数控加工的重要环节。数控车床的操作是通过系统操作面板和机床控制面板来完成的。不同类型的数控机床由于配置的数控系统不同，其面板功能和布局也各不相同，但其各种开关、按键的功能及操作方法大同小异。因此，使用数控车床前应仔细阅读编程与操作说明书。

1. 系统操作面板

数控车床的操作面板是由系统操作面板和机床控制面板组成的。采用 FANUC Series 0i Mate-TF 系统的数控车床，系统操作面板都是相同的；而对于机床控制面板，由于机床生产厂家的不同，其面板上的按钮或旋钮的设置及布局也有所不同。下面以 CK6136 型数控车床（FANUC Series 0i Mate-TC 系统）为例，介绍数控车床的系统操作面板（立式加工中心和五轴加工中心不再赘述），如图 3-3 所示。

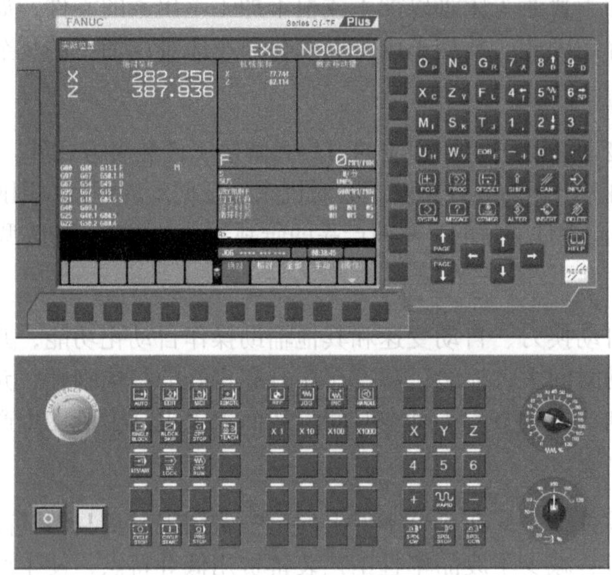

图 3-3 数控车床系统操作面板

（1）系统操作面板（LCD/MDI 单元） 系统操作面板（LCD/MDI 单元）由 CRT（或 LCD）显示器和 MDI 键盘两部分构成。FANUC Series 0i Mate-TF 系统 MDI 键盘的布局如图 3-4 所示，各按键的名称和功能见表 3-1。

图 3-4 MDI 操作面板

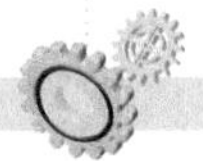

表 3-1　FANUC Series 0i Mate-TF 系统操作面板按键功能

序号	键符号	按键名称	用途
1	POS	位置键	屏幕显示当前位置界面，包括绝对坐标、相对坐标、综合坐标和位移量 、运行时间、实际速度等
2	PROG	程序键	屏幕显示程序界面，显示的内容由系统的操作方式决定 1）在 AUTO（自动执行）或 MDI（手动数据输入）方式下，显示程序内容、当前正在执行的程序段和模态代码、当前正在执行的程序段和下一个将要执行的程序段、检视程序执行或 MDI 程序 2）在 EDIT（编辑）方式下，显示程序编辑内容、程序目录
3	OFS/SET	刀偏设定键	屏幕显示刀具偏移值、工件坐标系等
4	SYSTEM	系统键	屏幕显示参数界面、系统界面
5	MESSAGE	信息键	屏幕显示报警信息、操作信息
6	O P N Q G R 7 A 8 B 9 D X C Z Y F L 4 [5 W] 6 SP M I S K T J 1 , 2 # 3 = U H W V EOB E − + 0 * . /	数字和字符键	用于输入数据到输入区域，系统自动判别取字母还是取数字。字母和数字通过换档键切换输入
7	RESET	复位键	用于 CNC 复位或取消报警
8	HELP	帮助键	按此键用来显示如何操作机床，如 MDI 键的操作。可在 CNC 发生报警时提供报警的详细信息、帮助功能
9	SHIFT	换档键	在有些键顶部有两个字符。按住此键来选择字符，当一个特殊字符在屏幕上显示时，表示键面右下角的字符可以输入
10	INPUT	输入键	用来对参数键入、偏置量设定与显示界面内的数值进行输入
11	CAN	取消键	按此键可删除已输入到输入缓冲器的最后一个字符或符号
12	ALTER	替换键	替换光标所在处的字
13	INSERT	插入键	在光标所在字后面插入

（续）

序号	键符号	按键名称	用途
14	DELETE	删除键	删除光标所在字，如光标为一程序段首的字则删除该段程序，此外还可删除若干段程序、一个程序或所有程序
15		光标移动键	向程序的指定方向逐字移动光标
16	PAGE ↑　PAGE ↓	翻页键	将屏幕显示的界面向上、向下翻页
17	EOB E	分段键	段结束符

（2）机床控制面板　机床控制面板如图 3-5 所示，由各种按钮、旋钮及开关等组成，主要用来控制机床的运行方式和运行状态。机床生产厂家不同，机床控制面板也有所不同，但各主要按钮功能及操作方法基本相同。在这些按钮、旋钮与开关中，最重要的一个旋钮就是工作方式选择旋钮。开机后，首先要选择机床的工作方式。只有在相应的工作方式下才能完成相应的工作，其他按钮、旋钮都是在确定的工作方式下起着不同的作用。系统操作面板（MDI 键盘）上的六大功能键与机床控制面板上的工作方式选择旋钮相配合，对机床操作起着特别重要的作用。

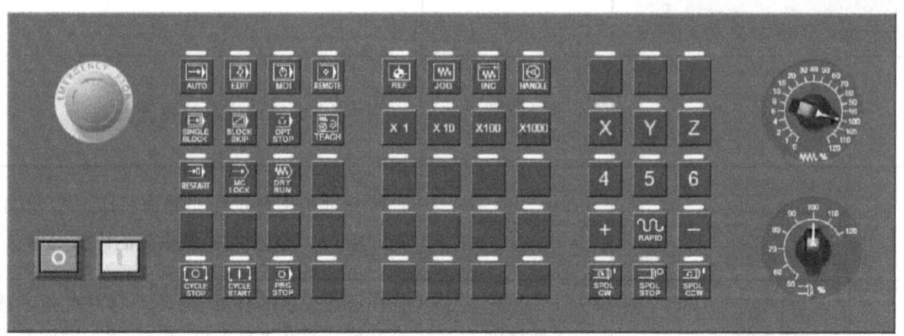

图 3-5　机床控制面板

机床控制面板各按钮、旋钮的名称及其功能说明见表 3-2。

表 3-2　机床控制面板各按钮、旋钮的名称及其功能说明

序号	符号	按（旋）钮名称	用途
1		自动运行按钮	此按钮被按下后，系统进入自动加工模式
2		编辑按钮	此按钮被按下后，系统进入程序编辑状态，用于直接通过操作面板输入数控程序和编辑程序

（续）

序号	符号	按（旋）钮名称	用途
3		MDI 按钮	此按钮被按下后，系统进入 MDI 模式，手动输入并执行指令
4		远程执行按钮	此按钮被按下后，系统进入远程执行模式即 DNC 模式，输入、输出资料
5		单节按钮	此按钮被按下后，运行程序时每次执行一条数控指令
6		单节忽略按钮	此按钮被按下后，数控程序中的注释符号“/”有效
7		选择性停止按钮	此按钮被按下后，“M01”代码有效
8		机械锁定按钮	锁定机床
9		试运行按钮	机床进入空运行状态
10		进给保持按钮	在程序运行过程中按下此按钮，运行暂停。按【循环启动】按钮恢复运行
11		循环启动按钮	程序运行开始：系统处于“自动运行”或“MDI”位置时按下有效，其余模式下使用无效
12		循环停止按钮	在数控程序运行中按下此按钮，停止程序运行
13		回原点按钮	机床处于回零模式；机床必须首先执行回零操作，然后才可以运行
14		手动按钮	机床处于手动模式，可以手动连续移动
15		手动脉冲按钮	机床处于手动脉冲模式
16		手轮按钮	机床处于手轮控制模式
17	X Y	X（Y）轴选择按钮	在手动状态下，按下该按钮则机床移动 X（Y）轴

（续）

序号	符号	按（旋）钮名称	用途
18	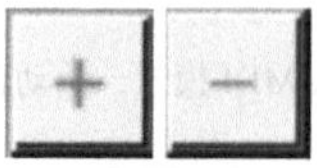 + −	正（负）方向移动按钮	手动状态下，单击该按钮，系统将向所选轴正（负）向移动
19	 快速	快速按钮	按下该按钮，机床处于手动快速状态
20	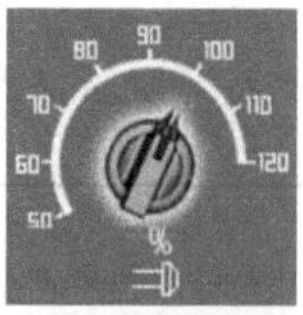	主轴倍率选择旋钮	将光标移至此旋钮上后，通过单击鼠标的左键或右键来调节主轴旋转倍率
21		进给倍率调节旋钮	调节主轴运行时的进给倍率
22		急停按钮	按下急停按钮，使机床移动立即停止，并且所有的输出如主轴的转动等都会关闭
23	 超程释放	超程释放按钮	系统超程释放
24		主轴控制按钮	从左至右分别为正转、停止、反转
25	 启动 停止	启动（关闭）按钮	启动控制系统（关闭控制系统）

2. 数控车床对刀

对刀是数控机床加工中极其重要和复杂的工作。对刀精度的高低将直接影响零件的加工精度。

在数控车床车削加工过程中，首先应确定零件的加工原点，以建立准确的工件坐标系，其次要考虑刀具的不同尺寸对加工的影响，这些都需要通过对刀来解决。

（1）刀位点　刀位点是指程序编制中，用于表示刀具特征的点，也是对刀和加工的基准点。各类车刀的刀位点如图 3-6 所示。

（2）刀补值的测量

1）设置刀补的目的。数控车床刀架内有一个刀具参考点（即基准点），如图 3-7 中的

“X”。数控系统通过控制该点的运动，间接地控制每把刀的刀位点的运动。而各种形式的刀具安装后，由于刀具的几何形状及安装位置的不同，其刀位点的位置是不一致的，即每把刀的刀位点在两个坐标方向的位置尺寸是不同的。所以，设置刀补的目的是测出各刀的刀位点相对刀具参考点的距离，即刀补值（X′，Z′），并将其输入 CNC 的刀具补偿寄存器中。在加工程序调用刀具时，系统会自动补偿两个方向的刀偏量，从而准确控制每把刀的刀尖轨迹。

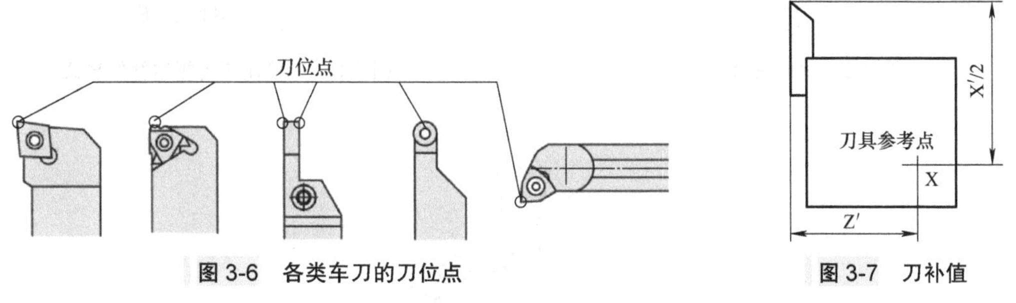

图 3-6　各类车刀的刀位点

图 3-7　刀补值

2）刀补值的测量原理与方法。刀补值的测量过程称为对刀操作。常见的对刀方法有两种：试切法对刀、对刀仪对刀。对刀仪又分为机械检测对刀仪和光学检测对刀仪；车刀用对刀仪和镗铣用对刀仪。

各类数控机床的对刀方法各有差异，可查阅机床说明书，但其原理及目的是一致的，即通过对刀操作，将刀补值测出后输入 CNC 系统，加工时系统根据刀补值自动补偿两个方向的刀偏量，使零件加工程序不因刀具（刀位点）安装位置的不同而给切削带来影响。

① 试切法对刀。试切法对刀的原理如图 3-8 所示。以 1 号外圆车刀作为基准刀，在手动状态下，用 1 号外圆车刀车削工件右端面和外圆，并把外圆车刀的刀尖退回至工件外圆和端面的交点 *A*，将当前坐标值置零作为基准（X=0，Z=0）。然后向 Z 的正方向退出 1 号刀，刀架转位，依次把每把刀的刀尖轻微接触棒料端面和外圆，或直接接触点 *A*，分别读出每把刀触及时的 CRT 动态坐标（X，Z），即为各把刀的相对刀补值。如图 3-8 所示，三把刀的刀补值分别为：1 号刀（基准刀），X=0，Z=0；2 号刀，X=–5，Z=–5；3 号刀，X=+5，Z=+5。

上述刀补的设置方法称为相对补偿法，即在对刀时，先确定一把刀作为基准（标准）刀，并设定一个对刀基准点，如图 3-8 中的 *A* 点，把基准刀的刀补值设为零（X=0，Z=0），然后使每把刀的刀尖与这一基准点 *A* 接触。利用这一点为基准，测出各把刀与基准刀的 X、Z 轴的偏置值 ΔX、ΔZ，如图 3-9 所示。如上述 2 号刀的刀补 X=–5，表示 2 号刀比 1 号刀在 X 方向短了 5mm；3 号刀的刀补 X=+5，表示 3 号刀比 1 号刀在 X 方向长了 5mm。

② 光学检测对刀仪对刀。如图 3-10 所示，将刀具随同刀架座一起紧固在刀具台安装座上，摇动 X 向和 Z 向进给手柄，使移动部件载着投影放大镜沿着两个方向移动，直至刀尖或假想刀尖（圆弧刀）与放大镜中十字线交点重合为止，如图 3-11 所示。这时通过 X 和 Z 向的微型读数器分别读出 X 和 Z 方向的长度值，就是该刀具的对刀长度。

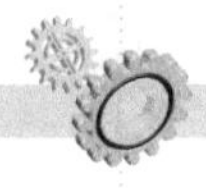

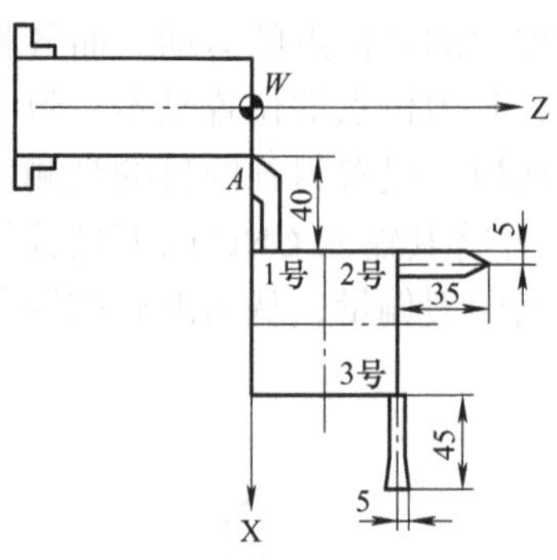

图 3-8 试切法对刀的原理

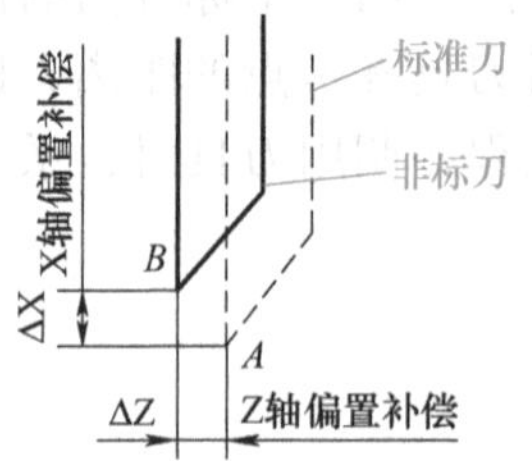

图 3-9 刀具偏置的相对补偿形式

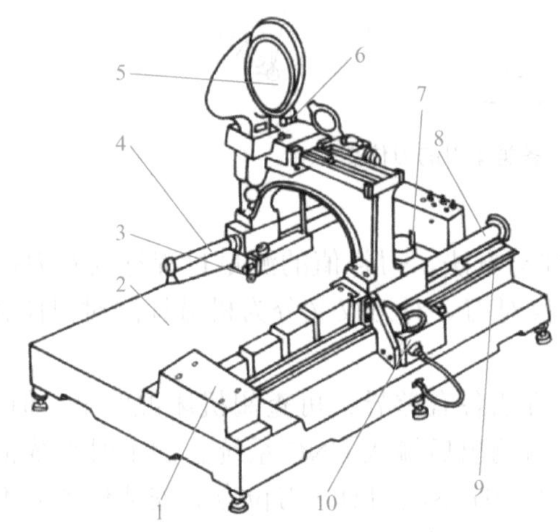

图 3-10 光学检测对刀仪对刀（机外对刀）

1—刀具台安装座 2—刀架座 3—光源 4、8—轨道 5—投影放大镜 6—X 向进给手柄 7—Z 向进给手柄 9—刻度尺 10—微型读数器

③ 机械检测对刀仪对刀。用机械检测对刀仪对刀，是使每把刀的刀尖与百分表测头接触，得到两个方向的刀偏量，如图 3-12 所示。若有的数控机床具有刀具探测功能，则通过刀具触及一个位置已知的固定触头，可测量刀偏量或直径、长度，并修正刀具补偿寄存器中的刀补值。

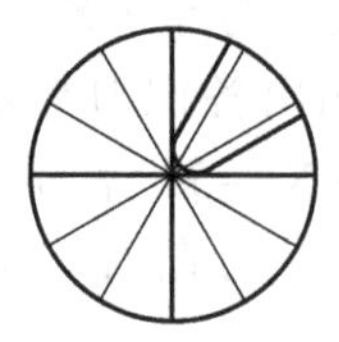

a) 端面外径刀尖

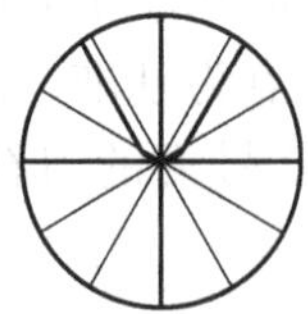

b) 对称刀尖

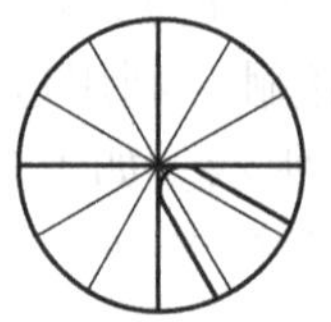

c) 端面内径刀尖

图 3-11 刀尖在放大镜中的对刀投影

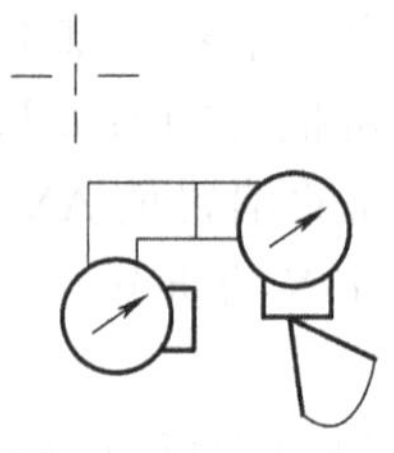

图 3-12 机械检测对刀仪对刀

3. 常见操作故障

数控车床的故障种类繁多，有电气、机械、系统、液压、气动等部件的故障，产生的

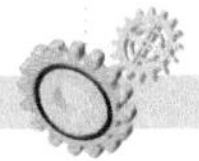

原因也比较复杂，但很大一部分故障是由于操作人员操作不当引起的。数控车床常见的操作故障如下：

1）防护门未关，车床不能运转。

2）车床未回零。

3）主轴转速 S 超过最高转速限定值。

4）程序内没有设置 F 或 S 值。

5）进给修调 F% 或主轴修调 S% 开关设为空档。

6）回零时离零点太近或回零速度太快，引起超程。

7）程序中 G00 位置超过限定值。

8）刀具补偿测量设置错误。

9）刀具换刀位置不正确（换刀点离工件太近）。

10）G40 指令使用不当，引起刀具切入已加工表面。

11）程序中使用了非法代码。

12）刀具半径补偿方向搞错。

13）切入、切出方式不当。

14）切削用量太大。

15）刀具钝化。

16）工件材质不均匀，引起振动。

17）车床被锁定（工作台不动）。

18）工件未夹紧。

19）对刀位置不正确，工件坐标系设置错误。

20）使用了不合理的 G 功能指令。

21）车床处于报警状态。

22）断电后或报过警的车床没有重新回零。

4. 安全操作规程

数控车床操作人员除了应掌握数控车床的性能并精心操作外，还要管好、用好和维护好数控车床，养成文明生产的良好工作习惯和严谨的工作作风，具有良好的职业素质、责任心，做到安全文明生产，严格遵守以下数控车床安全操作规程。

1）数控系统的编程、操作和维修人员必须经过专门的技术培训，熟悉所用数控车床的使用环境、条件和工作参数等，严格按机床和系统的使用说明书要求正确、合理地操作机床。

2）数控车床的使用环境要避免阳光的直接照射和其他热辐射，避免太潮湿或粉尘过多的场所，特别要避免有腐蚀性气体的场所。

3）为避免电源不稳定损坏电子元器件，数控车床应采取专线供电或增设稳压装置。

4）一定要按照机床说明书的规定进行数控车床的开机、关机操作。

5）主轴起动、开始切削之前，一定要关好防护罩门，程序正常运行中严禁开启防护罩门。

6）在每次电源接通后，必须先完成各轴的返回参考点操作，然后再进入其他运行方式，以确保各轴坐标的正确性。

7）在机床正常运行时不允许打开电气柜门。

8）加工程序必须经过严格检验后方可进行运行操作。

9）手动对刀时，应注意选择合适的进给速度；手动换刀时，刀架距工件要有足够的转位距离，以免发生碰撞。

10）加工过程中如出现异常或危急情况，可按下急停按钮，以确保人身和设备的安全。

11）机床发生事故时，操作者要注意保护现场，并向维修人员如实说明事故发生前后的情况，以利于分析问题，查找事故原因。

12）数控机床的使用一定要有专人负责，严禁其他人员随意动用数控设备。

13）要认真填写数控机床的工作日志，做好交接工作，消除事故隐患。

14）不得随意更改数控系统内部制造厂设定的参数，并及时做好备份。

15）要经常润滑机床导轨，防止导轨生锈，并做好机床的清洁、保养工作。

5. 数控车床单机操作

开机之前的设置操作如下：

1）打开机床电源总开关并启动数控系统，启动后旋开急停按钮。

2）检查机床无报警且信号灯为黄色，液压尾座位置后移到位。

3）数控车床需要执行 G30　U0　W0，将车床回到第二参考点（参数 1241 X=0 Z=0）。

4）数控车床在自动模式下，按下【F3】按键，排屑器正反转灯交替闪烁时，表示联机模式生效。

5）数控车床当前运行的程序为 O0606（该程序名用户可以修改，本程序名为 O0606）。

6）使数控系统应紧靠机床，否则运行产线时会有撞击风险。

数控车床单机操作流程见表 3-3。

表 3-3　数控车床单机操作流程

序号	步骤	操作说明	注意事项
1	开启电源	1）启动机床后面的总电源开关 2）按下机床正面操作面板上的启动开关 3）待数控系统界面正常显示后，逆时针方向打开急停按钮	
2	检查	1）检查机床状态是否正常，有无任何报警提示（开机且松开急停按钮后信号灯正常为黄色） 2）机床卡盘中无任何零件 3）液压尾座后移到位，防止回零时与刀架发生碰撞，以及产线运行时与机器人产生碰撞 4）检查系统参数 1241 中 X 和 Z 是否为 0，如果为其他数值，在产线运行时会与机器人碰撞	

（续）

序号	步骤	操作说明	注意事项
3	回第二参考点	1）按进入 MDI 模式，按进入程序界面，输入程序 G30 U0 W0 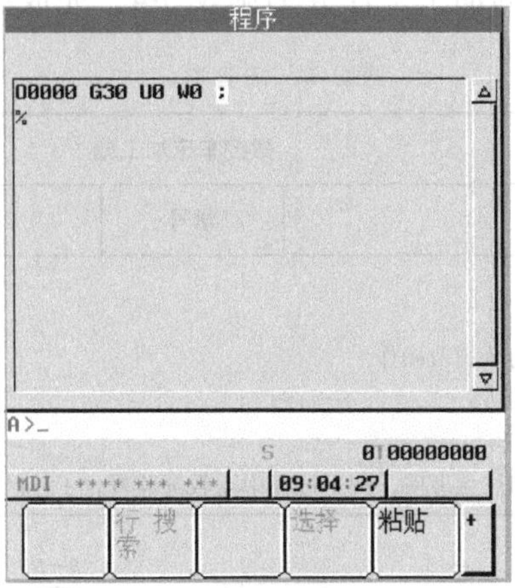 2）按下【循环启动】按钮，使车床回到第二参考点	机床在回到参考点后切勿移动
4	选择程序	按进入编辑模式，输入 O0808，单击【检索程序】软键即可进行程序选择 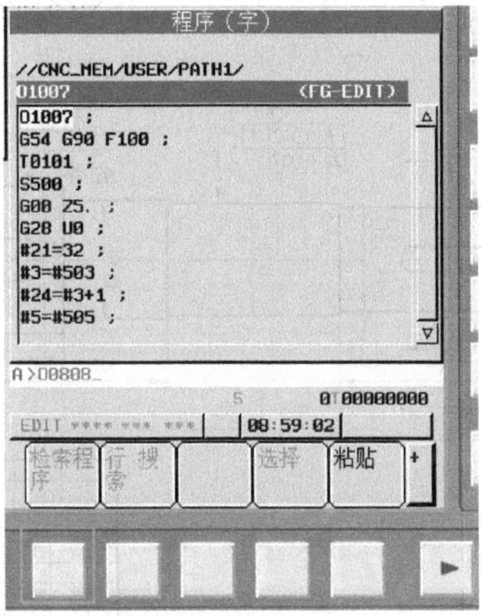	注意程序所在的目录
5	面板归位	使数控系统紧靠机床，否则运行产线时会有撞击风险 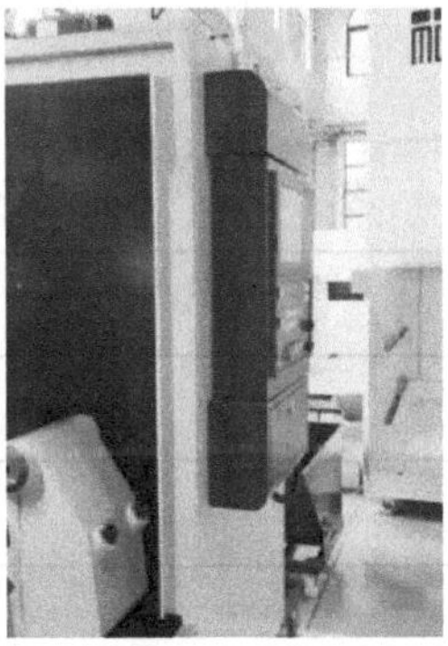	

任务实施

本任务基于生产性实训数控产线平台——数控车床进行。本任务要求对数控车床进行设置、编程和调试，并完成轴的加工，任务书见表 3-4，完成后填写表 3-5。

表 3-4　任务书

<table>
<tr><td>任务名称</td><td colspan="7">数控车床加工轴</td></tr>
<tr><td>班级</td><td></td><td>姓名</td><td></td><td>学号</td><td></td><td>组别</td><td></td></tr>
<tr><td>任务内容</td><td colspan="7">实操任务：
1. 数控车床面板按键的认识及操作
2. 在数控车床上加工轴
要求：
操作前必须熟读步骤和注意事项，加工过程中需教师监督，工作区域内只允许操作人员站立
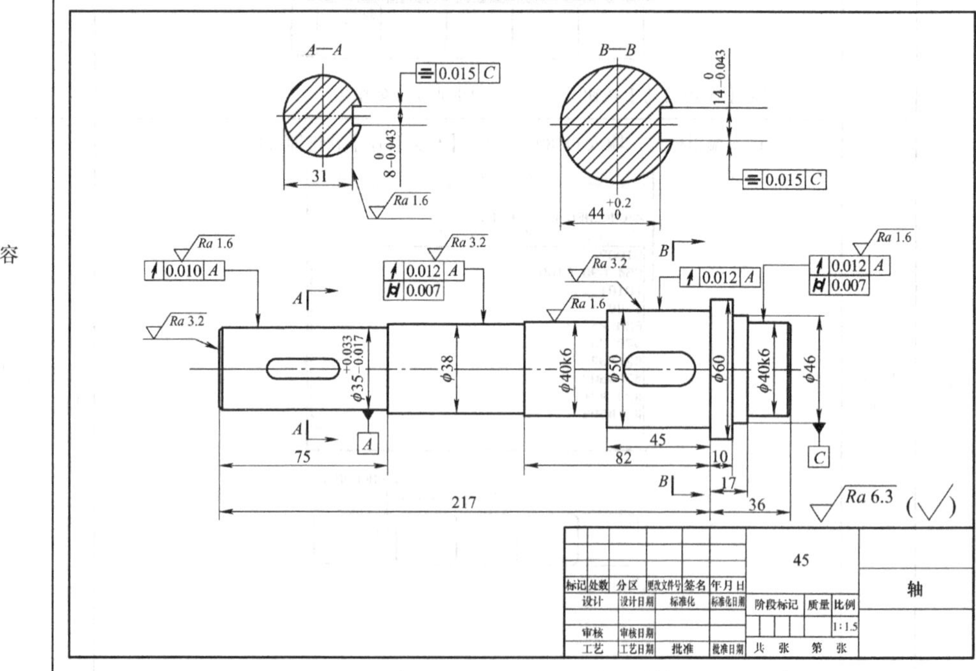</td></tr>
<tr><td>任务目标</td><td colspan="7">1. 掌握数控车床的工作原理
2. 掌握数控车床各个结构组成
3. 掌握数控车床的操作方法</td></tr>
</table>

资料	工具	设备
数控车床安全操作规程	常用工具	生产性实训系统
生产性实训系统使用手册		
数控车床说明书		

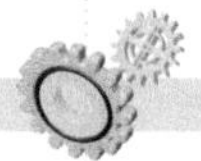

表 3-5　任务完成报告书

任务名称	数控车床加工轴						
班级		姓名		学号		组别	
任务内容							

拓展思考

根据智能生产线中的数控车床，思考该设备还可生产哪类零件？请写出零件加工步骤、工艺及夹具。

任务评价

参考任务完成评价表（表 3-6），对数控车床加工轴任务完成情况进行评价，并根据学生完成的实际情况进行总结。

表 3-6　任务完成评价表

评价项目		评价要求	评分标准	分值	得分
任务内容	数控车床面板使用	规范操作	结果性评分，系统操作面板、机床控制面板、对刀、程序的输入、修正刀补参数、数控车床动作控制正确	20 分	
	数控车床加工零件	规范操作	过程性评分，步骤正确，遵守操作规程	20 分	
		精度	结果性评分，能加工实物，同时能满足尺寸公差和几何公差要求；能判断数控车床的一般机械故障；能排除一般故障	20 分	

（续）

评价项目		评价要求	评分标准	分值	得分
安全文明生产	设备	保证设备安全	1）设备每损坏 1 处扣 1 分 2）人为损坏设备扣 10 分	20 分	
	人身	保证人身安全	否决项，发生皮肤损伤、撞伤、触电等，本任务不得分		
	文明生产	遵守各项安全操作规程，实训结束清理现场	1）违反安全文明生产考核要求的任何一项，扣 1 分 2）当教师发现有重大人身事故隐患时，要立即制止，并扣 10 分 3）不穿工作服、不穿绝缘鞋，不得进入实训场地	20 分	
合计				100 分	

任务二　立式加工中心认知

知识目标

（1）掌握立式加工中心主要机械结构的组成。

（2）掌握立式加工中心的工作原理及加工特点。

（3）掌握加工中心操作面板上按键的含义。

（4）掌握立式加工中心的编程、加工程序调试操作，并能解决在此过程中出现的简单报警。

技能目标

（1）能正确区分立式加工中心各组成部分。

（2）能够说出立式加工中心主要机械结构的特点及功能。

（3）能熟练操作立式加工中心，并能独立对刀。

（4）能解决数控车床的常见故障。

素养目标

（1）消除报警时，应符合规范，注意人身安全、设备安全，树立安全第一的观念。

（2）学会正确观察各类加工中心的方法，在观察中时刻注意自身的安全，养成良好的操作习惯。

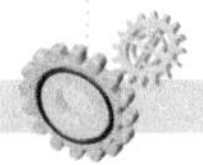

任务引导

引导问题 1：从主体上看，立式加工中心主要由哪几部分组成？

引导问题 2：加工中心的操作面板由哪两部分组成？

知识准备

立式加工中心（以下简称为加工中心）是一种功能较全的数控加工机床。它把铣削、镗削、钻削、攻螺纹和切削螺纹等功能集中在一台设备上，具有多种工艺手段。加工中心设置有刀库，刀库中存放着不同数量的各种刀具或检具，在加工过程中由程序自动选用和更换。加工中心是一种综合加工能力较强的设备，工件一次装夹后能完成较多的加工步骤，加工精度较高，就中等加工难度的批量工件，其效率是普通设备的 5 ～ 10 倍，特别是它能完成许多普通设备不能完成的加工。加工中心对形状较复杂，精度要求高的单件加工或中小批量多品种生产更为适用。特别是对于必须采用工装和专机设备来保证产品质量和效率的工件，采用加工中心加工，可以省去工装和专机。这会为新产品的研制和改型换代节省大量的时间和费用，从而使企业具有较强的竞争力。

加工中心是一种备有刀库并能自动更换刀具对工件进行多工序加工的数控铣床，它的最大特点是工序集中和自动化程度高，可减少工件装夹次数，避免工件多次定位所产生的累积误差，节省辅助时间，实现高质、高效加工。加工中心可完成镗、铣、钻、攻螺纹等工作，与普通数控铣床的区别之处，主要在于它附有刀库和自动换刀装置，如图 3-13 所示。

一、加工中心的组成

1. 基础部件

基础部件由床身、立柱和工作台等大件组成。它们是加工中心的基础结构。这些大件可以是铸铁件也可以是焊接的钢结构件，它们要承受加工中心的静载荷以及加工时的切削负载，因此必须是刚度很高的部件，也是加工中心质量和体积最大的部件，如图 3-14 所示。

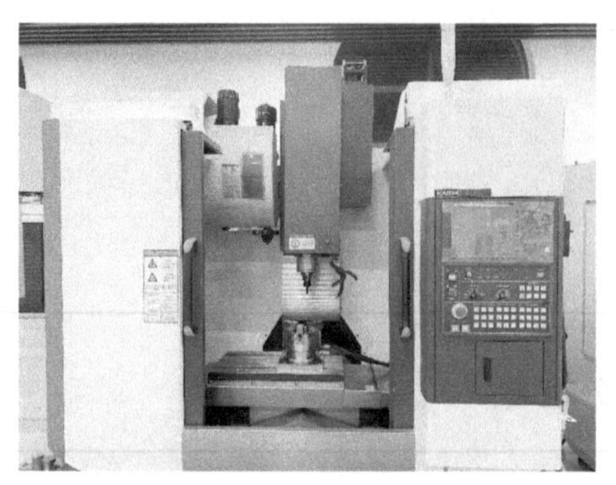
图 3-13　立式加工中心外形

图 3-14　基础部件

2. 主轴部件

主轴部件由主轴伺服电源、主轴电动机、主轴箱、主轴、主轴轴承和传动轴等组成。主轴的起动、停止和变速等均由数控系统控制，并通过装在主轴上的刀具参与切削运动，是切削加工的功率输出部件。主轴是加工中心的关键部件，其结构的好坏对加工中心的性能有很大的影响，它决定着加工中心的切削性能、动态刚度、加工精度等。主轴内部的刀具自动夹紧机构是自动刀具交换装置的组成部分，如图 3-15 所示。

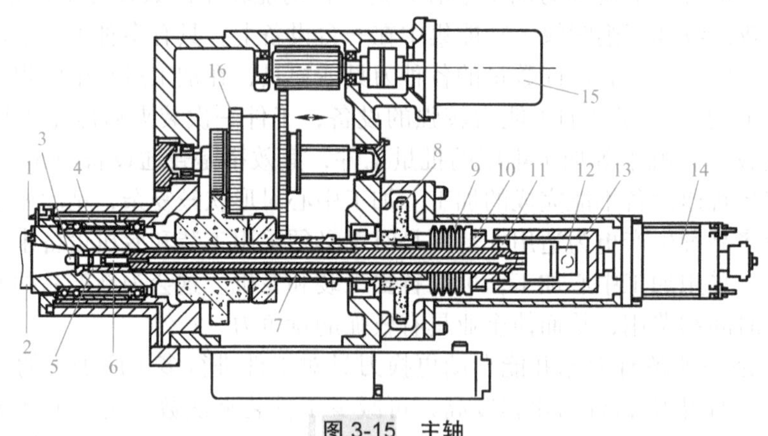

图 3-15　主轴

1—切削液喷嘴　2—刀具　3—拉钉　4—主轴　5—弹性卡爪　6—喷气嘴　7—拉杆　8—定位凸轮　9—碟形弹簧　10—轴套　11—固定螺母　12—旋转接头　13—推杆　14—液压缸　15—交流伺服电动机　16—换档齿轮

3. 数控系统

单台加工中心的数控部分由 CNC 装置、可编程序控制器、伺服驱动装置以及电动机等部分组成。CNC 装置根据其包含功能、可控轴数、主运算器的性能等分为各种配置加工中心用的系统。它采用微处理机、存储器、接口芯片等，通过软件实现数控机床要求的各种功能。可编程序控制器替代一般机床中的机床电气柜执行数控系统的指令，控制机床

执行动作。数控系统的主要功能有控制功能、进给功能、主轴功能、辅助功能、刀具功能和第二辅助功能、补偿功能、字符图形显示功能、自诊断功能、通信功能、人机对话程序编制功能等。数控系统是加工中心执行顺序控制动作和完成加工过程的控制中心。

4. 自动换刀系统

该系统是加工中心区别于其他数控机床的典型装置，它完成了工件一次装夹后多工序连续加工，工序与工序间的刀具自动存储、选择、搬运和交换的任务。它由刀库、机械手等部件组成。刀库是存放加工过程所要使用的全部刀具的装置。当需要换刀时，根据数控系统的指令，由机械手（或通过别的方式）将刀具从刀库中取出，装入轴孔中。刀库有盘式、鼓式和链式等多种形式，容量从几把到几百把。机械手的结构根据刀库与主轴的相对位置及结构的不同也有多种形式，如单臂式、双臂式、回转式和轨道式等。有的加工中心不用机械手而利用主轴箱或刀库的移动来实现换刀，如图 3-16 所示。

图 3-16 刀库

5. 自动托盘交换系统

有的加工中心为了实现进一步无人化运行或缩短非切削时间，采用多个自动交换工作台方式储备工件。一个工件安装在工作台上加工的同时，另外一个或几个可交换的工作台面上还可以装卸别的工件。当完成一个托盘上工件的加工后，便自动交换托盘，进行新工件的加工，这样可以减少辅助时间，提高加工效率。

6. 辅助系统

辅助系统包括润滑、冷却、排屑、防护、液压和随机检测系统等部分。辅助系统虽不直接参与切削运动，但对加工中心的加工效率、加工精度和可靠性起保障作用，因此也是加工中心不可缺少的部分。

二、工作原理

在加工中心上加工，首先要将零件图样上的几何信息和工艺信息用规定的代码和格式编写成加工程序，然后将加工程序输入数控装置，按照程序的要求，经过数控系统的信息处理、分配，使各坐标轴移动若干个最小位移量，实现刀具与工件的相对运动，完成工件的加工。

通常把加工中心上刀具运动轨迹是直线的加工，称为直线插补；刀具运动轨迹是圆弧的，称为圆弧插补。插补是指在加工轨迹的起点和终点之间插进许多中间点，进行数据点的细化工作，然后利用已知线型（如直线、圆弧等）逼近。

加工中心的数字控制是由数控系统完成的。数控系统包括数控装置、伺服驱动装置、可编程序控制器和检测装置等。数控装置是数控运动的中枢系统，其功能是能够快速接收零件图样上的加工要求信息，按照规定的控制算法进行插补运算，并将结果由输出装置送到各坐标控制伺服系统。伺服驱动装置是数控系统的执行部分，能快速响应数控装置发出的指令，驱动机床各坐标轴运动，同时能提供足够的功率和转矩，驱动主轴运动的控制单元和主轴电动机，以及进给运动的控制单元和进给电动机。可编程控制器可对机床开关量进行控制，如主轴的起停、刀具更换、切削液开关、电磁铁的吸合、离合器的开合及各种运动的互锁、联锁，运动行程的限位、暂停、报警、进给保持、循环启动、程序停止、复位等。检测装置是采用闭环或半闭环控制系统的重要组成部分，其作用是对数控机床各部件的实际位移和速度进行检测，并将检测结果转化为电信号反馈给数控装置或伺服控制系统，实现闭环或半闭环控制，从而自动完成工件的加工。

三、加工特点

加工中心是典型的集高新技术于一体的机械加工设备，它的发展代表一个国家设计、制造的水平，因此在国内外企业界受到高度重视。它也是判断企业技术能力和工艺水平标志的一个方面。如今，加工中心已成为现代机床发展的主流方向，广泛用于机械制造中。与普通数控机床相比，加工中心有以下几个突出特点。

1. 工序集中

加工中心备有刀库，能自动换刀，并能对工件进行多工序加工，使得工件在一次装夹后，数控系统能控制机床按不同工序自动选择和更换刀具，自动改变机床主轴转速、进给量和刀具相对工件的运动轨迹以及完成其他辅助功能。现代加工中心更大程度地使工件在一次装夹后实现多表面、多特征、多工位的连续、高效、高精度加工，即工序集中。这是加工中心最突出的特点。

2. 加工精度高

加工中心同其他数控机床一样具有加工精度高的特点，而且加工中心可一次装夹工件，实现多工序集中加工，减少了多次装夹带来的误差，故加工精度更高，加工质量更加稳定。

3. 适应性强

加工中心对加工对象的适应性强，改变加工工件时，只需重新编制（更换）程序，输入新的程序就能实现对新的工件的加工，这给结构复杂工件的单件、小批量生产及新产品试制带来了极大的方便。同时，它还能自动加工普通机床很难加工或无法加工的精密、复杂零件。

4. 加工生产率高

工件加工所需要的时间包括机动时间与辅助时间两部分。加工中心带有刀库和自动换刀装置，在一台机床上能集中完成多个工序，因而可减少工件半成品的周转、搬运和存放时间，使机床的切削利用率（切削时间和开动时间之比）高于普通机床 3 ～ 4 倍，达 80% 以上。

5. 经济效益好

使用加工中心加工工件时，分摊在每个工件上的设备费用是较昂贵的，但在单件、小批量生产的情况下，可以节省许多其他方面的费用，因此能获得良好的经济效益。例如，在加工之前节省了划线工时，在工件安装到机床上之后可以减少调整、加工和检验时间，减少了直接生产费用。另外，由于加工中心加工工件不需手工制作模型、凸轮、钻模板及其他工夹具，省去了许多工艺装备，减少了硬件投资。还由于加工中心加工稳定，减少了

废品率，使生产成本进一步下降。

6. 自动化程度高，劳动强度低

加工中心加工工件是按事先编好的程序自动完成的，操作者除了操作键盘、装卸工件、进行关键工序的中间测量以及观察机床的运行之外，不需要进行繁重的重复性手工操作，劳动强度和紧张程度均大为减轻，劳动条件也得到很大的改善。

7. 有利于生产的现代化管理

用加工中心加工工件，能够准确地计算工件的加工工时，并有效地简化检验和工夹具、半成品的管理工作。这些特点有利于使生产管理现代化。当前有许多大型CAD/CAM集成软件已经开发了生产管理模块，实现了计算机辅助生产管理。加工中心使用数字信息与标准代码输入，适宜计算机联网及管理。加工中心的工序集中加工方式有其独特的优点，但也带来不少问题，列举如下：

1）工件由毛坯直接加工为成品，一次装夹中金属切除量大，几何形状变化大，没有释放应力的过程，加工完了一段时间后内应力释放，使工件变形。

2）粗加工后直接进入精加工阶段，工件的温升来不及恢复，冷却后尺寸变动，影响工件精度。

3）装夹工件的夹具必须满足既能承受粗加工中大的切削力，又能在精加工中准确定位的要求，并且工件夹紧变形要小。

4）切削不断屑，切屑的堆积、缠绕等会影响加工的顺利进行及工件的表面质量，甚至损坏刀具，产生废品。

5）由于ATC的应用，使工件尺寸受到一定的限制，钻孔深度、刀具长度、刀具直径及刀具质量也要加以考虑。

四、立式加工中心操作

加工中心按照数控加工程序自动进行工件的加工，必须由数控操作人员具体实施。可以说，加工工艺方案是通过数控操作人员在数控机床上实现的，数控加工现场经验的积累又是提高数控加工工艺和数控加工程序质量的基础。因此，数控机床的操作是企业生产过程中一个重要的环节，数控机床操作人员的素质和水平将直接影响企业的生产率、产品质量以及生产成本。高素质的数控机床操作人员是保证数控加工工艺得以正确和顺利实施的重要条件之一。

1. 常见操作故障的分类及常规处理方法

加工中心是比较昂贵的精密设备，一旦发生故障，将花费巨大财力，同时会增加工件的报废率和长时间的停机，也会增加材料成本。因此，了解加工中心常见的故障知识是非常必要的，以使设备能够及时排除故障和修复，延长加工中心的寿命。

（1）常见故障的分类　加工中心由于自身原因不能正常工作，就是产生了故障。机床故障可分为以下几种类型。

1）系统性故障和随机性故障。按故障出现的必然性和偶然性，分为系统性故障和随机性故障。系统性故障是指机床和系统在某一特定条件下必然出现的故障。随机性故障是指偶然出现的故障。因此，随机性故障的分析与排除比系统性故障困难得多。通常随机性故障往往是由于机械结构局部松动、错位，控制系统中元器件出现工作特性漂移，电器元件工作可靠性下降等原因造成的，需经反复试验和综合判断才能排除。

2）有诊断显示故障和无诊断显示故障。按故障出现时有无自诊断显示，可分为有诊断显示故障和无诊断显示故障。现今的数控系统都有较丰富的自诊断功能，出现故障时会停机、报警并自动显示相应报警参数号，使维护人员较容易找到故障原因。而无诊断显示故障往往是机床停在某一位置不能动，甚至手动操作也失灵，维护人员只能根据出现故障前后的现象来分析判断，排除故障的难度较大。

3）破坏性故障和非破坏性故障。以故障有无破坏性，分为破坏性故障和非破坏性故障。对于破坏性故障，如伺服失控造成撞车、短路烧断熔丝等，维护难度大，有一定危险，维修后不允许重复出现这些现象。非破坏性故障可经过多次反复试验至排除，不会对机床造成危害。

4）机床运动特性质量故障。这类故障发生后，机床照常运行，也没有任何报警显示，但加工出的工件不合格。针对这些故障，必须在检测仪器配合下，对机械、控制系统、伺服系统等采取综合措施。

5）硬件故障和软件故障。按发生故障的部位，分为硬件故障和软件故障。硬件故障通过更换某些元器件即可排除，而软件故障是由于编程错误造成的，通过修改程序内容或修订机床参数可排除。

（2）故障常规处理方法　加工中心出现故障，除少量自诊断功能可以显示故障外（如存储器报警、动力电源电压过高报警等），大部分故障是由综合因素引起的，往往不能确定其具体原因，一般按以下步骤进行常规处理。

1）充分调查故障现场。机床发生故障后，维护人员应仔细观察寄存器和缓冲工作寄存器尚存内容，了解已执行程序内容，向操作者了解现场情况和现象。当有诊断显示报警时，打开电气柜观察印制电路板上有无相应报警红灯显示。做完这些调查后，就可按动数控机床上的复位键，观察系统复位后报警是否消除，如消除，则属于软件故障，否则为硬件故障。对于非破坏性故障，可让机床重复故障时运行状况，仔细观察故障是否再现。

2）将可能造成故障的原因全部列出。造成加工中心故障的原因多种多样，有机械的、电气的、控制系统的等。此时，要将可能发生的故障原因全部列出来，以便排查。

3）逐步选择，确定故障产生的原因。根据故障现象，参考机床有关维护使用手册罗列出诸多因素，经优化选择综合判断，找出导致故障的确定因素。

4）故障的排除。找到造成故障的确切原因后，就可以“对症下药”，修理、调整和更换有关元器件。

（3）常见机械故障的排除

1）进给传动链故障。由于导轨普遍采用滚动摩擦副，所以进给传动故障大部分是由运动质量下降造成的，如机械部件未达到规定位置、运行中断、定位精度下降、反向间隙过大等，出现此类故障可调整各运动副预紧力、调整松动环节、提高运动精度及调整补偿环节。

2）机床回零故障。机床在返回参考点时发生超程报警，无减速动作。此类故障一般是减速信号没有输入到 CNC 系统，一般可检查限位挡块及信号线。

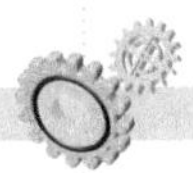

3）自动换刀装置故障。此类故障较为常见，故障表现为刀库运动故障、定位误差过大、换刀动作不到位、换刀动作卡位、整机停止工作等。此类故障的排除一般可通过检查气缸压力、调整各限位开关位置、检查反馈信号线、调整与换刀动作相关的机床参数来排除。

4）机床不能运动或加工精度差。这是综合故障，出现此类故障时，可通过重新调整和改变间隙补偿、检查轴进给时有无爬行等方法来排除。

立式加工中心对刀过程

2. 立式加工中心对刀

对刀是立式加工中心的主要操作和重要技能。在一定条件下，对刀的精度决定工件的加工精度。

（1）对刀的定义　在加工中心上加工工件，由于工件在机床上的安装位置是任意的，要正确执行加工程序，必须确定工件在机床坐标系中的确切位置。加工中心的对刀就是指找出工件坐标系与机床坐标系空间关系的操作过程。简单地说，对刀就是告诉机床工件在机床工作台的什么地方。

为了保证工件的加工精度要求，对刀位置应尽量选在零件的设计基准或工艺基准上。如以零件上孔的中心点或两条相互垂直的轮廓边的交点作为对刀位置，则对这些对刀位置应提出相应的精度要求，并在对刀以前准备好。

（2）对刀点的选择原则　对于数控机床来说，在加工开始时，确定刀具与工件的相对位置是很重要的，这一相对位置是通过确认对刀点来实现的。对刀点是指通过对刀确定刀具与工件相对位置的基准点。对刀点可以设置在被加工工件上，也可以设置在夹具上与工件定位基准有一定尺寸联系的某一位置，往往选择在工件的加工原点。对刀点的选择原则如下：

1）所选的对刀点应使程序编制简单。

2）对刀点应选择在容易找正、便于确定工件加工原点的位置。

3）对刀点应选在加工时检验方便、可靠的位置。

4）对刀点的选择应有利于提高加工精度。

例如，加工如图 3-17 所示零件时，当按照图示路线来编制数控加工程序时，选择夹具定位元件圆柱销的中心线与定位平面 A 的交点作为加工的对刀点。显然，这里的对刀点也恰好是加工原点。

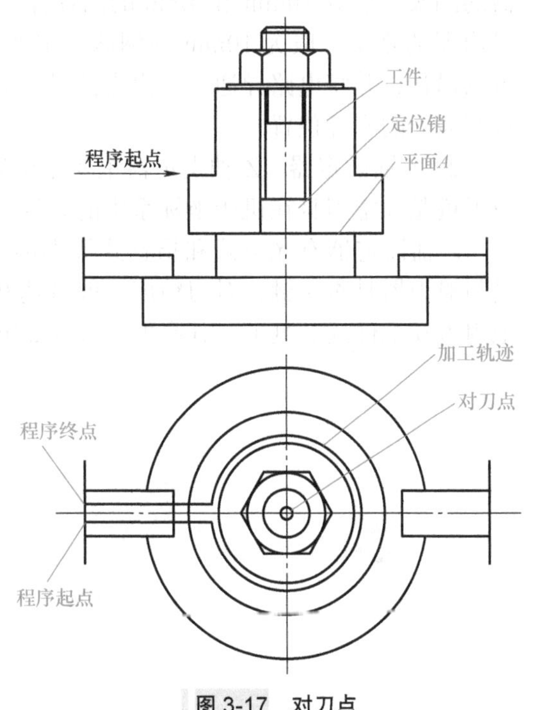

图 3-17　对刀点

在使用对刀点确定加工原点时，就需要进行对刀。所谓对刀是指使刀位点与对刀点重合的操作。每把刀具的半径与长度尺寸都是不同的。刀具装在机床上后，应在控制系统中设置刀具的基本位置。刀位点是指刀具

的定位基准点。如图 3-18 所示，圆柱铣刀的刀位点是刀具中心线与刀具底面的交点；球头铣刀的刀位点是球头的球心点或球头顶点；车刀的刀位点是刀尖或刀尖圆弧中心；钻头的刀位点是钻头顶点。各类数控机床的对刀方法是不完全一样的，要注意区别。

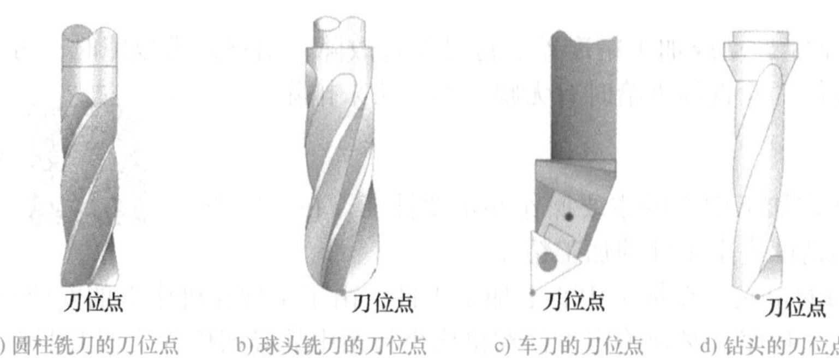

a) 圆柱铣刀的刀位点　b) 球头铣刀的刀位点　c) 车刀的刀位点　d) 钻头的刀位点

图 3-18　刀位点

（3）对刀方法　根据现有条件和加工精度要求选择对刀方法，可采用试切法对刀、寻边器对刀、机内对刀仪对刀、自动对刀等。其中试切法对刀精度较低，加工中常用寻边器和 Z 轴设定器对刀，其效率高，能保证对刀精度。

（4）对刀工具

1）寻边器。寻边器主要用于确定工件坐标系原点在机床坐标系中的 X、Y 值，也可以测量工件的简单尺寸。

寻边器有偏心式和光电式等类型，如图 3-19 所示，以偏心式较为常用。偏心式寻边器的测头一般为 10mm 和 4mm 的圆柱体，用弹簧拉紧在偏心式寻边器的测杆上。光电式寻边器的测头一般为 10mm 的钢球，用弹簧拉紧在光电式寻边器的测杆上，碰到工件时可以退让，并将电路导通，发出光信号。通过光电式寻边器的指示和机床坐标位置可得到被测表面的坐标位置。

2）Z 轴设定器。Z 轴设定器主要用于确定工件坐标系原点在机床坐标系中的 Z 坐标，或者说是确定刀具在机床坐标系中的高度。

Z 轴设定器有光电式和指针式等类型，如图 3-20 所示，通过光电指示或指针判断刀具与对刀器是否接触，对刀精度一般可达 0.005mm。Z 轴设定器带有磁性表座，可以牢固地附着在工件或夹具上，其高度一般为 50mm 或 100mm。

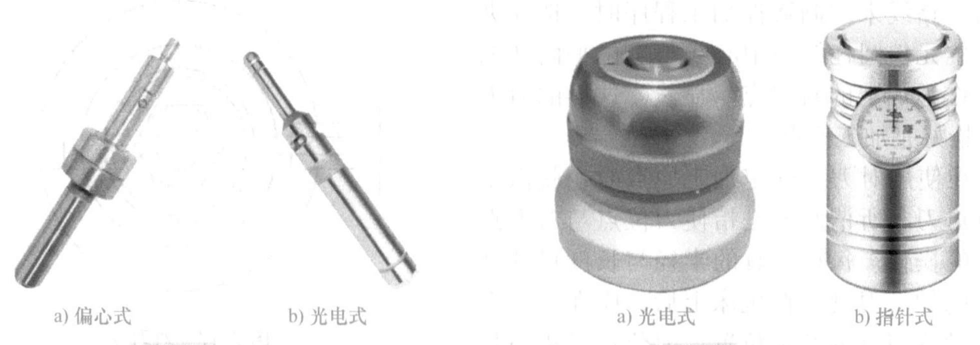
a) 偏心式　b) 光电式

图 3-19　寻边器

a) 光电式　b) 指针式

图 3-20　Z 轴设定器

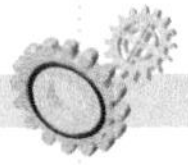

（5）对刀操作步骤　精加工过的零件毛坯，尺寸为 100mm × 60mm × 30mm，采用寻边器对刀，操作步骤如下：

1）X、Y 向对刀。

① 将工件通过夹具装在机床工作台上，装夹时，工件的四个侧面都应留出寻边器的测量位置。

② 快速移动工作台和主轴，让寻边器测头靠近工件的左侧。

③ 改用手轮操作，将手轮旋钮调至 X 轴正向即 +X，手轮进给速度倍率调至 100 档位让测头慢慢接触工件左侧，在测头即将接触侧面前，将进给倍率调至 10 档位，继续移动测头，直到目测寻边器的下部测头与上固定端重合，将进给倍率调至 1 档位，继续向 +X 方向单刻度调节至测头与测杆再次分离，关闭手轮模式，将机床坐标设置为以相对坐标值显示，按 MDI 面板上的按键【X】，然后按下【INPUT】键，此时当前位置 X 坐标值为 0。

④ 抬起寻边器至工件上表面之上，快速移动工作台和主轴，让测头靠近工件右侧。

⑤ 改用手轮操作，将手轮旋钮调至 X 轴负向即 –X，手轮进给速度倍率调至 100 档位让测头慢慢接触工件右侧，在测头即将接触侧面前，将进给倍率调至 10 档位，继续移动测头，直到目测寻边器的下部测头与上固定端重合，将进给倍率调至 1 档位，继续向 +X 方向单刻度调节至测头与测杆再次分离，关闭手轮模式，记下此时机械坐标系中的 X 坐标值，若测头直径为 10mm，则坐标显示为 110.000。

⑥ 提起寻边器，然后将测头移动到工件的 X 中心位置，中心位置的坐标值为 110.000/2=55，然后按下【X】键，再按【INPUT】键，将坐标设置为 0，查看并记下此时机械坐标系中的 X 坐标值。此值为工件坐标系原点 W 在机械坐标系中的 X 坐标值。

⑦ 同理，可测得工件坐标系原点 W 在机械坐标系中的 Y 坐标值。

2）Z 向对刀。

① 卸下寻边器，将加工所用刀具装在主轴上。

② 准备一把直径为 10mm 的刀柄（用以辅助对刀操作）。

③ 快速移动主轴，让刀具端面距离工件上表面约 200 ～ 300mm，即小于辅助刀柄直径。

④ 改用手轮微调操作，轴向调至 –Z，进给倍率调至 100 档位，继续靠近工件上表面并低于上表面 10mm，用辅助刀柄在工件上表面与刀具之间平推，同时用手轮微调 Z 轴，直到辅助刀柄刚好可以通过工件上表面与刀具之间的空隙，将手轮进给倍率调至 1 档位，继续以上操作，至刀柄通过空隙时感觉到刀具端面刃轻微受力时，刀具断面到工件上表面的距离为一把辅助刀柄的距离，即 10mm。

⑤ 在以相对坐标值显示的情况下，将 Z 轴坐标清零，将刀具移开工件正上方，然后将 Z 轴坐标向下移动 10mm，记下此时机床坐标系中的 Z 值，此时的值为工件坐标系原点 W 在机械坐标系中的 Z 坐标值。

3）将测得的 X、Y、Z 值输入到 G54 坐标系存储地址中。

3. 安全操作规程

1）加工中心的供电电压应稳定。

2）操作机床前，应确认防护罩都锁紧，在机床自动运转过程中，严禁打开机床的防护罩门。测量工件、清除切屑、调整工件、装卸刀具等必须在停机状态下进行，以免发生危险。

3）在加工中心正常运行中，不允许打开电气柜门，禁止按急停按钮、复位按钮。

4）操作者必须正确佩戴劳动防护用品，严禁穿高跟鞋、拖鞋上岗，禁止穿宽松外衣、围围巾、系领带、佩戴戒指及手表等饰物。女工发辫应挽在帽子内。不准戴手套操作，严禁用气枪对人吹气及玩耍等。

5）新手必须在教师指定的机床上操作，按正确顺序开、关机，文明操作，不得随意开他人的机床，当一人在操作时，他人不得干扰，以防造成事故。

6）操作完毕后，将运行部件停于规定位置，按开机的相反顺序切断电源、气源；清理工具，打扫工作场地，关好门窗，并按规定做好加工中心的日常保养工作。

其他要求参考数控车床安全操作规程。

4. 立式加工中心单机操作

开机之前的设置操作如下：

1）打开机床电源总开关并启动数控系统，启动后旋开急停按钮。

2）检查机床无报警且信号灯为黄色。

3）加工中心需要执行 G91 G30 X0 Y0 Z0，使加工中心回到第二参考点（参数 1241 X=0 Y=0 Z=0）。

4）加工中心当前运行的程序为 O0808（该程序名用户可修改）。

5）加工中心在自动模式下，按下【F2】按键，【F2】按键灯亮时，表示联机模式生效。

6）使数控系统紧靠机床，否则运行产线时会有撞击风险。

加工中心单机操作流程见表 3-7。

表 3-7 加工中心单机操作流程

序号	步骤	操作说明	注意事项
1	开启电源	将加工中心背面的总开关由 OFF 转 ON（图 a），按下操作面板上的绿色按钮【POWER ON】（图 b），待加载完毕屏幕如图 c 所示，逆时针方向打开急停按钮（图 d） a) b) c) d)	
2	检查	1）机床状态应正常且无任何报警提示（开机且松开急停按钮后信号灯正常为黄色） 2）机床卡盘中无任何零件 3）检查通用机床数据，应为：X 轴 14514[3]=-800.2，Y 轴 14514[4]=42.69，Z 轴 14514[5]=-37.007，B 轴 14514[6]=0，C 轴 14514[7]==0。如果为其他数值，在产线运行时会与机器人碰撞	

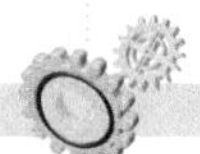

（续）

序号	步骤	操作说明	注意事项
3	使能	1）按下【RESET】键，伺服上电，消除报警号 700000【伺服使能未上】 2）按下【SPINDLE START】和【FEED START】按钮，使主轴倍率和进给倍率有效（注意：倍率开关不能在档位 0 上，否则进给轴不移动）	
4	回第二参考点	按操作面板上的【MDA】键，输入 G75 X0 Y0 Z0 B0 C0 FP=2，按【循环启动】按钮	机床在回到参考点后切勿移动
5	选择程序	1）按【MENU SELECT】按钮，再单击【程序管理器】	注意程序所在的目录

（续）

序号	步骤	操作说明	注意事项
5	选择程序	2）选择【NC】方式，将光标移动到【零件程序】中程序名为 TEST 的文件上 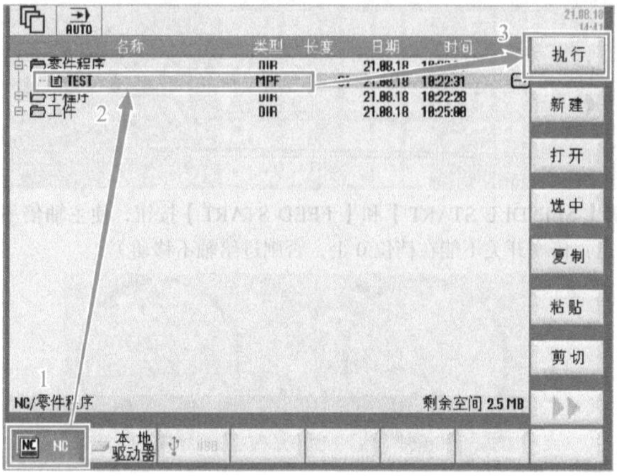 3）单击【执行】按钮，程序即被选中，程序会显示在前台 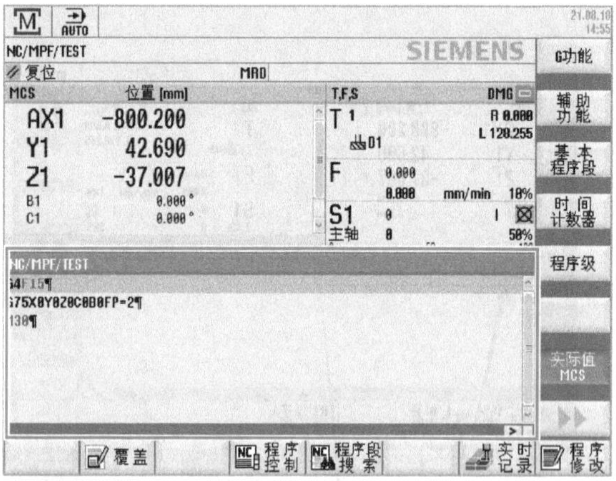	注意程序所在的目录
6	面板归位	操作面板应尽可能远离地轨，防止工业机器人在地轨上运行时发生碰撞 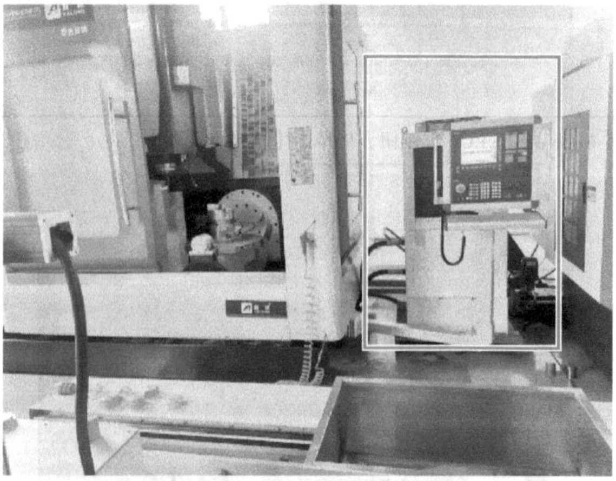	

任务实施

本任务基于生产性实训数控产线平台——立式加工中心进行。本任务要求对立式加工中心进行设置、编程和调试，并完成泵盖的加工，任务书见表 3-8，完成后填写表 3-9。

表 3-8 任务书

任务名称	立式加工中心加工泵盖						
班级		姓名		学号		组别	
任务内容	实操任务： 1. 立式加工中心面板操作 2. 在立式加工中心上加工泵盖 要求： 操作前必须熟读步骤和注意事项，加工过程中需教师监督，工作区域内只允许操作人员站立 A—A；6×ϕ6；⌴ϕ12↧6；R34；R41；2×ϕ6；45°；44；17；120°；16；25；Ra 6.3；Ra 3.2；// 0.04 A；Ra 12.5 (√) 技术要求 未注铸造圆角R1～R3。 HT200；泵盖；比例 1:1；共 1 张 第 1 张						
任务目标	1. 立式加工中心的工作原理 2. 立式加工中心各个结构组成 3. 掌握立式加工中心的操作方法						

资料	工具	设备
立式加工中心安全操作规程	常用工具	生产性实训系统
生产性实训系统使用手册		
立式加工中心说明书		

表 3-9 任务完成报告书

任务名称	立式加工中心加工泵盖						
班级		姓名		学号		组别	
任务内容							

拓展思考

根据智能生产线中的立式加工中心，思考该设备还可生产哪类零件？请写出零件加工步骤、工艺及夹具。

任务评价

参考任务完成评价表（表 3-10），对立式加工中心加工泵盖任务完成情况进行评价，并根据学生完成的实际情况进行总结。

表 3-10 任务完成评价表

评价项目		评价要求	评分标准	分值	得分
任务内容	立式加工中心面板使用	规范操作	结果性评分，系统操作面板、机床控制面板、对刀、程序的输入、修正刀补参数、加工中心动作控制正确	20 分	
	立式加工中心加工零件	规范操作	过程性评分，步骤正确，遵守操作规程	20 分	
		精度	结果性评分，能加工实物，同时能满足尺寸公差和几何公差要求；能判断加工中心的一般机械故障；能排除一般故障	20 分	

（续）

评价项目		评价要求	评分标准	分值	得分
安全文明生产	设备	保证设备安全	1）设备每损坏 1 处扣 1 分 2）人为损坏设备扣 10 分	20 分	
	人身	保证人身安全	否决项，发生皮肤损伤、撞伤、触电等，本任务不得分		
	文明生产	遵守各项安全操作规程，实训结束清理现场	1）违反安全文明生产考核要求的任何一项，扣 1 分 2）当教师发现有重大人身事故隐患时，要立即制止，并扣 10 分 3）不穿工作服、不穿绝缘鞋，不得进入实训场地	20 分	
合计				100 分	

任务三　五轴加工中心认知

知识目标

（1）掌握五轴加工中心主要机械结构的组成。

（2）掌握五轴加工中心的工作原理及加工特点。

（3）掌握五轴加工中心操作面板上按键的含义。

（4）掌握五轴加工中心的编程、加工程序调试操作，并能解决在此过程中出现的简单报警。

技能目标

（1）能正确区分五轴加工中心各组成部分。

（2）能够说出五轴加工中心主要机械结构的特点及功能。

（3）能解决五轴加工中心的常规故障。

素养目标

（1）在实践过程中培养学生的责任感、使命感。

（2）学习五轴加工操作、编程技术，培养精益求精的工匠精神。

（3）注意人身安全、设备安全，树立安全第一的观念。

任务引导

引导问题 1：什么是五轴加工中心？哪些场合需要使用五轴加工中心？

引导问题 2：从主体上看，五轴加工中心主要由哪几部分组成？

知识准备

近年来，我国国民经济的迅速发展和国防建设的需要对高档数控机床提出了迫切的、大量的需求。机床是一个国家制造业水平的象征，而代表机床制造业最高水平的是五轴联动数控机床，从某种意义上说，它反映了一个国家的工业发展水平。五轴联动数控机床对一个国家的航空、航天、军事、科研、精密器械、高精医疗设备等行业有着举足轻重的影响力。

五轴联动数控机床是解决叶轮、叶片、船用螺旋桨、重型发电机转子、汽轮机转子、大型柴油机曲轴等加工的重要手段。五轴联动数控机床操作复杂，价格昂贵，数控程序编制较难，使五轴系统的应用推广难以快速展开。随着计算机辅助设计、计算机辅助制造系统取得突破性发展，我国多家数控企业纷纷推出五轴联动数控机床系统，大大降低了其应用成本，使我国装备制造业迎来了一个崭新的时代。以信息技术为代表的现代科学的发展对装备制造业注入了强劲的动力，同时也对它提出了更高的要求，更加突出了装备制造业作为高新技术产业化载体在推动整个社会技术进步和产业升级中无可替代的基础作用。作为国民经济增长和技术升级的原动力，以五轴联动技术为标志的装备制造业将伴随着高新技术和新兴产业的发展而共同进步。

五轴加工中心通常是指五轴以上联动加工，在三个线性坐标轴（X，Y，Z）的基础上再增加两个旋转坐标轴。相对于传统的三轴加工而言，五轴加工改变了加工模式，增强了加工能力，提高了加工零件的复杂度和精度，解决了许多复杂零件的加工难题。高速和多轴加工技术的结合，使五轴数控铣削加工在很多领域替代了电火花和电脉冲加工。五轴数控铣削常用于具有复杂曲面零件和大型精密模具的精加工。五轴加工技术已经广泛应用于航空航天、船舶、大型模具制造及军工领域，是目前复杂零件型面精加工的主要解决方法。

一、五轴加工中心的主要组成部件

五轴加工中心的机械机构主要由工作台、进给系统、主轴系统、润滑系统、机床的冷却系统和排屑系统等组成。图 3-21 所示为五轴加工中心外形图。

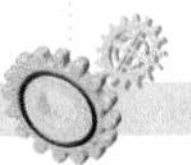

1. 工作台

图 3-22 所示为工作台回转式五轴加工中心，设置在床身上的工作台可以绕 X 轴回转，定义为 A 轴，A 轴的工作范围一般为 +30° ～ −720°。工作台的中间还设有一个回转台，绕 Z 轴回转，定义为 C 轴，C 轴都是 360° 回转。这样，通过 A 轴与 C 轴的组合，固定在工作台上的工件除了底面之外，其余的五个面都可以由立式主轴进行加工。A 轴和 C 轴的最小分度值一般为 0.001°，这样又可以把工件细分成任意角度，加工出倾斜面、倾斜孔等。A 轴和 C 轴如与 X、Y、Z 三直线轴实现联动，就可加工出复杂的空间曲面，当然这需要高档的数控系统、伺服系统以及软件的支持。这种设置方式的优点是主轴的结构比较简单，主轴刚性非常好，制造成本比较低。但一般工作台不能设计得太大，承重也较小，特别是当 A 轴回转角度大于或等于 90° 时，切削工件时会给工作台带来很大的承载力矩。

图 3-21 五轴加工中心外形图

图 3-22 工作台回转式五轴加工中心

2. 进给系统

三轴进给均采用伺服电动机通过弹性联轴器与滚珠丝杠直连，带动床鞍、滑移台和主轴箱体，实现 X、Y、Z 三个方向的进给，如图 3-23 所示。

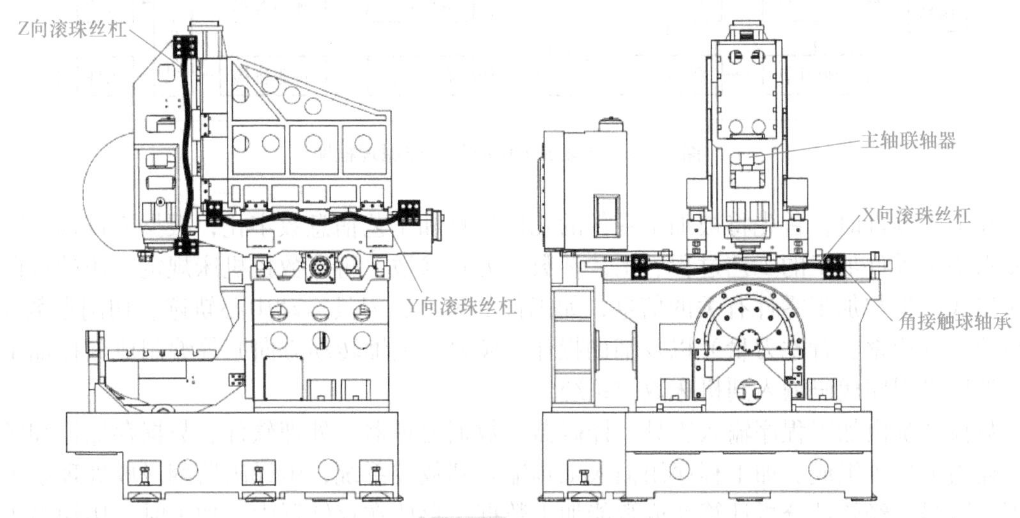

图 3-23 三轴进给

3. 主轴系统

主轴系统选用高精度主轴专用轴承，稳定性好，可靠性高，使用寿命长。

主电动机通过联轴器与主轴直接连接，构成主传动系统。

4. 润滑系统

润滑系统采用自动定时、定量集中供油润滑系统。该系统设计先进、性能可靠、结构紧凑、体积小、重量轻、安装方便。润滑系统在自动供油泵和节流分配器中都设有过滤网，从而保证了各润滑点润滑油的质量和管路的畅通；整个系统以压力供油，各处润滑油的分配不随温度和黏度的变化而变化，只与节流分配器的流量系数有关，各润滑点均能得到充分的润滑。

5. 机床的冷却系统和排屑系统

冷却系统由切削液箱、切削液泵和管路组成。切削液箱内设有过滤网，切削液箱应定期清理。清理切削液箱时应更换切削液。

切削液箱上设有液位计，切削液面过低时应及时补充，避免切削液泵抽真空。

在工作之前要调整切削液箱的四个脚轮，使切削液箱靠近床座和防护罩门，以免切削液溅出。每次移出切削液箱前应先调整脚轮，使切削液箱下降至可取出的位置。

五轴加工中心采用链板式排屑器。加工中心在使用中应采取断屑措施，过长的铁屑易卡住。当排屑器被卡住时，应关闭排屑器并使其反转，再起动正转。排屑器配有机械过载保护装置。排屑器将铁屑排入切屑车内，切屑车为人力式，可翻转。

五轴加工中心还带有气体冷却喷嘴。

二、五轴加工中心的工作原理

五轴加工中心的工作原理框图如图 3-24 所示。

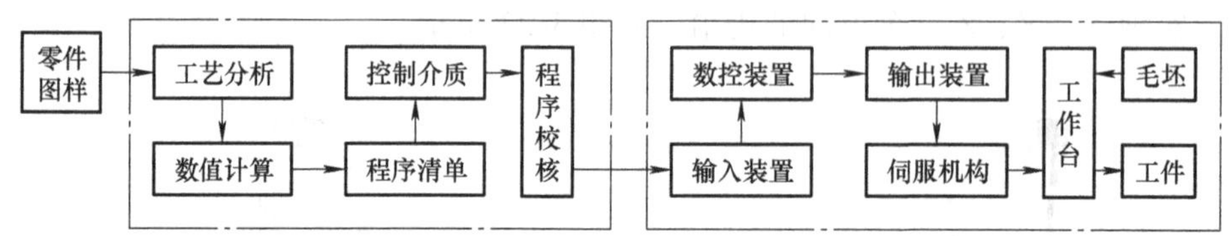

图 3-24　五轴加工中心的工作原理框图

在加工零件时，首先将被加工零件的几何信息和工艺信息数字化，根据零件加工图样的要求确定零件加工的工艺过程、工艺参数、刀具参数，再按数控机床规定采用的代码和程序格式，将与加工零件有关的信息，如工件的尺寸、刀具运动中心轨迹、切削参数（主轴转速、进给率、背吃刀量）以及辅助操作（换刀、主轴转动方向）等编制成数控加工程序，然后将程序代码输入到机床数控系统。

数控系统由加工程序输入工具、译码器、数据处理器、处理软件、数据存储器和脉冲电流输出工具等组成。加工程序用输入工具输入到数控系统，由译码器翻译成处理系统能识别的数据，经软件分析计算变成智能加工数据，存放在存储器中。加工时，用输出工具将加工数据变成脉冲电流，输送给各个控制轴方向的伺服电动机和主轴伺服电动机，伺服

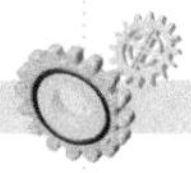

电动机通过传动机构形成切削主运动和进给运动。测量装置随时监测实际主运动和进给运动与加工程序所要求的运动量之间的误差，并反馈到数控系统，及时修正伺服电动机的转速，从而精确控制刀具和工件之间的切削运动，这样就实现了自动切削，使平时由半人工操作的金属切削变成了用程序控制的切削，这就是五轴加工中心的原理。

三、加工特点

五轴联动数控加工中一台机床至少有五个坐标轴，可在计算机控制下联合工作，具有以下特点。

1）可以加工一般三轴数控机床不能加工或很难在一次装夹中完成加工的连续、平滑的自由曲面，如航空发动机和汽轮机的叶片、螺旋推进器等，如图 3-25 所示。采用三轴数控机床，加工某些复杂曲面时，由于其刀具相对于工件的姿态在加工过程中不能改变，就可能产生干涉和欠加工。而用五轴数控加工，由于刀具的轴线可随时调整，避免了刀具与工件的干涉，并能一次装夹完成全部加工。

a) 汽轮机的叶片

b) 螺旋推进器

图 3-25　典型复杂型面零件

2）可以提高空间自由曲面的加工精度、质量和效率。例如用三轴机床加工复杂曲面时，多采用球头铣刀，而球头铣刀是以点接触，切削效率低，刀具 / 工件姿态在加工过程中不能调整，一般很难保证用球头上的最佳切削点（即球头上线速度最高点）进行切削。如果采用五轴数控加工，由于刀具 / 工件姿态在加工过程中可随时调整，可获得更高的切削速度、切削效率和切削质量。

3）符合工件一次装夹便可完成全部或大部分加工的机床特点。当前，为了进一步提高产品性能和质量，现代产品中不仅航空、航天产品和运载工具，而且包括精密仪器、仪表、运动器械等产品的零件，都越来越多地采用整体材料铣成，上面通常还有许多各式各样的复杂曲面和斜孔。这时如果采用三轴机床加工，必须经过多次定位安装才能完成，而采用五轴机床加工，可一次装夹完成大部分工作。

四、五轴加工中心的应用

1. 五轴加工技术在航空航天中的应用

航空航天工业是国家战略性产业，它代表着一个国家的经济、军事和科技水平，是国家综合国力、国防实力的重要标志，它的发展足以带动一些新兴产业和新兴学科的发展。

航空航天工业是国防工业的一个重要组成部分，是集机械、电子信息、冶金、化工等专业为一体，与空气动力学、自动控制学、物理学、化学和天文学等学科相结合的综合工业。其特点是技术密集、高度综合、协作面广、研制周期长和投资费用大，在国民经济中具有先导作用。

航空航天工业的零件有很多类型：K 板形零件，梁、缘条、肋和壁板等均是此类零件，其特点是长宽比大，内、外缘为空间曲面；框架形零件，异形肋、支架和接头等均是此类零件，它们的特点是形状复杂，加工量大，工艺性差，如果采取重复装夹的加工方式，效率低、精度无法保证，而在使用五轴联动机床后，可以一次装夹完成所有加工任务，大大提高加工效率和精度；发动机蜗轮、叶片、整体叶轮等复杂曲面形零件，传统的三轴加工无法完成，而高速加工技术的发展使得直接用五轴联动数控机床加工硬质合金整体叶轮成为可能，从而代替了传统的电加工，减少了加工复杂程度，简化了工艺，极大地提高了加工效率。如图 3-26 所示为应用高速加工技术加工而成的机翼零件，图 3-27 所示为五轴加工中心加工螺旋桨。

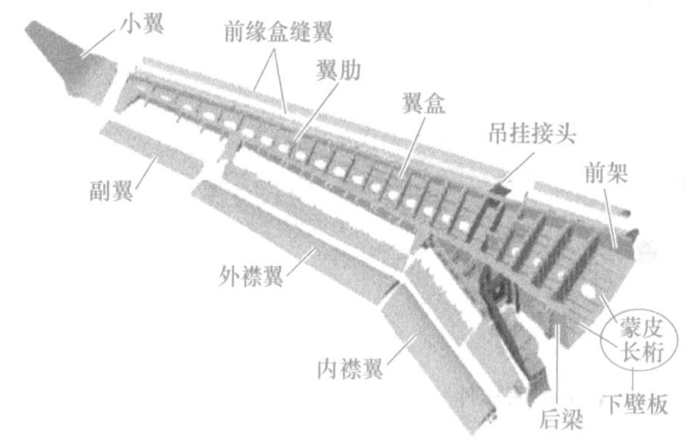

图 3-26　机翼零件

图 3-27　五轴加工中心加工螺旋桨

2. 五轴加工技术在模具制造业中的应用

模具作为制造业的重要基础装备，是工业化社会实现产品批量生产和新产品研发所不可缺少的工具。现代模具制造业对数控加工技术装备和计算机辅助（设计 / 制造 / 分析）技术等的广泛应用，越发表现出其技术密集型和资金密集型高技术装备产业的特点，已成为与高新技术产业互为依托的产业。可以这样讲，没有高水平的模具就不可能制造出高水平的工业产品，模具工业的技术水平已成为衡量国家和地区制造业水平高低的重要标志之一。

模具不同于一般的制造业产品，其最大的特点是单件订单生产，每套模具从设计到制造都是一个新产品开发的过程，很少会重复制造一模一样的模具。而模具产品的质量在很大程度上也受制于数控加工设备。目前大部分模具加工厂使用三轴加工机床进行模具加工，而后需要大量的人工进行钳工修整工作。从降低人工成本出发，势必要以自动化机器取代人力，才能提高模具加工业的竞争力。模具加工业采用五轴加工机床能够大幅度提高模具加工效率，正成为新的发展趋势。

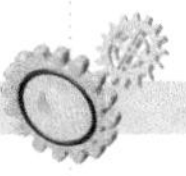

五轴加工机床早期在航空工业使用，主要加工复杂曲面的零件，如机身结构、蜗轮叶片等。模具与其相仿，尤其是汽车钣金模具，表面几何形状复杂，凹凸不一，大部分的加工时间消耗在表面外形雕刻上。常用的三轴铣床只能沿着三个轴向运动，对复杂曲面的加工采用圆头面铣刀，不可避免地会在工件表面上留下扇形尖点，如改用较小的进给量，会导致加工时间加长，而如采用人工方式磨平这些尖点，又是相当费力的工作。用五轴加工机床加工模具，可使用平头面铣刀取代圆头面铣刀，由于同时具备五个轴向的自由度，刀具可保持与工件表面垂直，不仅切削效率高，同时可加工出符合设计要求的曲面，并节省大部分的钳工作业。图 3-28 所示为用五轴机床加工的汽车车轮模具。

图 3-28 汽车车轮模具

五、五轴加工中心的操作

五轴加工中心加工技术目前已广泛应用于模具制造业、机械制造、绿色制造、智能制造等的大环境中。在社会生产过程中，如果要制造出精度较高的部件，除了要拥有较为先进、精度较高的数控设备外，还必须拥有技能技术较好、高素质的数控操作工。加工中心与数控车床的操作基本相同，故本任务不再介绍加工中心的操作面板，主要介绍设备的操作规程及常见故障。

1. 安全操作规程

1）操作者使用机床时，要穿好劳动工作服，并将袖口扎紧，扣好纽扣。严禁穿宽松的外衣，以避免事故的发生。女同志要戴防护帽；操作时严禁戴手套，以防将手卷入旋转的刀具和工件之间。

2）在未采用特殊的安全防护措施时，严禁加工易燃、易爆和重度污染的工件。

3）加工粉尘较大的材料时，应安装除尘装置，防止污染环境、危害机床及操作者健康。

4）机床工作过程中，要远离移动部件。工作结束后，必须切断机床电源。

5）接通电源前必须做好相关的安全工作，了解各开关功能。打开电气柜门、护盖门或维修前必须切断或锁住电源，如需带电维修时，必须由专门培训的专业人员操作。

6）在机床运转中不允许将身体任何部位靠近或置于旋转或移动部件上，严禁打开防护门或任何防护盖。

7）工作进行中不要接触旋转的刀具。进行测量、调整和清洁工件时必须停机。

8）机床控制面板、手动脉冲及一切控制器，只能由本机床操作者使用。

9）机床的保养、检修要由经专门培训过的专业人员按照使用说明书中规定的环节进行。机床维修用钥匙应由机床维护保养职能部门负责保管、使用。

10）操作前应检查机床各部件及安全装置是否安全可靠；检查设备电器部分是否安全可靠。

11）机床运转时，不得调整、测量工件和改变润滑方式，以防触及刀具碰伤。

12）在刀具旋转未完全停止前，不能用手去制动。

13）加工中不要用手清除切屑。

14）装卸工件时，应将工作台退到安全位置，使用扳手紧固工件时，用力方向应避开刀具，以防扳手打滑撞到刀具或工夹具。

15）装拆刀具时要用专用衬套套好，不要用手直接握住铣刀。

16）非本机管理操作人员，非请勿进入本机床内部。

2. 五轴加工中心对刀

五轴加工中心对刀与立式加工中心类似，因此不再赘述。

3. 常见故障现象及原因

五轴加工中心的故障种类繁多，有电气、机械、系统、液压、气动等部件的故障，产生的原因也比较复杂，常见的操作故障如下：

（1）切削液不能流出　故障原因如下：

1）切削液泵吸入口未完全插入切削液中；

2）切削盘过滤器和泵吸入过滤器堵塞；

3）切削液泵电动机工作；

4）在控制面板上，切削液泵电动机热继电器接线脱落。

（2）主轴箱异常温升　故障原因如下：

1）主轴箱内部润滑不好；

2）主轴轴承预紧力设置不当。

（3）X 轴、Y 轴和 Z 轴零点消失　故障原因如下：

1）零点开关松动；

2）零点开关线路断开或输入信号源故障。

（4）三轴运转时声音异常　故障原因如下：

1）轴承有故障；

2）丝杠与螺母有松动。

（5）重复定位精度不好　故障原因如下：

1）导轨润滑不当；

2）联轴器螺钉及胀紧套螺钉松动。

（6）换刀时发生卡刀、松刀故障　故障原因如下：

1）打刀缸故障或气压不正常；

2）螺钉松动，打刀缸行程不够；

3）松刀继电器不能正常工作；

4）松刀电磁阀损坏。

（7）在 X 轴、Y 轴或 Z 轴移动时显示“伺服滞后过度”报警　故障原因如下：

1）联轴器松动；

2）线轨滑润不好。

（8）润滑系统故障　故障原因如下：

1）润滑系统无油或某些润滑点无油；

2）油路报警工作不正常；

3）润滑油箱的油量太少；

4）润滑点端部分配器需更换；

5）油泵控制电路板损坏；

6）油泵中的单向阀不动作；

7）油泵卸压机构卸压太快。

五轴加工中心开机运行

六、五轴加工中心单机操作

开机之前的设置操作如下：

1）五轴加工中心需要运行 G75 X0 Y0 Z0 B0 C0 FP=2，使五轴加工中心回到第二参考点（在零点不变的情况下，参数 14514[3]=X 轴 =-800.2，14514[4]=Y 轴 =42.69，14514[5]=Z 轴 =-37，14514[6]=B 轴 =0，14514[7]=C 轴 =0），在触摸屏上单击五轴机床取放料按钮，确保工件到位。

2）在自动模式下，使触摸屏进入机器人界面，单击 I7.2 按键，灯亮时为机器人有效。

3）切换运行程序。

任务实施

本任务基于生产性实训数控产线平台——五轴加工中心进行。本任务要求对五轴加工中心进行设置、编程和调试，完成叶轮的加工，任务书见表 3-11，完成后填写表 3-12。

表 3-11 任务书

任务名称	五轴加工中心加工工件						
班级		姓名		学号		组别	
任务内容	实操任务： 1. 五轴加工中心面板操作 2. 在五轴加工中心上加工工件 要求： 操作前必须熟读步骤和注意事项，加工过程中需教师监督，工作区域内只允许操作人员站立 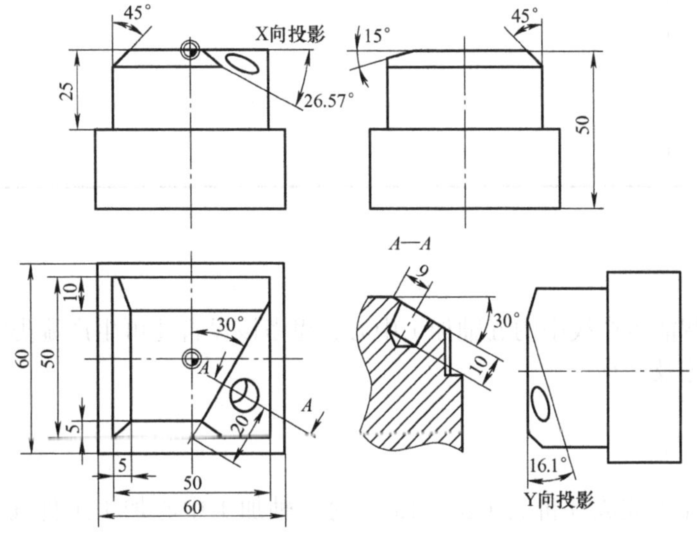 叶轮零件图						

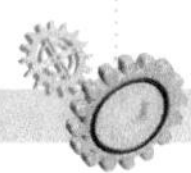

（续）

任务名称	五轴加工中心加工工件						
班级		姓名		学号		组别	
任务目标	1. 五轴加工中心的工作原理 2. 五轴加工中心各个结构组成 3. 掌握五轴加工中心的操作方法						

资料	工具	设备
五轴加工中心安全操作规程	常用工具	生产性实训系统
生产性实训系统使用手册		
五轴加工中心说明书		

表 3-12　任务完成报告书

任务名称	五轴加工中心加工工件						
班级		姓名		学号		组别	
任务内容							

拓展思考

根据智能生产线中的五轴加工中心，思考该设备还可生产哪类零件？请写出零件加工步骤、工艺及夹具。

任务评价

参考任务完成评价表（表 3-13），对五轴加工中心加工工件任务完成情况进行评价，并根据学生完成的实际情况进行总结。

表 3-13 任务完成评价表

评价项目		评价要求	评分标准	分值	得分
任务内容	五轴加工中心面板使用	规范操作	结果性评分，系统操作面板、机床控制面板、对刀、程序的输入、修正刀补参数、五轴加工中心动作控制正确	20 分	
	五轴加工中心加工零件	规范操作	过程性评分，步骤正确，遵守操作规程	20 分	
		精度	结果性评分，能加工实物，同时能满足尺寸公差和几何公差要求；能判断五轴加工中心的一般机械故障；能排除一般故障	20 分	
安全文明生产	设备	保证设备安全	1）设备每损坏 1 处扣 1 分 2）人为损坏设备扣 10 分	20 分	
	人身	保证人身安全	否决项，发生皮肤损伤、撞伤、触电等，本任务不得分		
	文明生产	遵守各项安全操作规程，实训结束清理现场	1）违反安全文明生产考核要求的任何一项，扣 1 分 2）当教师发现有重大人身事故隐患时，要立即制止，并扣 10 分 3）不穿工作服、不穿绝缘鞋，不得进入实训场地	20 分	
合计				100 分	

任务四 数控折弯机认知

知识目标

（1）掌握折弯机的工作原理和结构特点。

（2）掌握折弯机的操作方法。

技能目标

（1）能正确区分折弯机的各个组成部分。

（2）能正确独立操作折弯机进行板材折弯。

素养目标

（1）在实践过程中培养学生树立小心谨慎、安全第一的观念。

（2）培养学生对于我国制造业发展的荣誉感和使命感。

任务引导

引导问题 1：折弯机中都包含哪些结构？

引导问题 2：折弯机适合加工什么材料，加工多少厚度的材料？

知识准备

一、折弯机的组成结构

折弯机是一种广泛应用的金属加工设备，主要用于折弯（弯曲）金属板材，以制造各种形状的金属制品。折弯机主体结构如图 3-29 所示。

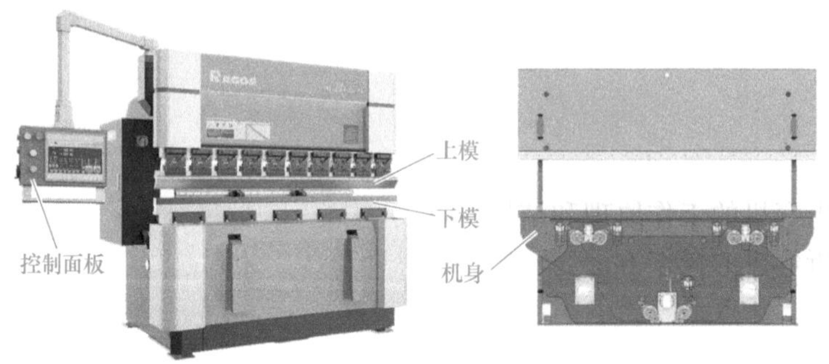

图 3-29　折弯机主体结构

折弯机通常包括机身、液压系统、控制系统、模具等，它们共同作用完成金属制品的折弯。

1. 机身

折弯机的机身是制造金属制品的主体结构，通常由底座、立柱、横梁及工作台等部位组成。其中，底座是整个设备的支撑结构，由厚实的钢板焊接而成，底座上设有支撑脚，用于调整设备的水平度。立柱是支撑横梁的垂直柱状结构，通常由整体铸造或冲床加工而成。横梁是连接立柱的横向梁状结构，也称为上横梁，可以上下移动，通过控制系统调节上下行程，完成金属板材的折弯。工作台是放置金属板材的平台结构，在设备底部靠近立

柱处，用于支撑金属板材，完成折弯工作。

2. 液压系统

折弯机的液压系统是该设备的重要组成部分，用于提供压力和动力，完成金属板材的折弯工作。液压系统通常由油箱、油泵、电动机、油管及换向阀等多个部分组成。油箱是液压油的储存空间，通常位于机身底部，油泵通过电动机带动，将油液送入油管，形成压力，通过换向阀控制油液流量和方向，完成折弯工作。液压系统的质量和稳定性直接影响折弯机的工作效率和精度。

3. 控制系统

折弯机的控制系统通常由电气控制柜、液压控制器、编码器及行程开关等部分组成，用于对设备的运行状态和折弯工作进行控制。电气控制柜是所有电控元器件的总控制部分，用于监测设备的运行状态和报警。液压控制器通过与电气控制柜联动控制油液流量和开关。编码器是用于测量横梁上下行程的测量元器件，行程开关是用于探测横梁位置的探测元器件。控制系统通过高精度测量和准确控制来保证折弯机的工作效率和精度，实现各种金属板材的折弯工作。

4. 模具

模具是折弯机必不可少的配件，是用于实现金属板材各种形状的工装件。模具通常由上模和下模两部分组成，上模固定在横梁上并通过液压系统的压力进行下压变形，下模则一般固定在工作台上，因此上模承受压力，下模承受余弦力。

模具材料种类繁多，常用的材料有合金钢、高速钢及硬质合金等，不同材料适用于不同板材的折弯工作，选择合适的模具可以提高折弯机的折弯精度和成品质量。

二、折弯机分类

折弯机按驱动方式大体上可以分为两种形式：液压式和机械式。

液压式折弯机是通过油泵经由电磁阀驱动气缸来带动工作台上下运动。机械式折弯机通过飞轮和曲轴的运动来带动工作台上下运动。两种驱动形式特性见表 3-14。

表 3-14 液压式和机械式折弯机特性

项目	液压式	机械式
加压方式	静止	缓冲
行程	长（100mm 以上）	段（100mm 以下）
最大行程调节	可能	不可能
压力调节	可以	不可以
超负荷	无危险	危险
噪声	小	大
马大功率	大	小

液压式折弯机按运动方式又可分为上动式、下动式。

下动式折弯机是工作台及工作台上的工件一起向上运动，滑块不动。上动式折弯机采用的是工作台及工作台上的工件由上向下运动。图 3-30 所示为上动式和下动式折弯机运行方向示意图。

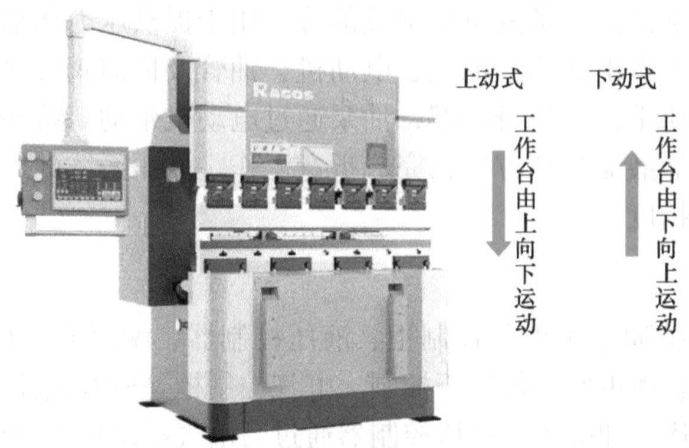

图 3-30　折弯机运动方向示意图

上动式折弯机通用性比较强，适合做 35 ～ 1000t 不等，特殊情况下也能做到更大吨位。目前国内市场上较多采用上动式折弯机，但是其折弯动作形式大体相同，折弯速度一般。工作台油路在上方，一旦出现漏油，所做的工件易占到油类，污染零件。下动式折弯机主要局限性在于吨位，目前只能做 35 ～ 100t，大吨位不适合做，但折弯速度快，开口比较小，适合做大批量薄板小工件。表 3-15 为上动式和下动式折弯机的性能对比。

表 3-15　上动式和下动式折弯机

项目	上动式	下动式
结构	复杂	简单
开口高度	大	一般
机床吨位	适合大吨位	适合小吨位
加工便利性	好	一般（适合小零件）

三、折弯机原理

1. 工作原理

折弯机基本原理就是利用折弯机的折弯刀（上模）及 V 形槽（下模），对钣金件进行折弯和成形。通过对上模施加压力（下动式），使上模与板材接触并产生挤压，最后根据上下模形状和压力大小成形，原理如图 3-31 所示。

影响折弯加工的因素有许多，主要有上模圆弧半径、材质、料厚、下模强度及下模的模口尺寸等因素。为满足产品的需求，在保证折弯机使用安全的情况下，折弯刀模已形成标准化和系列化，加工时要根据工件的形状选用。图 3-32 所示为常见的折弯模结构示意图。

2. 参数计算

折弯过程中，上、下模之间的作用力施加于材料上，使材料产生塑性变形。工作吨位就是指折弯时的折弯压力，是进行折弯工作所需的重要参数之一。

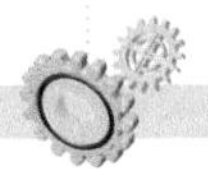

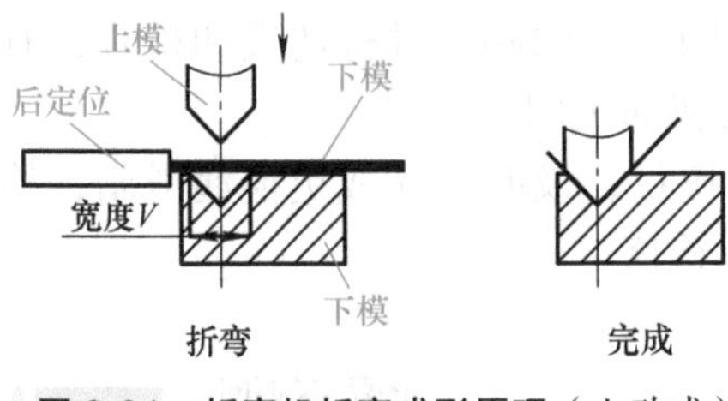

图 3-31 折弯机折弯成形原理（上动式）

上模 下模

图 3-32 常见折弯模结构示意图

确定工作吨位的影响因素有折弯半径、折弯方式、模具比、弯头长度、折弯材料的厚度和强度等。通常，工作吨位可按下式估算，并在加工参数中设置。

$$P = C\frac{LT^2\sigma}{1000V}$$

式中，P 为折弯压力（kN/m）；V 为下模宽度（mm）；L 为折弯长度（mm）；T 为板厚（mm）；σ为材料的抗张力（N/mm）；C 为补正系数，取值参见表 3-16。

表 3-16 补正系数 C 取值表

V	6T	8T	10T	12T	16T
C	1.45	1.4	1.33	1.24	1.20

四、折弯机操作

1. 折弯机常见故障

（1）上电时数控系统显示不正常

这个故障一般是由软件原因造成的，操作过程中的误操作或经常性的非正常关机都可能导致文件丢失，从而使软件不能正常运行。可以根据系统的提示进行判断，然后再决定是否要重装软件。

（2）滑块运动故障

机床的滑块运动可以分为四个过程，为开机回零、快速驱动、工作行程以及滑块返程。

1）Y 轴找零滑块不运动：按电气原理图进行测量，以便确定是液压系统故障还是电气系统故障。如果伺服阀的电正常，那就是液压系统的故障，否则就是电气系统的故障。

2）滑块无快进：滑块的快进是由下腔回油，依靠滑块的重量在上腔形成负压吸油而产生的，也可以根据伺服阀的得电情况来判断是液压系统的故障还是电气系统的故障，再进行针对性的解决。

3）滑块无工进：方法同上。

2. 折弯机维护方法

数控折弯机的定期保养，分几个方面：外观保养，上滑块保养，液压润滑保养，电气保养。

1）外观保养：对机床进行擦拭，要擦拭干净，无油污和污渍；零件如有缺损应配齐。

2）上滑块保养：检查并调整上滑块与工作台的平行度，修刮滑块并去除导轨毛刺，各部间隙应调整适当；检查并调整直控平衡阀，擦拭导轨、丝杆以及滑动面，零件如磨损严重应及时更换。

3）液压润滑保养：对油泵、油缸、活塞、滤网、换向阀等进行清洗和检查，有毛刺应去除，有磨损应更换；检查油质、油量，油路要畅通无阻。

4）电气保养：对电动机和电器箱进行清扫并擦拭，及时补充或更换润滑脂；检查紧固装置是否出现松动，还要对线路和控制系统进行检修。

3. 折弯机的操作步骤

数控折弯机操作

对原点：

1）打开红色组合开关电源。

2）打开钥匙开关。

3）启动液压泵。

4）踩脚踏开关，确认工作台降到最低。

5）转换开关到寸动。

6）点 L 为原点，后定尺到最后面自动找参考点，到位后变成绿色。

7）D 轴修改，D 值自动调节，到 80 停止，踩脚踏开关向上至机床停住，然后继续踩住向上，同时旋转手轮使刀片与模具合模，微调手轮看压力表，指针对到两小格后，按 D 原点，变成绿色准备完成。

8）踩脚踏开关下，即对原点完成。

程序操作：

1）一览表选择程序 T5。

2）单击加工条件，分别确认材质、板厚、V 槽的角度。

3）设置 L 值，D 值（比板厚大一点）。

4）如需多步操作按工序设置第二个工序的 L 值与 D 值，以此类推。

5）按右上角起动，进入运行准备状态。

6）转换开关切换到自动，按右下角启动，运行折弯机。

折弯机操作详细步骤见表 3-17。

表 3-17　折弯机操作详细步骤

序号	流程	操作说明	注意事项
对原点			
1	电源开启	1）打开设备右侧红色电源开关置于 ON 状态 2）确认图中的绿色按钮是被按下的	

（续）

序号	流程	操作说明	注意事项
对原点			
2	开启触摸屏	将【钥匙开关】转到 ON，等待触摸屏开机	
3	启动液压泵	按下【启动】按钮，按钮上会亮起绿色灯，待听到液压泵启动的声音即可	这一步需要注意，如果工作台没有降到最低，一般情况下无法启动液压泵，需在手动方式下将工作台降到最低
4	模式切换	将模式转换开关转到【寸动】模式	
5	检查工作台位置	踩下脚踏开关【下 DOWN】，将工作台降到低	此方法仅在能够启动液压泵的情况下使用
6	L 轴回原点	单击图①屏幕中【L 原点】按钮，图②中 L 轴会自动去寻找原点，当原点建立后图③屏幕中【L 值】会显示为绿色，并提示 L 轴回原点完成 ①	

（续）

序号	流程	操作说明	注意事项
		对原点	
6	L 轴回原点	 ②  ③	
7	对原点	单击【D 轴修改】，D 值自动调节，等待【D 值】到 80 停止 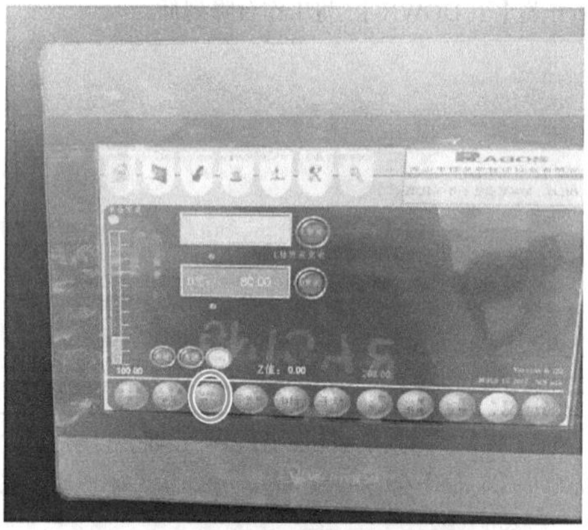 1）踩下【上 UP】脚踏开关，工作台向上移动一段距离，然后停止不动 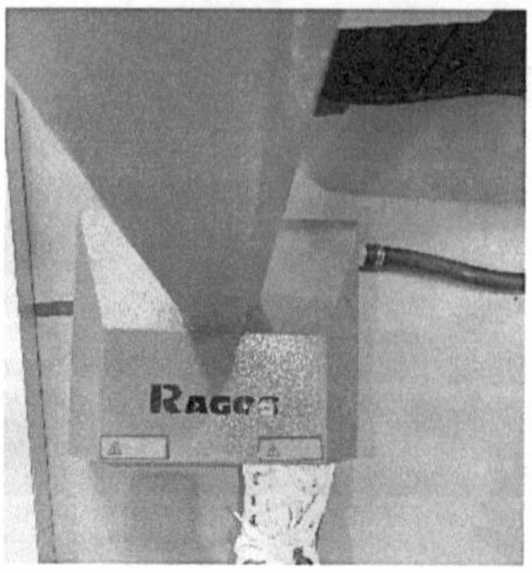	

（续）

序号	流程	操作说明	注意事项
		对原点	
7	对原点	2）此时依然踩住【上 UP】脚踏开关不放，转动图①中手轮将工作台继续向上移动，如果觉得速度太慢可单击图②触摸屏中【X1】按钮切换成【X10】，提高手轮的移动速度，当工作台上刀片与下模具快接近时（目测法），单击【X10】切换成【X1】，将速度降下来  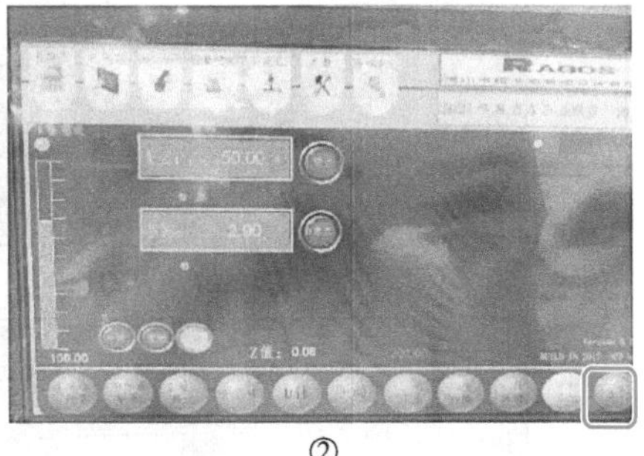 ① ② 3）当工作台刀片与模具较为接近后，放弃目测法，观察工作台附近的液压压力表，当压力表指针转过 1～2 小格后，停止转动手轮，并松开脚踏开关  4）单击触摸屏上【D 原点】,【D 值】会显示为绿色，并提示 D 轴原点完成 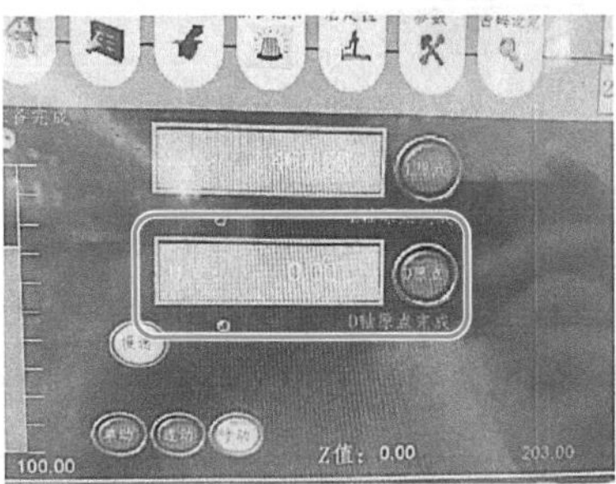 5）踩下【下 DOWN】脚踏开关，将工作台移到最低位置 	

（续）

序号	流程	操作说明	注意事项
程序操作			
1	选择程序	单击图①【一览表】，在图②选择已建立好的程序【T5】 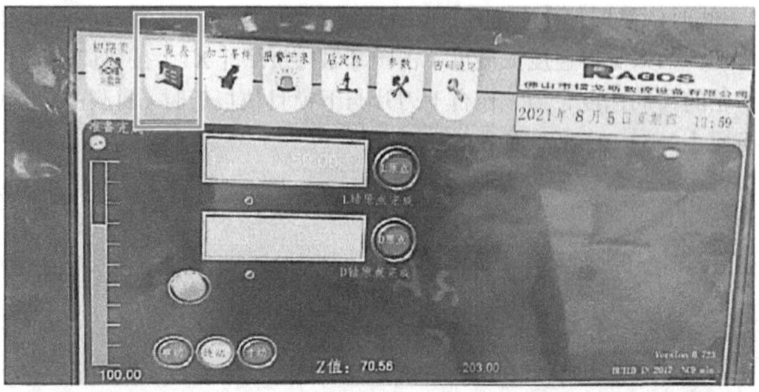 ①  ②	
2	参数确认	1）单击图①【加工条件】，在图②确认【材质】为【SUS】，【板厚】为【2.0】，V幅为【12】和【90度】，最后单击【返回页】 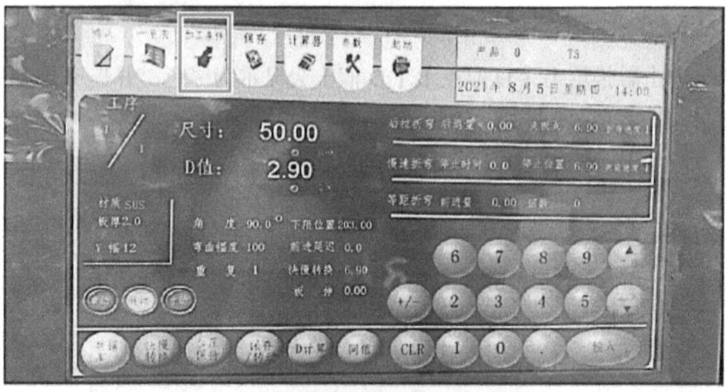 ① 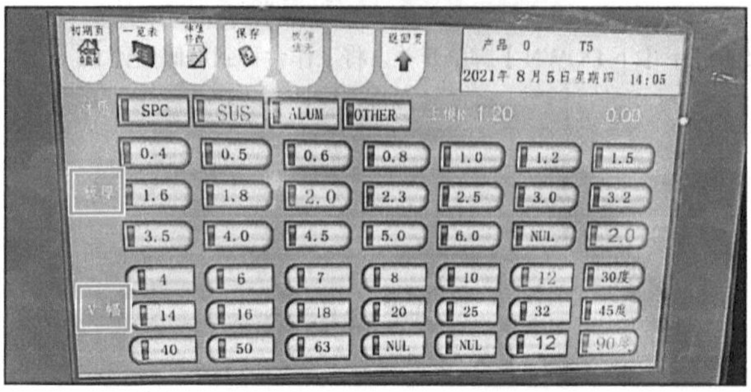 ②	参数如果被更改为其他值，会导致钣金折出来的效果与想象的不一致

（续）

序号	流程	操作说明	注意事项
		程序操作	
2	参数确认	2）确保设备里的程序中各项参数与图①一致，如果不一致单击数值进行修改 【尺寸】：下模具 V 形槽中心到达 L 轴 3 个档指前端的距离，也就是被折弯的尺寸，即图②两条红线间的距离 【D 值】：刀片下压时的深度，根据原点计算，设置需参考钣金厚度，数值越小，压力越大则钣金角度越小，压力值不可超过 60MPa 【夹板点】：刀片到达能够压紧钣金的位置，但不折弯 ① ②	参数如果被更改为其他值，会导致钣金折出来的效果与想象的不一致
3	多工序设定	如果钣金折弯有多道工序，则单击图中的【工序】，设定下一道工序的所有参数值	这一步在联机运行时无须进行

（续）

序号	流程	操作说明	注意事项
程序操作			
4	模式切换	1）单击图中的【启动】按钮，进入启动页面 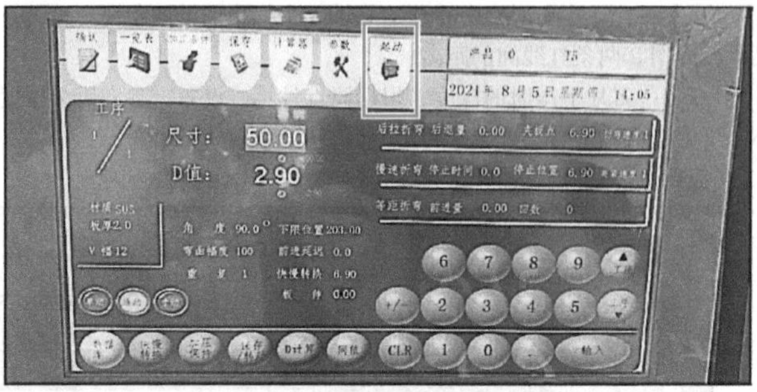 2）将转换开关转到【自动】，设备进入自动模式 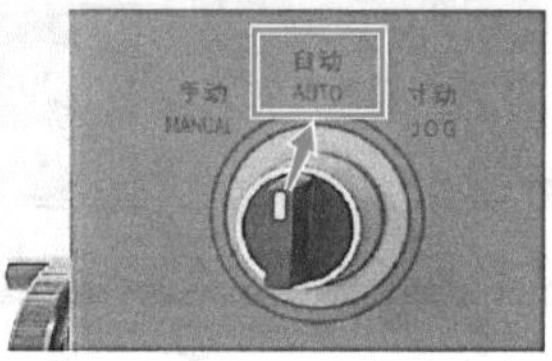	
5	启动	单击图中的【启动】按钮，L 轴会自动移动到【尺寸】所设定好的位置，折弯机已准备就绪 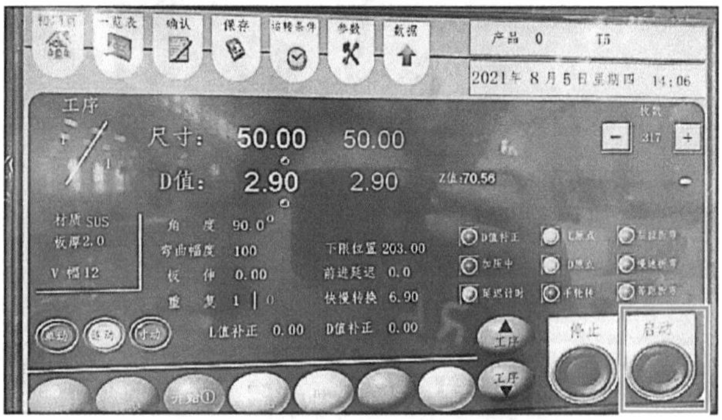	

注意事项：

在使用折弯机不正确操作会对使用人员造成严重的伤害。请务必按照规范进行使用。

1）在上下模闭合前需确认模具中心是否一致。

2）切记不要把身体任何部位伸入上下模之间。

3）在拆卸模具时尽量使上模进入下模 V 形槽以防模具掉落砸伤手指。

4）每个模具都有一个相应的最大耐压值。如果在加工时使用的压力超过了模具的耐压值，模具就会变形、弯曲甚至爆裂。耐压吨位一般会刻印在模具上，请根据零件的长度提前进行计算。例如产品长 200mm，模具刻印 1000kN/m，则 $1000\text{kN/m}\times0.2\text{m}=200\text{kN}$，故折弯最大压力不能超过 200kN。

5）折弯时应正确手拿工件。

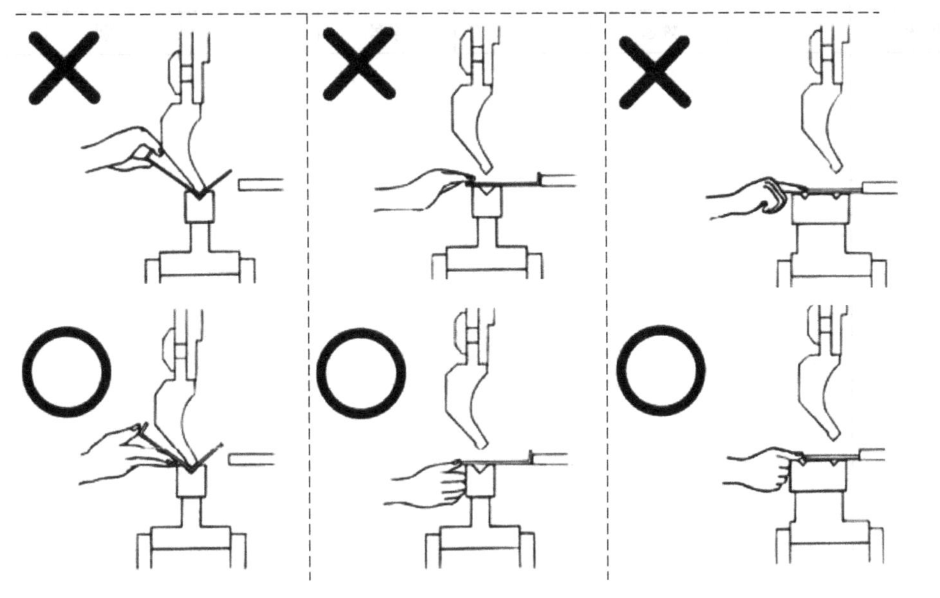

任务实施

本任务基于生产性实训数控产线平台折弯机进行。本任务要求对数控线折弯机进行设置和操作，完成板材折弯任务。任务书见表 3-18，完成填写表 3-19。

表 3-18 任务书

任务名称	折弯机板材折弯						
班级		姓名		学号		组别	
任务内容	实操任务： 1. 折弯机原点设置 2. 金属板材折弯 要求： 操作前必须熟读操作步骤和注意事项，操作过程中需教师监督，工作区域内只允许操作人员站立						
任务目标	1. 掌握折弯机的工作原理 2. 掌握折弯机各个结构组成 3. 掌握折弯机原点设置方法 4. 掌握折弯机操作方法						

资料	工具	设备
安全操作规程	常用工具	生产性实训系统
生产性实训系统使用手册		

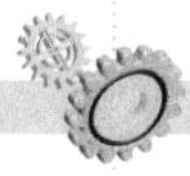

表 3-19　任务完成报告书

任务名称	折弯机板材折弯						
班级		姓名		学号		组别	
任务内容							

拓展思考

尝试修改（微调）折弯参数设置，再次进行板材折弯，探究不同参数对折弯形状的影响规律。

任务评价

参考任务完成评价表（表 3-20）对折弯机板材折弯任务准确度进行评价，并根据学生完成的实际情况进行总结。

表 3-20　任务完成评价表

评价项目		评价要求	评分标准	分值	得分
任务内容	折弯机原点设置准确	规范操作	结果性评分，L 原点、D 原点回零正确	20 分	
	手拿工件方式	规范操作	过程性评分，折弯前手拿工件方式正确（方式错误不允许进行下步操作）	20 分	
	板材折弯	规范操作	过程性评分，操作过程正确	20 分	
		问题处理	过程性评分，操作过程中如果出现异常能够及时停止，并排查问题	10 分	

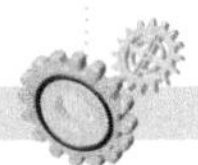

（续）

评价项目		评价要求	评分标准	分值	得分
安全文明生产	设备	保证设备安全	1）设备每损坏 1 处扣 1 分 2）人为损坏设备扣 10 分	20 分	
	人身	保证人身安全	否决项，发生皮肤损伤、撞伤、触电等，本任务不得分		
	文明生产	遵守各项安全操作规程，实训结束要清理现场	1）违反安全文明生产考核要求的任何一项，扣 1 分 2）当教师发现有重大人身事故隐患时，要立即给予制止，并扣 10 分 3）不穿工作服、不穿绝缘鞋，不得进入实训场地	10 分	
合计				100 分	

任务五 激光切割机认知

知识目标

（1）掌握激光切割机的工作原理和结构。

（2）掌握激光切割机的加工特点。

（3）掌握激光切割机主要机械结构的组成。

技能目标

（1）能正确区分激光切割机的各组成部分。

（2）能熟练利用激光切割机加工零件。

素养目标

（1）在实践过程中培养学生精益求精的工匠精神。

（2）培养学生追求真理、敬业、专注、实事求是的精神。

任务引导

引导问题 1：什么是激光切割机？在生活中你都见过哪些国产品牌的激光切割机？

引导问题 2：你所见过的激光切割机包含哪些结构？

知识准备

在现代工业加工制造领域，传统的板材加工方法有裁剪、冲压、线切割、水切割及等离子切割等，每种加工方式都有其各自的优缺点和适用范围。在研究某些新型材料时，传统加工方法加工难度高，而激光加工可以避免这些问题，人们的目光从传统加工方式中脱离出来，转变到激光加工中去。与传统加工方式相比，激光切割设备成本略高，但是其无接触加工、不会造成表面损伤、切割质量优越、柔性化程度高、加工效率高等优点突出。在发达国家中，尤其是美国、日本、德国等，每年都会生产大量的激光加工设备，激光加工作为先进制造的一个方面取代传统加工势不可挡，其在重工业和轻工业中的应用也愈加广泛。

激光切割机的种类按照横梁结构通常分为龙门式、悬臂式、中间横梁倒挂式。按照激光源又分为 YAG 固体激光切割机、CO_2 激光切割机及光纤激光切割机。随着市场对加工产品质量的需求，激光加工技术逐渐走向高速、高效、高稳定性的发展方向。龙门式结构相比悬臂式和中间横梁倒挂式激光切割机，具有结构刚度高、稳定性好、工作占地面积较小等优点。本任务主要介绍龙门式激光切割机，其主要结构部分有加工平台、横梁、滚珠丝杠及激光切割头组件等。

一、激光切割机结构

1. 加工平台

设备主机整体刚性好、强度高，底座采用济南青大理石，黑色光泽，结构精密，质地均匀，稳定性好，强度大，硬度高，能在重负荷及一般温度下保持高精度，并且具有不生锈、耐酸碱、耐磨、不磁化、不变形等优点。大理石平板的特点主要是精度稳定、维护方便，如图 3-33 所示。

加工平台具有以下特点：

1）大理石平板组织结构稠密、表面光滑耐磨、表面粗糙度数值小。

2）大理石经长期天然时效，内应力完全消失，材质稳定，不会变形。

3）耐酸、耐碱、耐腐蚀、抗磁。

4）不会受潮生锈，使用、维护方便。

5）线胀系数小，受温度影响小。

6）工作面受碰撞或划伤后，只会产生凹坑，不产生凸纹、毛刺，对测量精度无

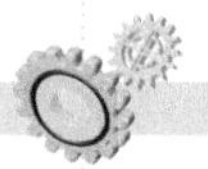

影响。

2. 横梁

横梁采用挤压铝型材，刚性好，重量轻，可减少传统横梁装配过程中产生的累计误差，结构强度好，可承受更大加速度所产生的惯性，保证切割精度更加稳定。铝横梁外表加了不锈钢保护罩，如图 3-34 所示。

图 3-33 加工平台

图 3-34 横梁

3. 滚珠丝杠

滚珠丝杠是工具机械和精密机械上最常使用的传动元件，其主要功能是将旋转运动转换成线性运动，或将扭矩转换成轴向反复作用力，同时兼具高精度、可逆性和高效率的特点。由于具有很小的摩擦阻力，滚珠丝杠被广泛应用于各种工业设备和精密仪器。滚珠丝杠由螺杆、螺母、钢球、预压片、反向器及防尘器组成。它的功能是将旋转运动转化成直线运动。

滚珠丝杠具有以下优点：

1）摩擦损失小、传动效率高。由于滚珠丝杠副的丝杠轴与丝杠螺母之间有很多滚珠在做滚动运动，所以能得到较高的运动效率。

2）精度高。滚珠丝杠副一般是用世界最高水平的机械设备连贯生产出来的，特别是在磨削、组装、检查各工序的工厂环境方面，对温度、湿度进行了严格的控制，由于完善的品质管理体制使精度得以充分保证。

3）高速进给和微进给可能。滚珠丝杠副由于是利用滚珠运动，所以起动力矩极小，不会出现滑行运动那样的现象，能保证实现精确的微进给。

4）轴向刚度高。滚珠丝杠副可以加预压，由于预压力可使轴向间隙达到负值，进而得到较高的刚性。

5）不能自锁、具有传动的可逆性。

4. 激光切割头结构

根据实际工况选择切割头的功率，激光头内部完全密封，可避免光学部分受到灰尘污染。激光头采用两点对中调节，调焦采用凸轮结构，调节精确方便。为保护镜片采用抽屉式安装，更换方便，如图 3-35 所示。

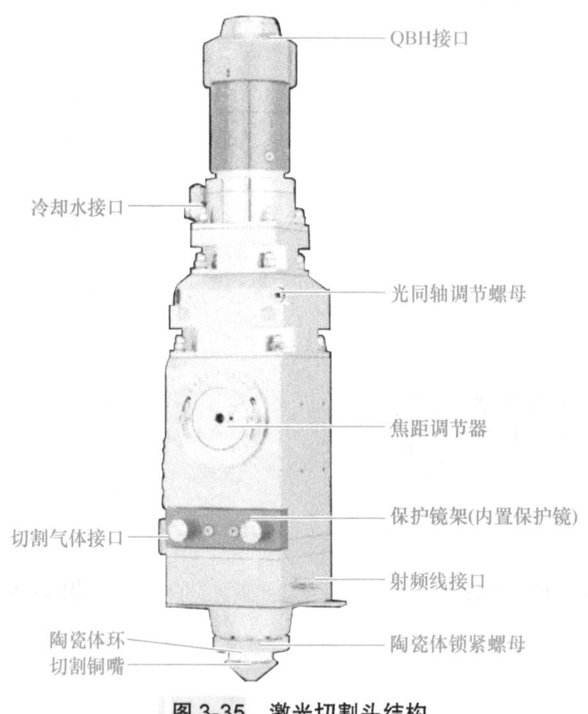

图 3-35　激光切割头结构

二、工作原理

激光切割的工作原理是利用反射镜控制激光束对被切割材料进行处理。反射镜对激光器发射的光束进行反射，再由一个特殊的透镜对其进行聚拢对焦，形成高能量密度的光束，再对材料表面进行处理。

在激光切割过程中，辅助气体由喷嘴喷出加入到激光对焦光束中，同向同轴的气体起到增加激光束的切割能力或保护被切割材料特性的作用。

激光切割的功率大小受到喷嘴移动速度的影响，对被切割材料的切割处理需要参考机床平台的运动轨迹来实现。

数控激光切割主要用来切割金属，除了切割这种高硬度的物质，不同的激光技术也能进行布料、玻璃及陶瓷等材料的切割。

三、加工特点

1）精度高，速度快，切缝窄，热影响区最小，切割面光滑无毛刺。

2）激光切割头不会与材料表面相接触，不划伤工件。

3）切缝最窄，热影响区最小，工件局部变形极小，无机械变形。

4）加工柔性好，可以加工任意图形，亦可以切割管材及其他异型材。

5）可以对钢板、铝合金板及硬质合金等任何硬度的材质进行无变形切割。

四、加工中心单机操作

1. 安全与维护

1）每周一次用真空吸尘器吸掉切割机内的粉尘和污尘，所有电器机柜应关闭防尘，建议每天工作前清洁，清洁时设备必须处于关机状态。

2）齿条及导轨每月需排除粉尘，关机后操作。

3）电脑每月需杀毒清理，杀毒软件定期升级。

4）制冷机冷却水采用蒸馏水，每月更换蒸馏水一次并清洁水箱。

5）禁止私自拆装切割头内部聚集镜片和准直镜，对于切割头保护镜片，必要时可用专用透镜纸与高纯度酒精（99.8%）清洁，但拆装清洁时必须对切割头做好防尘密封处理。

6）必须按照机器所标识的进水、出水安装和连接外部水管，否则可能造成机器工作不正常。

7）当环境温度为零度或低于零度，机器处于停机放置时必须将水箱及激光器内部的水排干。

8）操作者须经过培训，熟悉设备结构、性能并掌握操作系统有关知识。

9）开机后应手动低速 X、Y 方向开动机床，检查确认无异常情况，并完成回原点动作。

10）工作时，注意观察机床运行情况，以免切割机走出有效行程范围。

11）按规定穿戴好劳动防护用品，在激光束附近必须佩戴符合规定的防护眼镜。

12）在未弄清某一材料是否能用激光照射或加热前，不要对其加工，以免产生潜在危险。

13）设备开动时操作人员不得擅自离开岗位或托人代管，如的确需要离开时，应停机或切断电源。

14）要将灭火器放在随手可及的地方，不加工时要关掉激光器或光闸，不要在激光束附近放置纸张、布或其他易燃物。

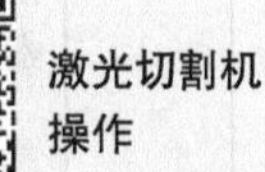
激光切割机操作

2. 激光切割机操作

开机之前应检查：

1）开启激光切割机电源。

2）从右到左依次按下【电脑】【24V】【伺服】【激光】等按钮。

3）开启冷水机电源，并检查水位。

4）检查氮气瓶压力。

激光切割机操作流程见表 3-21。

表 3-21　激光切割机操作

序号	流程	操作说明	注意事项
1	电源开启	开启设备电源，开关位于激光切割设备的背部 	
2	开启激光切割机	依次打开①【电脑】、③【24V】、④【伺服】、⑤【激光】，绿色指示灯亮起即为正常工作 	激光切割机在联机运行时，不要将②【气缸】按钮按下，否则会导致 PLC 无法控制气缸
3	依次开启辅助设备	1）打开图中冷水机的电源开关，并检查冷水机水箱内部水位，如果过低，则需加入常温的蒸馏水  2）氮气瓶上有两个阀门，先将瓶身上的阀门打开，压力表会显示氮气瓶内的压力，然后将压力表上的阀门打开，压力表会显示氮气瓶出气的压力，最后观察切割机背面安装的压力表，确保压力稳定在 1.3 ～ 1.5MPa 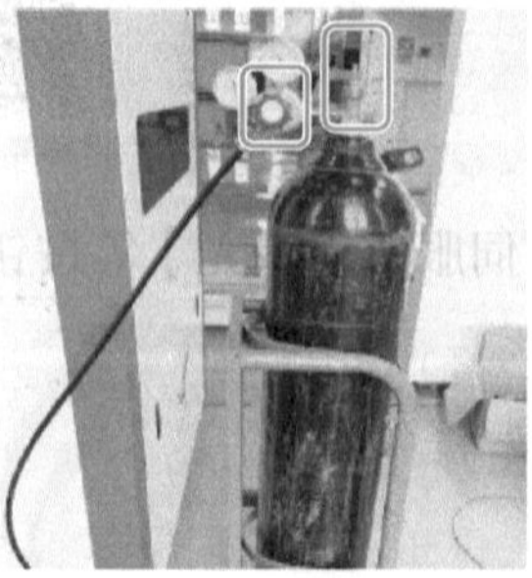 	1）如果长期不使用，建议将冷水机内部的水通过排污孔全部排空。 2）影响金属切割作业的外部因素包括辅助气体种类、气体流量充裕情况、焦点位置（自动调焦）等

（续）

序号	流程	操作说明	注意事项
4	打开软件	打开桌面上的 CypOne6.1 软件  界面介绍： 界面正中央为【绘图板】，界面正上方从上到下依次是【标题栏】【菜单栏】和【工具栏】，界面左侧是【绘图工具栏】，绘图区右侧是【工艺工具栏】 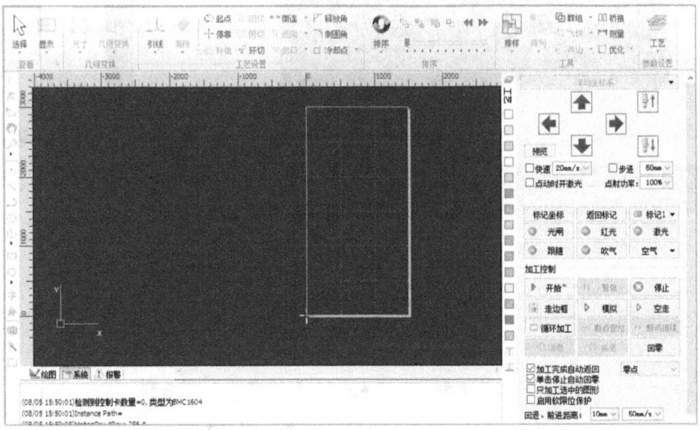	
5	机床回零	软件打开后会弹窗，提示回零点，选择【机床回零点】，机床自动找到零点	
6	一键标定	1）如图①在工作台上放置钣金，并且确保激光切割头通过手持遥控器或如图②控制台上的方向键先移动到钣金正上方，并在钣金上映出一个红色光点  ① 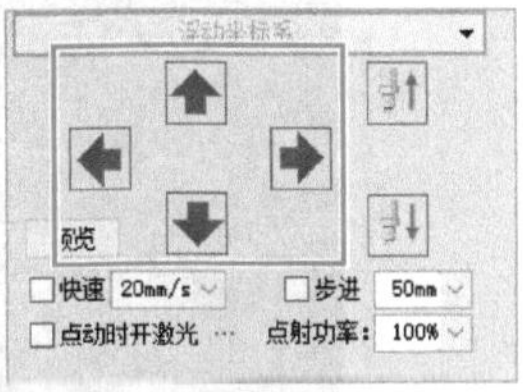 ② 2）在标题栏中找到【数控】→【调高器】→【一键标定】，如图③所示，等待设备自动标定。待提示标定完成后，再单击【确定】	工作台上如果没有钣金，激光切割头会直接撞向工作台

（续）

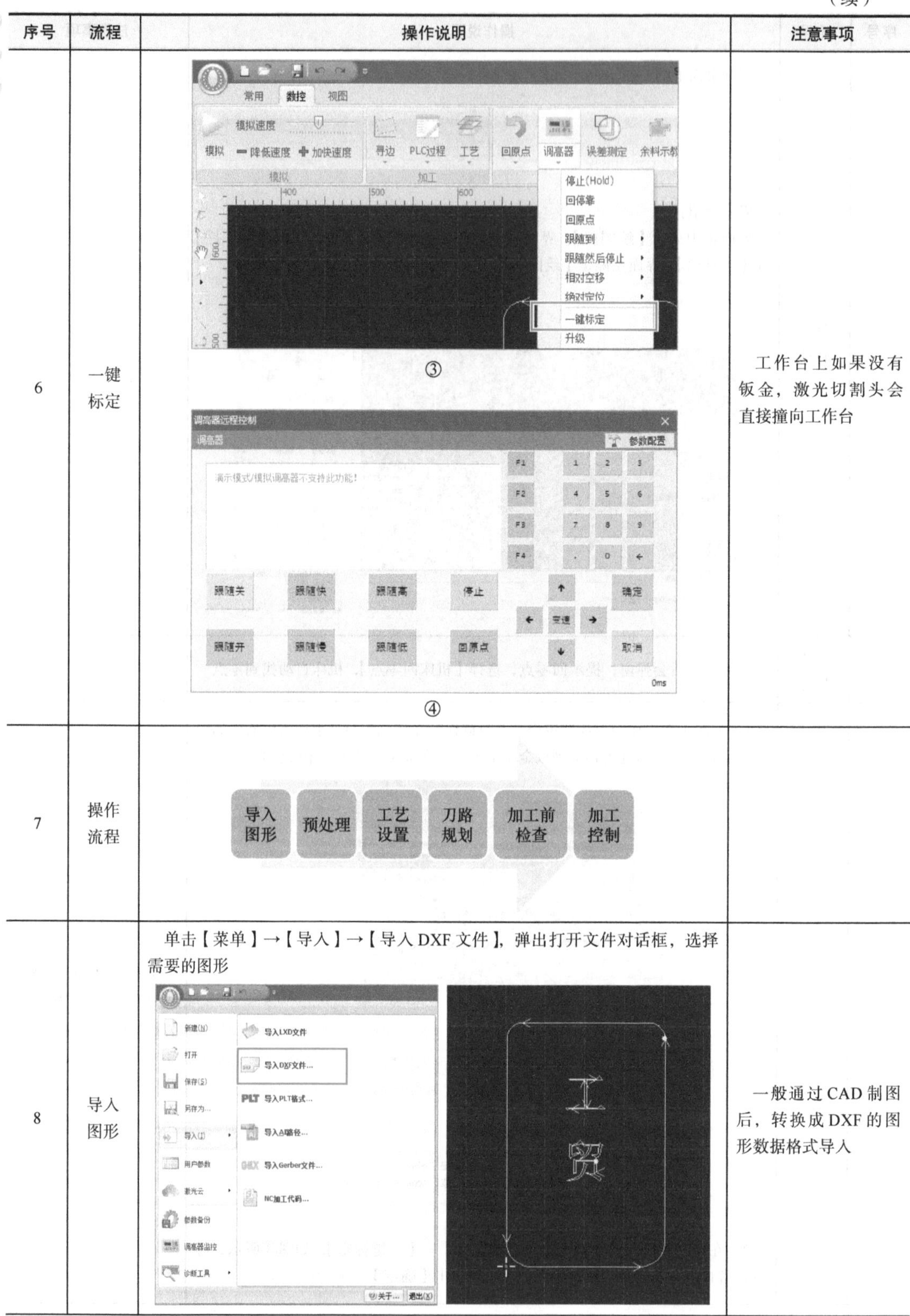

序号	流程	操作说明	注意事项
6	一键标定	③ ④	工作台上如果没有钣金，激光切割头会直接撞向工作台
7	操作流程	导入图形 预处理 工艺设置 刀路规划 加工前检查 加工控制	
8	导入图形	单击【菜单】→【导入】→【导入 DXF 文件】，弹出打开文件对话框，选择需要的图形	一般通过 CAD 制图后，转换成 DXF 的图形数据格式导入

（续）

序号	流程	操作说明	注意事项
9	预处理	1）导入图形的同时，软件会自动进行去除极小图形、去除重复线、合并相连线、自动平滑、排序和打散 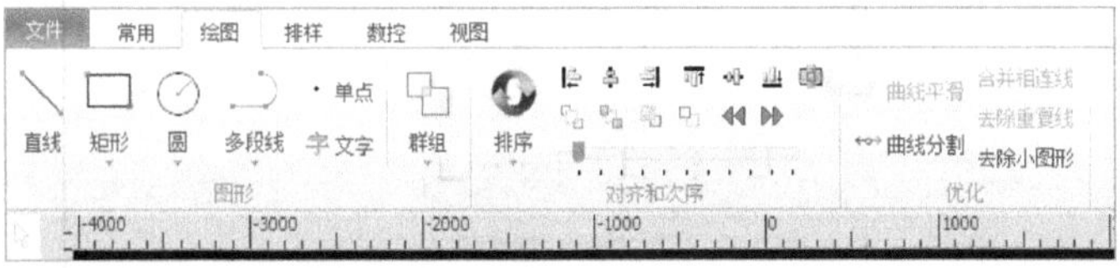 2）如果自动处理过程不能满足要求，可以打开【菜单】→【文件】→【用户参数】进行配置 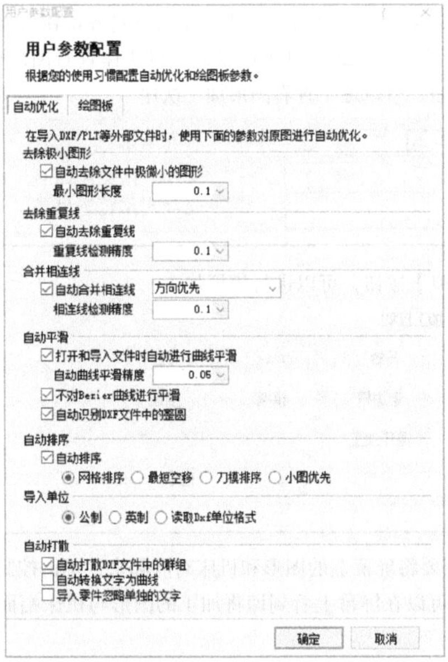	
10	工艺设置	1）导入图形单击图①右侧工具栏的【工艺】按钮，可以设置详细的切割工艺参数 2）图②【图层参数设置】对话框包含了几乎所有与切割效果有关的参数 3）单击【从文件读取】，设备中自带了不同厚度的钣金的参数文件，需要根据实际加工的厚度来选择文件 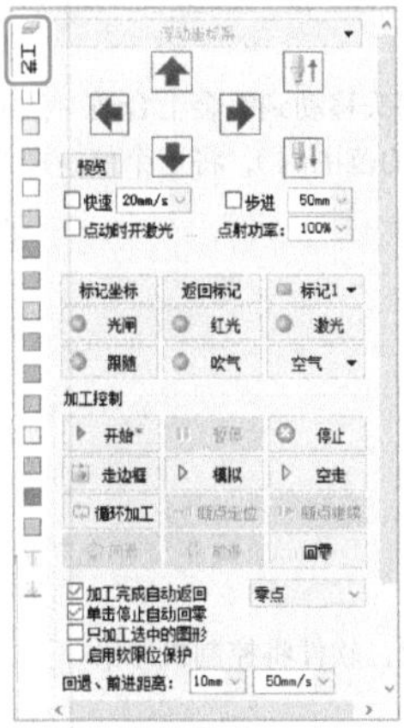 ① 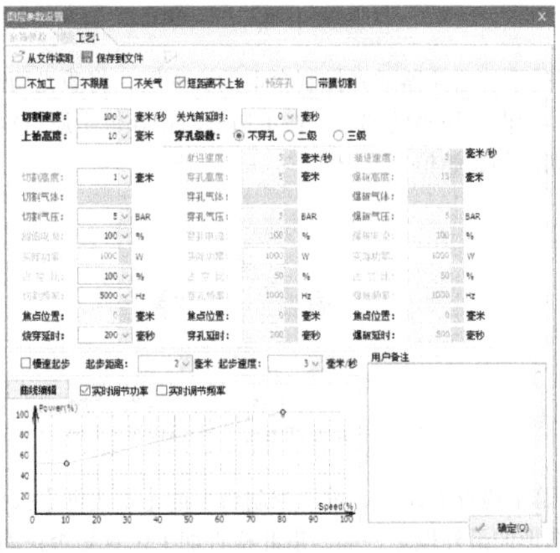　　②	1）激光功率：影响能够切割板材的厚度，影响加工效率及变形量 2）激光速度：需要与功率和气体流量等匹配，速度过小可能会导致材料切不透或毛刺的形成

（续）

序号	流程	操作说明	注意事项
11	刀路规划	1）单击常用或排序菜单栏下的【排序】按钮可以对待加工的图形加工顺序自动排序 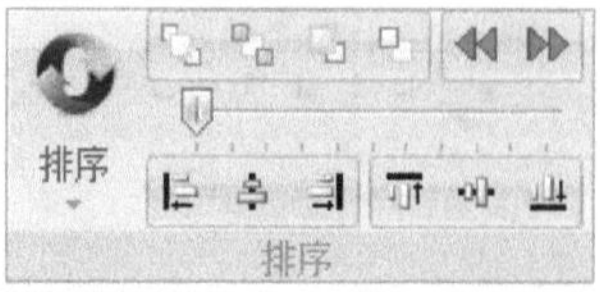 2）如果自动排序不能满足要求，可以单击左侧工具栏上的【 】按钮进入手工排序模式	
12	加工前检查	在实际切割之前，可以对加工轨迹进行检查。单击各对齐按钮可将图形进行相应对齐，拖动下图所示的交互式预览进度条，可以快速查看图形加工次序，或者单击交互式预览按钮，可以逐个查看图形加工次序  	
13	模拟加工	单击控制台上的【模拟】按钮，可以进行模拟加工  	
14	实际加工	1）在正式加工前，需要将屏幕上的图形和机床对应起来，单击控制台上方向键左侧的【预览】按钮可以在屏幕上看到即将加工的图形与机床幅面之间的相对位置关系 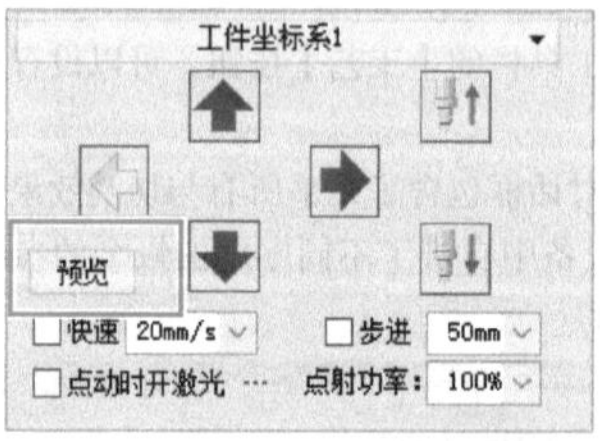 2）通过手持遥控器或者控制台上的方向键，将激光切割头移动到钣金上合适的位置（确保要切割的部分，在走边框时都在钣金原材料的范围内），将这个位置作为切割的起始位 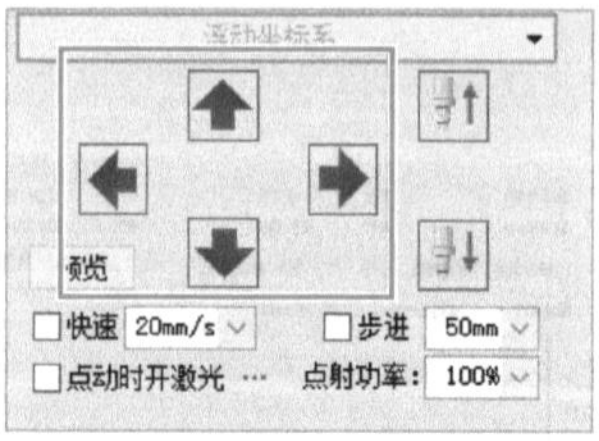 3）屏幕上检查无误后，单击控制台上的【走边框】按钮，软件将控制机床沿待加工图形的最外框走一圈，借此检查加工位置是否正确	从哪个位置开始走边框，软件会自动将图形移动到对应位置，并且重新设置零点

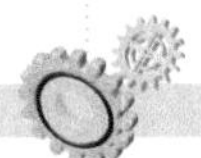

（续）

序号	流程	操作说明	注意事项
14	实际加工	4）通过单击【空走】按钮在不打开激光的情况下沿待加工图形完整地运行，借此更详细地检查加工是否可能存在不当之处 5）将【光闸】关闭，否则激光切割头无法出光 6）单击【开始】按钮开始正式加工	从哪个位置开始走边框，软件会自动将图形移动到对应位置，并且重新设置零点

任务实施

本任务基于生产性实训数控线平台激光切割机进行，任务书见表 3-22。

本任务要求对激光切割机进行设置和操作，完成板材切割任务，并填写表 3-23。

表 3-22　任务书

任务名称	激光切割机板材切割						
班级		姓名		学号		组别	
任务内容	实操任务： 1. 激光器强度的设置 2. 金属板材切割 要求： 操作前必须熟读操作步骤和注意事项，操作过程中需教师监督，工作区域内只允许操作人员站立						
任务目标	1. 掌握激光切割机的工作原理 2. 掌握激光切割机的各结构组成 3. 掌握激光切割机的操作方法						

资料	工具	设备
安全操作规程	常用工具	生产性实训系统
生产性实训系统使用手册		

表 3-23　任务完成报告书

任务名称	激光切割机板材切割						
班级		姓名		学号		组别	
任务内容							

拓展思考

根据智能生产线中的激光切割，思考该设备还可切割哪写材料，请写出加工有机玻璃的加工温度、焦距等参数。

任务评价

参考任务完成评价表（见表 3-24），对激光切割机板材切割任务进行评价，并根据学生完成的实际情况进行总结。

表 3-24　任务完成评价表

评价项目		评价要求	评分标准	分值	得分
任务内容	激光切割机激光强度设置准确	规范操作	结果性评分，激光强度	20 分	
	板材切割	规范操作	过程性评分，操作过程正确	20 分	
		问题处理	过程性评分，操作过程中如果出现异常能够及时停止，并排查问题	20 分	
安全文明生产	设备	保证设备安全	1）设备每损坏 1 处扣 1 分 2）人为损坏设备扣 10 分	20 分	
	人身	保证人身安全	否决项，发生皮肤损伤、撞伤、触电等，本次任务不得分		
	文明生产	遵守各项安全操作规程，实训结束要清理现场	1）违反安全文明生产考核要求的任何一项，扣 1 分 2）当教师发现有重大人身事故隐患时，要立即给予制止，并扣 10 分 3）不穿工作服、不穿绝缘鞋，不得进入实训场地	20 分	
合计				100 分	

项目四 生产线工业机器人应用

项目说明

在生产线智能制造过程中，经常需要对毛坯进行夹取、搬运和堆叠，也就是要求使用工业机器人进行编程控制，从而实现特定模块功能。

本项目分为六个任务模块：一是工业机器人产线集成概述；二是对 FANUC 工业机器人的示教和控制操作；三是进行机器人不同坐标系建立；四是进行机器人编程指令学习；五是机器人 IO 说明；六是完成机器人手爪快换的综合示教编程。与本任务相关的知识为工业机器人的分类和基本组成、FANUC 工业机器人示教器介绍、FANUC 工业机器人编程基础知识等。实施过程中涉及机器人示教器按键说明、机器人信号类别说明、机器人编程等方面内容。

任务一　工业机器人产线集成概述

知识目标

（1）掌握工业机器人应用分类。
（2）掌握工业机器人系统的基本组成。
（3）掌握工业机器人集成产线的组成。

技能目标

（1）能正确区分工业机器人的各组成部分。
（2）能正确说明现代工业机器人集成产线的组成部分。

素养目标

关注我国机器人行业发展，具有为我国机器人发展做出贡献的意识。

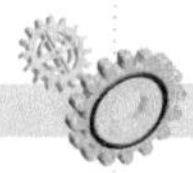

任务引导

引导问题 1：什么是机器人？在生活中你都见过哪些机器人？

引导问题 2：你所见过的机器人中都包含有哪些典型结构？

知识准备

工业机器人是广泛用于工业领域的多关节机械手或多自由度的机器装置，具有一定的自动性，可依靠自身的动力能源和控制能力实现各种工业加工制造功能。但工业机器人必须加装末端执行器，结合其他外部控制设备，形成产线系统集成后才可以完成具体的生产任务。

一、工业机器人的应用领域

1. 码垛应用

在各类工厂的码垛方面，自动化极高的机器人被广泛应用。人工码垛工作强度大，耗费人力，员工不仅需要承受巨大的压力，而且工作效率低。搬运机器人能够根据搬运物件的特点，以及搬运物件所归类的地方，在保持其形状和物件的性质不变的基础上，进行高效的分类搬运，使装箱设备每小时能够完成数百块的码垛任务，在生产线上下料、集装箱的搬运等方面发挥极其重要的作用。码垛机器人实际应用如图 4-1 所示。

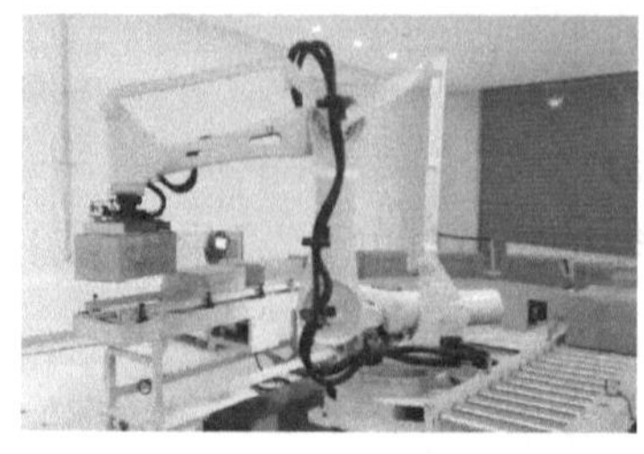

图 4-1　码垛机器人实际应用

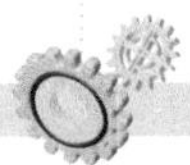

2. 焊接应用

焊接机器人主要承担焊接工作，不同的工业类型有着不同的工业需求，所以常见的焊接机器人有点焊机器人、弧焊机器人及激光机器人等。焊接机器人在汽车制造行业中应用最广泛，其在焊接难度、焊接数量、焊接质量等方面有着人工焊接无法比拟的优势。焊接机器人实际应用如图 4-2 所示。

3. 装配应用

在工业生产中，零件的装配是一件工程量极大的工作，需要大量的劳动力，曾经的人力装配因为出错率高、效率低而逐渐被工业机器人代替。装配机器人研发结合了多种技术，包括通信技术、自动控制、光学原理及微电子技术等。研发人员根据装配流程，编写合适的程序，应用于具体的装配工作。装配机器人的最大特点就是安装精度高、灵活性大、耐用程度高。因为装配工作复杂精细，所以我们常选用装配机器人来进行电子零件、汽车精细部件的安装。装配机器人实际应用如图 4-3 所示。

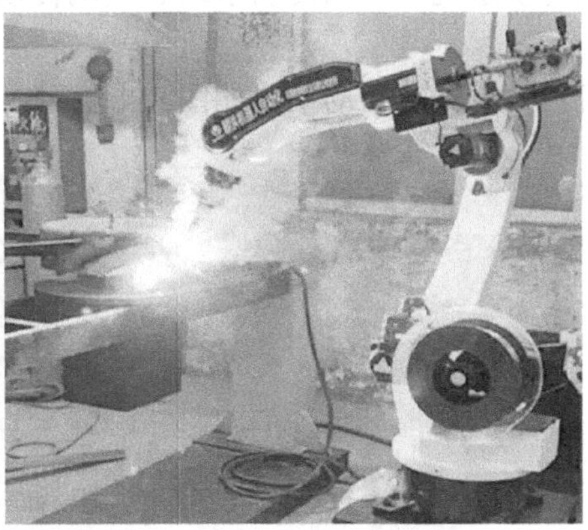

图 4-2 焊接机器人实际应用

图 4-3 装配机器人实际应用

4. 其他应用

机器人具有多维度的附加功能。它能够代替工作人员在特殊岗位上的工作，比如在核污染区域、有毒区域、高危未知区域进行探测，还有人类无法具体到达的地方，如病人患病部位的探测、工业瑕疵的探测、在地震救灾现场的生命探测等。

二、工业机器人的基本组成

工业机器人是面向工业领域的多关节机械手或者多自由度机器人，它的出现是为了解放劳动力、提高企业生产率。工业机器人的基本结构是实现机器人功能的基础，下面一起来看一下工业机器人的结构组成。工业机器人，尤其是现代工业机器人大部分都是由三大部分组成。

1. 机械部分

工业机器人的机械部分是工业机器人的“血肉”组成部分，也就是我们常说的工业机器人本体部分。这部分主要分为两个系统。

1）驱动系统。要使机器人运行起来，需要各关节安装传感装置和传动装置，这就是驱动系统。它的作用是提供机器人各部分、各关节动作的原动力。驱动系统传动部分可以是液压传动系统、电动传动系统、气动传动系统，或者是这几种系统结合起来的综合传动系统。

机器人常见的驱动系统如图 4-4 所示。

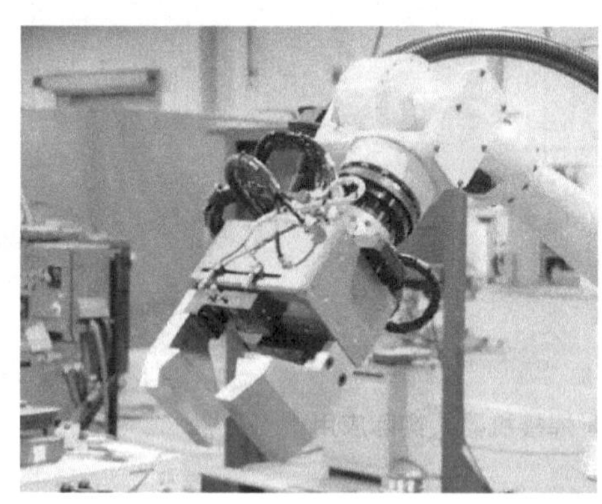

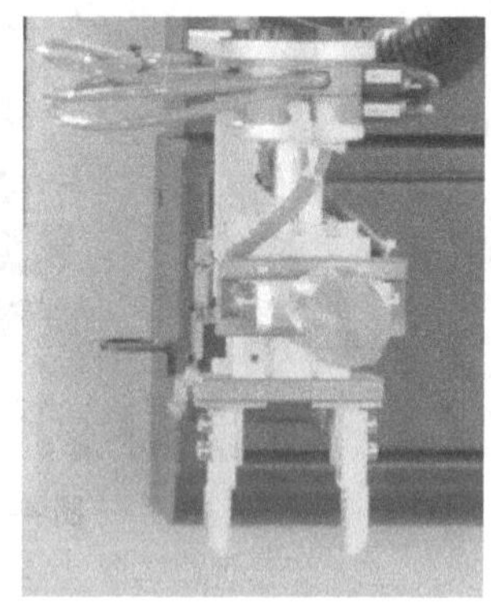

图 4-4　机器人常见的驱动系统

2）机械结构系统。工业机器人机械结构系统主要由基座、臂部、手腕和手部四大部分构成，每个部分具有若干的自由度，构成一个多自由度的机械系统。

工业机器人的基座是整个机器人的支持部分，用于机器人的安装和固定，也是工业机器人的电线电缆、气管油管的输入连接部位。固定式机器人的基座一般固定在地面上，移动式机器人的基座安装在移动机构上，常见的工业机器人为固定式。

臂部是工业机器人的主要执行部件。手臂连接手部和基座，用来改变手腕和末端执行器的空间位置。在工作中直接承受手腕、手部和工件的静、动载荷，自身运动又较多，故受力复杂。根据手臂的运动和布局、驱动方式、传动和导向装置的不同可分为伸缩型臂部结构、转动伸缩型臂部结构、屈伸型臂部结构，以及其他专用的机械传动臂部结构。

末端操作器是直接安装在手腕上的一个重要部件，也称末端执行器，它可以是多手指的手爪，也可以是喷漆枪或者焊具等作业工具。

工业机器人的机械结构系统如图 4-5 所示。

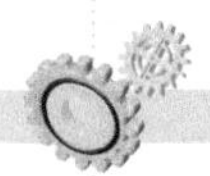

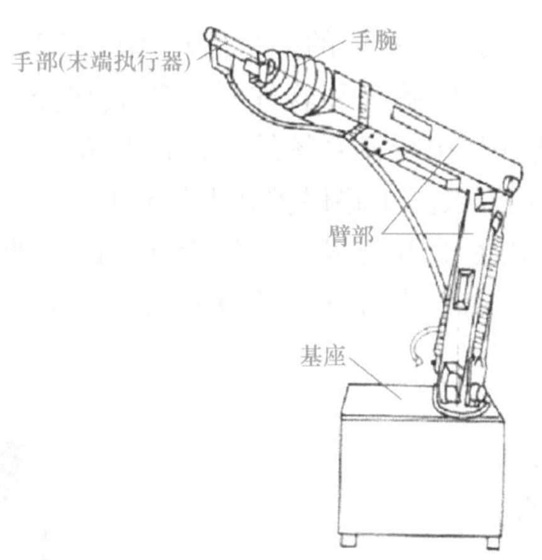

图 4-5 工业机器人机械结构系统

2. 感知部分

感知部分就好比人类的五官，为工业机器人工作提供感觉，使工业机器人工作过程更加精确。系统由内部传感器模块和外部传感器模块组成，用于获取内部和外部环境状态中有意义的信息。其中，内部传感器通常用来确定机器人在其自身坐标系内的姿态位置，是完成移动机器人运动所必需的那些传感器，包括陀螺仪、旋转编码器等。外部传感器用于机器人本身相对其周围环境的定位，负责检测距离、接近程度和接触程度之类的变量，便于机器人的引导及物体的识别和处理。按照机器人作业的内容，传感器通常安装在机器人的头部、肩部、腕部、臀部、腿部及足部等。

智能传感器的使用提高了机器人的机动性、适应性和智能化水平。对于一些特殊的信息，传感器的灵敏度甚至可以超越人类的感知系统。

3. 控制部分

控制部分相当于工业机器人的大脑，可以直接或者通过人工对工业机器人的动作进行控制。控制系统主要是根据机器人的作业指令程序以及从传感器反馈回来的信号支配机器人的执行机构完成规定的运动和功能。根据控制原理，控制系统可以分为程序控制系统、适应性控制系统和人工智能控制系统三种。根据运动形式，控制系统可以分为点动控制系统和轨迹控制系统两大类。

三、工业机器人集成产线的组成

工业机器人集成产线又称为工业机器人工作站，是指使用一台或多台机器人，配以相应的周边设备，用于完成某一特定工序作业的独立产线系统。它主要由工业机器人本体、控制柜、末端执行器和周边设备等组成。

工业机器人本体已在上节中进行说明，本节不再赘述。

1. 控制柜

机器人的控制柜集成的是机器人的电气控制系统，它是机器人的“大脑”和“心脏”，指挥着机器人运行。机器人的控制柜一般包含以下功能：

1）机器人的 I/O 接口：机器人本体的运行信息和机器人与外围设备连接的端口。

2）控制系统：机器人的操作系统和软件系统集成在控制柜内，机器人的动作记忆、示教、坐标标定、故障诊断等都由控制系统统一协调和处理。

3）安全保护：包括信号传入的短路保护和电压保护，控制柜设有多路的熔断机制。

目前，可编程控制器（PLC）和触摸屏等作为常用的工业控制和人机界面设备，常被用作构建机器人工作站的操作和控制系统。图 4-6 所示为 FANUC 工业机器人工作站系统控制柜结构图。

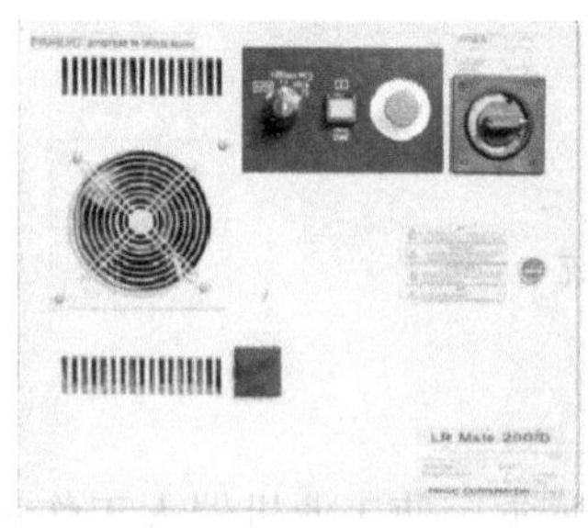

a) 外部结构

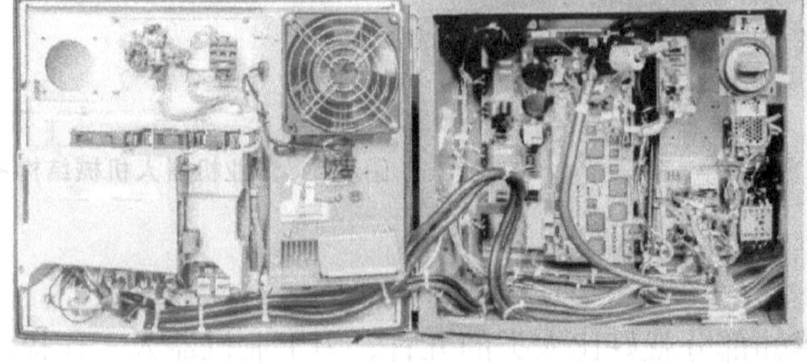

b) 内部结构

图 4-6　FANUC 工业机器人控制柜

2. 末端执行器等辅助设备及其他周边设备

随应用场合和工件特点的不同存在较大差异。例如，焊接机器人工作站的外围系统包括焊枪、焊机、变位机和清枪机构等，如图 4-7a 所示；搬运机器人工作站的外围系统包括真空吸盘、货架和输送料装置等，如图 4-7b 所示。

a) 焊接机器人外围系统

b) 搬运机器人外围系统

图 4-7　工业机器人辅助设备

工业机器人工作站的常见周边设备有供料、送料设备，搬运、安装部分，机器视觉系统，仓储系统，以及现场总线及工业以太网等。

1）供料、送料设备。供料、送料设备一般是指传送带、储料箱、货盘和供料机等为机器人工作站供应、传送物料的设备。传送带是最常见的供料设备之一，分为滚轮传送和带传送两种。其中，滚轮传送一般在包装箱等传送的场合使用，可传送重量比较大的物体，传送速度较快；带传送一般在货盘、小盒子等传送的场合使用，可传送不能振动的物

品和容易翻倒的物品。

2）搬运、安装部分。对于机器人工作站的不同作业对象，需要相应的机器人抓手。因此，抓手的选择在很大程度上体现了工业机器人的功能，反映了机器人工作站的主要工作任务。抓手的种类多种多样，在某些场合，为了提高工业机器人的利用效率，根据需要也可选用复合抓手。

许多工业机器人安装了导轨，如图 4-8 所示，可增加机器人的作业空间，或在机器人作业区内移动工件，如对多台设备或辅助工装、从货盘架中进行货品组合作业以及在大型部件上作业等。多线性滑轨的控制装置是作为附加耦合轴集成到机器人控制系统中的，这样就无需其他控制装置了。

3）机器视觉系统的功能是用机器代替人眼来做测量和判断。通过机器视觉系统，产品将被摄取并转换成图像信号，传送给专用的图像处理系统，对这些信号进行各种运算来抽取目标的特征，进而根据判别的结果来控制现场的设备动作。机器视觉系统的特点是可提高生产的柔性和自动化程度。在一些不适合人工作业的危险工作环境中，常用机器视觉来替代人工视觉在生产线上对产品进行测量、引导、检测和识别，并能保质保量地完成生产任务。

4）仓储系统。比较常见的仓储系统是自动化立体仓库，如图 4-9 所示。利用立体仓库设备可实现仓库高层货物管理合理化、存取自动化以及操作简便化。

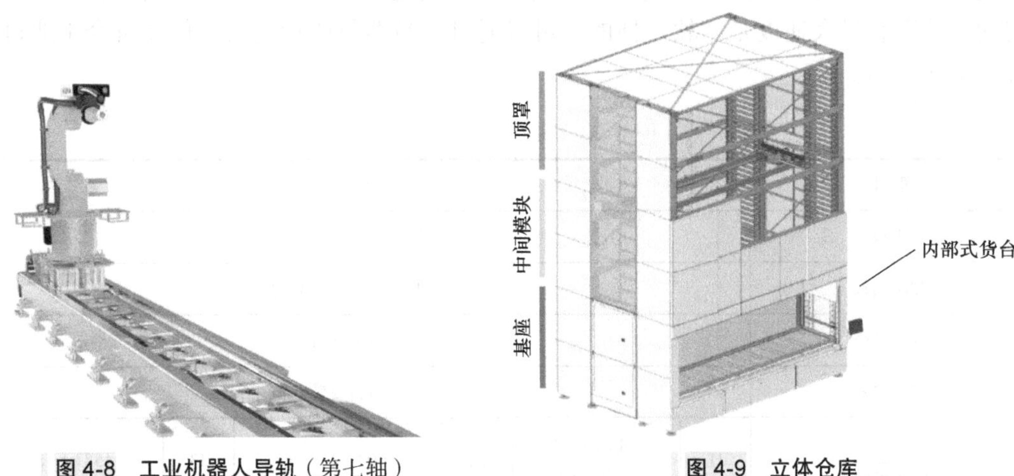

图 4-8　工业机器人导轨（第七轴）　　图 4-9　立体仓库

自动化立体仓库是当前技术水平较高的一种仓储形式。它的主体由货架、巷道式堆垛起重机、入（出）库工作台、自动运进（出）及操作控制系统组成。货架是钢结构或钢筋混凝土结构的建筑物或结构体，货架内是标准尺寸的货位空间。巷道式堆垛起重机穿行于货架之间的巷道中，完成存、取货的工作。管理上常采用计算机及条形码、磁条、光学字符或射频等识别技术。

5）现场总线及工业以太网。工业 4.0 离不开现场总线和人工智能（AI），现场总线把工业现场的智能化仪器仪表、控制器、执行器等的信息用一组通信线进行集成并进行数字通信，现场设备之间可以方便地进行数据交换，让整个控制系统更加可靠。

现场总线为开放式互联网络，既可以与同层网络互联，也可以与不同层网络互联，还可以实现网络数据库的共享。现场总线体现了分布、开放、互联、高可靠性的特点。DCS（集散控制系统）通常是一对一单独传送信号，其所采用的模拟信号精度低，易受干扰；而现场总线控制系统（FCS）则采取一对多双向传输信号，采用的数字信号精度高、可靠性强，设备始终处于操作员的远程监控状态。

现场总线是工业以太网的一部分，工业以太网把现场设备用工业交换机连接在一起，相互高速通信。当前的工业以太网协议并没有形成统一的标准。LonWorks 现场总线、CAN 总线、Profibus 现场总线、DeviceNet 现场总线、ControlNet 现场总线是主流的工业以太网现场总线。

当前的工业机器人控制柜都集成了不同协议的工业以太网接口，与外界设备的通信连接在同一个局域网中完成，非常方便。

四、工业机器人参数

机器人的技术参数反映了机器人的工作能力。企业根据生产要求设置不同集成产线，对照不同品牌的机器人进行对比选择，因此学会看机器人的技术参数是技术人员的一项基本技能。机器人的技术指标一般有自由度、承重量、工作精度及最大运转速度等。

表 4-1 是 FANUC 工业机器人 M-20iA 的技术参数表。工业机器人的腕部最大负载重量是第六轴法兰可以带的负载或工具的重量，一般此参数越大，工业机器人越贵。表中所列动作范围和最大速度是“软”性的，可以通过示教器更改指定值，但要符合工业机器人安全工作范围。

表 4-1　FANUC 工业机器人 M-20iA 的技术参数表

<table>
<tr><th>型号</th><th colspan="6">M-20iA</th></tr>
<tr><td>机构</td><td colspan="6">多关节型工业机器人</td></tr>
<tr><td>控制轴数</td><td colspan="6">6 轴（J1，J2，J3，J4，J5，J6）</td></tr>
<tr><td>可达半径</td><td colspan="6">1811mm</td></tr>
<tr><td>安装方式</td><td colspan="6">地面安装、倾斜安装、倒吊安装</td></tr>
<tr><td rowspan="2">动作范围（最高速度）</td><td>J1</td><td>340°/370°（190°/s）</td><td>J2</td><td>260°（175°/s）</td><td>J3</td><td>458°（180°/s）</td></tr>
<tr><td>J4</td><td>400°（360°/s）</td><td>J5</td><td>360°（360°/s）</td><td>J6</td><td>900°（550°/s）</td></tr>
<tr><td>腕部最高运动速度</td><td colspan="6">2000mm/s</td></tr>
<tr><td>腕部最大负载</td><td colspan="6">20kg</td></tr>
<tr><td>J3 手部最大负载</td><td colspan="6">12kg</td></tr>
<tr><td>腕部允许负载转矩</td><td>J4</td><td>44Nm</td><td>J5</td><td>44Nm</td><td>J6</td><td>22Nm</td></tr>
<tr><td>腕部允许负载惯量</td><td>J4</td><td>1.04kgm²</td><td>J5</td><td>1.04kgm²</td><td>J6</td><td>0.28kgm²</td></tr>
<tr><td>驱动方式</td><td colspan="6">交流伺服电动机驱动</td></tr>
</table>

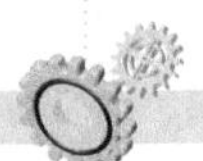

（续）

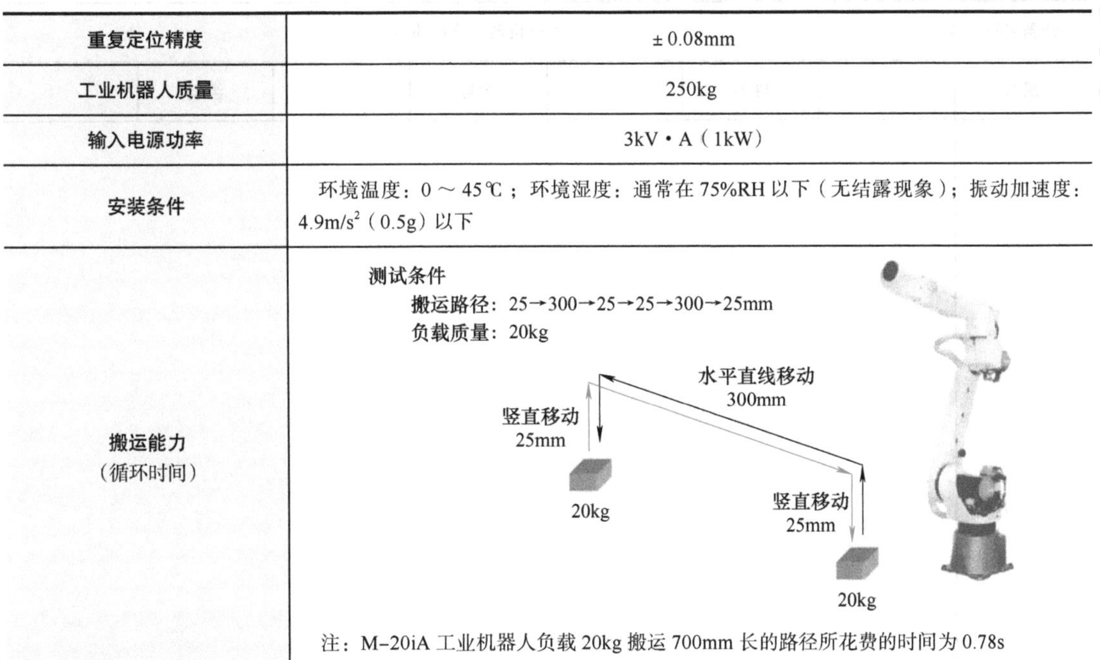

重复定位精度	± 0.08mm
工业机器人质量	250kg
输入电源功率	3kV · A（1kW）
安装条件	环境温度：0 ～ 45℃；环境湿度：通常在 75%RH 以下（无结露现象）；振动加速度：4.9m/s²（0.5g）以下
搬运能力 （循环时间）	测试条件 搬运路径：25→300→25→25→300→25mm 负载质量：20kg 水平直线移动 300mm 竖直移动 25mm 20kg 竖直移动 25mm 20kg 注：M-20iA 工业机器人负载 20kg 搬运 700mm 长的路径所花费的时间为 0.78s

任务实施

完成任务书（见表 4-2），完成后填写表 4-3。

表 4-2　任务书

任务名称	工业机器人产线集成					
班级		姓名		学号		组别	
任务内容	根据实训室中智能制造产线机器人工作站实际布置，找出真实工作站对应设备，并写出其名称及其功能					
任务目标	1. 了解工业机器人的基本组成和特点 2. 熟悉工业机器人工作站外围设备的作用 3. 熟悉工业机器人工作站的工作过程 4. 了解机器人末端执行器的作用与分类					

资料	工具	设备
工业机器人安全操作规程	常用工具	生产性实训系统
生产性实训系统使用手册		
工业机器人搬运工作站说明书		

表 4-3　任务完成报告书

任务名称	工业机器人产线集成						
班级		姓名		学号		组别	
任务内容							

拓展思考

基于实训室中现有智能制造产线机器人工作站布置，为使产线功能多样化，思考在原有基础上还可以增加哪些功能？对应需添加哪些外围设备？

任务二　工业机器人示教与操作

知识目标

（1）掌握工业机器人示教器常用按键的功能。

（2）掌握工业机器人不同坐标系的含义和差别。

（3）掌握工业机器人在不同坐标系下示教器点动示教方向按键和各个关节轴运动的对应关系。

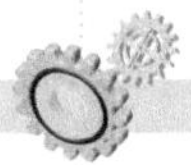

技能目标

（1）能正确区分工业机器人各种坐标系和运动类型。

（2）能正确使用工业机器人示教器对工业机器人进行简单操作。

素养目标

（1）养成严谨、认真、细致的工作态度。

（2）形成良好的编程示教习惯。

任务引导

引导问题：观察 YL-566D 型生产性实训系统工业机器人 M-20iA。该机器人一共有几个关节轴，每个关节轴可实现哪种动作？

知识准备

示教器作为机器人技术员与机器人的对话窗口发挥着重要的作用。不同机器人品牌的示教器形状、大小、按键位置差别较大，但使能开关、急停按钮、坐标切换键、自动 / 手动模式开关都是具备的，这是机器人调试和运行过程所必备的功能。因此，学会 FANUC 示教器的使用方法，其他品牌机器人示教方法可融会贯通。

机器人的每一个动作，每一处移动都需要精确计算和定位，所以在机器人系统看来，机器人是在坐标系下运动的。本任务将详细介绍如何理解和应用各种坐标系，以及如何使用示教器进行机器人的简单操作。

一、示教器的使用

图 4-10 所示是 FANUC 工业机器人示教器的正反面外观和主要按钮功能。正常使用示教器前要将控制柜的运动模式调整到 T1 或 T2（不要在 Auto 模式）才能进行手动示教。同时，控制柜的急停按钮和示教器的急停按钮必须同时松开，示教器才能为用户所使用。工业机器人调试过程中出现问题时，可迅速按下任何一个急停按钮，工业机器人会马上停止。

示教器正反面主要功能按键是示教有效开关和安全开关。其中，示教有效开关用于工业机器人手动或自动模式选择。将开关置于 OFF 位置，即示教器无效，将无法进行点动进给、程序创建、测试执行等操作。置于 ON 时，示教器有效，进入手动模式。

在示教器的背面有两个功能相同的三位安全开关，可以满足左手或右手拿示教器。握住其中一个置于中间位置，让示教器进入使能状态，这样才可以控制机器人手动运行。若从安全开关中间位置松开手或者用力将其握住，三位安全开关的位置不处于中间，机器人就不能起动。

图 4-11 所示是工业机器人示教器按键功能。通过对这些常用按键功能的学习和熟悉，才能更好地对工业机器人进行示教操作。表 4-4 为各按键的功能介绍。

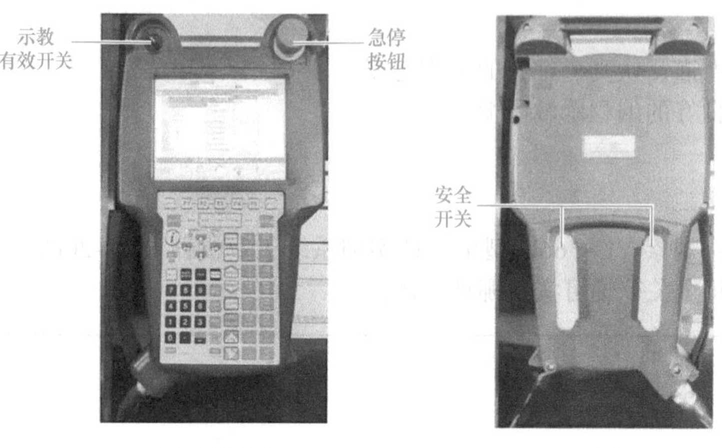

图 4-10　工业机器人示教器

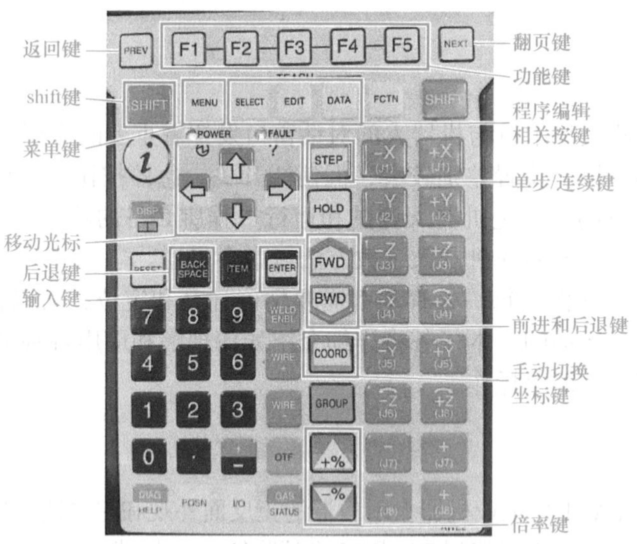

图 4-11　工业机器人示教器按键功能

表 4-4　FANUC 工业机器人示教器按键功能介绍

按键图标	按键名称	按键功能
F1—F2—F3—F4—	功能键组	用来选择屏幕画面最下行的功能键菜单

（续）

按键图标	按键名称	按键功能
PREV	返回键	用于返回到上一级。只有从属关系的菜单才能够返回，而相互独立的菜单或界面不能返回
NEXT	翻页键	将功能键菜单切换到下一页
SHIFT	SHIFT 键	SHIFT 键与其他键同时按下时，可以进行点动进给、位置数据的示教、程序的启动。左右的 SHIFT 键功能相同
MENU	菜单键	按下显示出画面菜单
FCTN	辅助键	按下显示辅助菜单
TEACH SELECT EDIT DATA	编程键组	SELECT（一览）键用来显示程序一览画面 EDIT（编辑）键用来显示程序编辑界面 DATA（数据）键用来显示数据画面
?	光标键	光标键用来移动屏幕画面里的光标
RESET	重置键	按住安全开关的同时按住重置键可取消异常状态
ENTER	输入键	用于数值的输入和菜单的选择
BACK SPACE	后退键	用来删除光标位置之前一个字符或数字
ITEM	项目选择键	用于输入行号后移动光标至该行
STEP	单步 / 连续键	用于测试运转时的单步执行和连续执行的切换
HOLD	暂停	用来暂停程序的执行
FWD BWD	前进后退键	FWD（前进）键、BWD（后退）键（+SHIFT 键）用于程序的启动。在程序执行中松开 SHIFT 键时，程序执行暂停

（续）

按键图标	按键名称	按键功能
COORD	手动切换坐标键	用来切换手动进给坐标系。依次进行如下切换： 关节→手动→世界→工具→用户→关节。当同时按下此键与 SHIFT 键时，出现用来进行坐标系切换的点动菜单
GROUP	组切换键	按住 GROUP（组切换）键的同时，按住希望变更的组号码的数字键，即可变更为该组
+% −%	倍率键	倍率键用来进行速度倍率的变更。依次进行如下 切换：VFINE（微速）→ FINE（低速）→ 1% → 5% → 50% → 100%（5% 以下时以 1% 为刻度切换，5% 以上时以 5% 为刻度切换）
−X (J1) +X (J1) −Y (J2) +Y (J2) −Z (J3) +Z (J3) −X (J4) +X (J4) −Y (J5) +Y (J5) −Z (J6) +Z (J6) − (J7) + (J7) − (J8) + (J8)	点动键	点动键，与 SHIFT 键同时按下可以进行机器人点动进给运动
7 8 9 4 5 6 1 2 3 0 . −	数字键	输入数字数值
DISP	切屏键	单独按下的情况下，移动操作对象画面。在与 SHIFT 键同时按下的情况下，分割屏幕（单屏、双屏、三屏）
POSN	位置显示键	用来显示当前位置画面

在示教器屏幕的最上方会显示机器人当前运行的各种状态以及报警信息，表 4-5 列出了各种状态的意义，方便在示教时进行查阅理解。

表 4-5　FANUC 工业机器人示教器屏幕显示状态信息

符号	表达信息	符号	表达信息
FAULT 异常	显示一个报警	I/O ENBL	显示信号被允许
HOLD 暂停	显示暂停键被按下	JOINT 关节	显示示教坐标系是关节坐标系
STEP 单步执行	显示在单步状态	XYZ 直角坐标	显示示教坐标系是直角坐标系

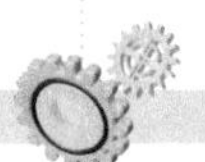

（续）

符号	表达信息	符号	表达信息
BUSY 处理中	显示机器人在工作或程序在执行或打印机和软盘正在工作	TOOL 工具坐标	显示示教坐标系是工具坐标系
RUNNING 运行中	显示程序正在执行	PROD MODE 生产模式	当接收到起动信号时，程序开始执行

示教器每个主菜单内还有子菜单，表 4-6 和表 4-7 列出了常用的 MENU 菜单和 FCTN 功能菜单下的子菜单。这些菜单可以按照使用 Windows 系统计算机软件的思维去使用，想要用什么功能就去找什么菜单。

表 4-6　FANUC 工业机器人示教器 MENU 菜单信息

项目	功能
TEST CYCLE（试运行）	为测试操作指定数据
ManualFCTNS（手动功能）	执行宏指令
ALARM（报警）	显示报警历史和详细信息
I/O	显示和手动设置输出，仿真输入 / 输出，分配信号
STEP（设置）	设置系统
FILE（文件）	读取或存储文件
USER（用户）	显示用户信息
SELECT（选择一览）	列出和创新程序
EDIT（编辑）	编辑和执行程序
DATA（数据）	显示寄存器、位置寄存器和堆栈寄存器的值
STATUS（状态）	显示系统和弧焊状态
POSITION（位置）	显示机器人当前位置
SYSTEM（系统）	设置系统变量
BROWSER（浏览器）	浏览网页，只对 iPendant 有效

表 4-7　FANUC 工业机器人示教器 FCTN 功能菜单信息

项目	功能
ABORT（中止）	强制中断正在执行或暂停的程序
Disable FWD/BWD（禁止前进 / 后退）	使用 TP 执行程序时，选择 FWD/BWD 是否有效
Change Group（改变组）	改变组（只有多组被设置时才会显示）
Tog Sub Group（切换子组）	在机器人标准轴和附加轴之间选择示教对象
Tog Wrist Jog（切换到手腕点动）	选择腕关节轴

（续）

项目	功能
Release Wait（解除等待）	跳过正在执行的等待语句，当等待语句被释放时，执行中的程序立即被暂停在下一个语句处等待
Quick/Full Menus（简易 / 全画面切换）	在快速菜单和完整菜单之间切换
Save（保存）	保存当前屏幕中的相关数据到软盘
Print Screen（打印画面）	打印当前屏幕数据
Print（打印）	打印当前程序
Unsim All I/O（接触 I/O 仿真）	取消所有 I/O 信号的仿真设置
Cycle Power（重启）	重新启动（PowerON/OFF）
Enable HMI Menus（启用 HMI 菜单）	选择当按住 MENUS 键时是否需要显示菜单

二、机器人坐标系和运动类型

工业机器人坐标系可以归纳为以下四类：关节坐标系、世界坐标系、用户坐标系、工具坐标系。关节坐标用于表示机器人各个轴的单独运动；世界坐标是机器人出厂就已经集成在系统上的大地坐标；用户坐标是机器人技术员在编程调试时针对机器人工作对象的定点加工而设立的坐标，可以根据实际定义多个用户坐标；工具坐标是机器人本体最后一轴安装的工具上的坐标，如果不定义工具坐标，对关节机器人来说就是机器人最后一轴的法兰中心，工具坐标是编程必须定义的坐标，因为机器人本身不知道它自己安装的工具大小和长短，只有通过定义工具坐标才能让机器人把默认的法兰中心坐标迁移到所装工具上，让工具能在工作对象上准确定点。用“COORD”可对不同坐标系进行切换。下面将对以上四种坐标系及其坐标系下的运动类型进行介绍。

1. 关节坐标系

工业机器人沿各轴轴线进行单独动作，所使用的坐标系称关节坐标系。关节坐标系在工业机器人调试完成后就设定完成，不可更改。以目前常用的六轴机器人为例，如图 4-12 所示，关节坐标系表示工业机器人每个运动轴的位置量。工业机器人自身具备六个关节轴，其中，J1、J2、J3 为工业机器人的基本轴，实现末端执行器在工作空间中的位置运动。J4、J5、J6 为工业机器人的腕部轴，实现末端执行器在工作空间中的姿态运动。各个关节轴运动形式与示教器上按键对应关系见表 4-8。

此外，工业机器人工作站中若具有外部运动机构，则具备外部轴，为 J7（地轨）。外部机构与机器人的控制柜连接，通过示教器直接控制其运动，如图 4-13 所示。

2. 世界坐标系

一个物体在空间中，通过一个点可以确认其位置，以该点为原点建立一个空间直角坐标系，其坐标系 X、Y、Z 轴的方向则可确定其姿态。工业机器人系统便是基于这一原理，来实现工作站中各作业点的准确定位的。

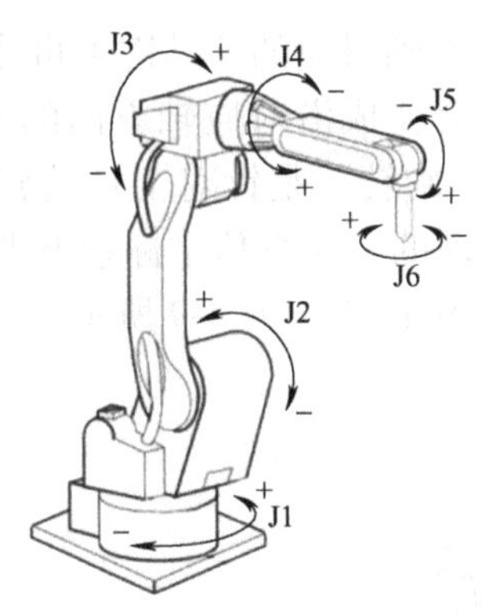

图 4-12 工业机器人各关节轴示意

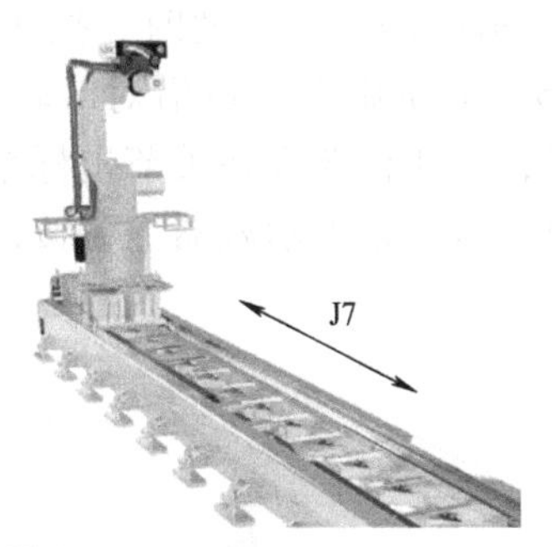

图 4-13 工业机器人第七轴（地轨）示意

表 4-8 关节坐标系下示教器按键对应动作

按键	对应动作
-X (J1) +X (J1)	J1 左右旋转
-Y (J2) +Y (J2)	J2 垂直臂上下
-Z (J3) +Z (J3)	J3 水平臂前后
-X (J4) +X (J4)	J4 水平臂旋转
-Y (J5) +Y (J5)	J5 臂旋转
-Z (J6) +Z (J6)	J6 法兰旋转
- (J7) + (J7)	J7 地轨平移

工业机器人的世界坐标采用的是笛卡儿坐标，可以按照图 4-14 所示的方法用右手定则判定，即站在机器人正前方，面向机器人，举起右手，XYZ 的正方向如下：中指所指方向为 Z+，拇指所指方向为 X+，食指所指方向为 Y+。不管工业机器人处于什么位置，均可沿设定的 X 轴、Y 轴、Z 轴平行移动。

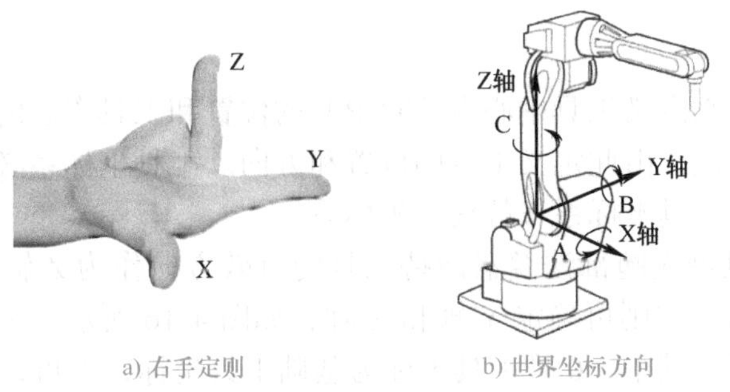

a) 右手定则　　b) 世界坐标方向

图 4-14 工业机器人世界坐标的确定

用“COORD”键可以切换到世界坐标系下。J1 ～ J6 轴对应的移动键不再按表 4-8 和图 4-12 所示运动工作。此时，按 J1、J2、J3 的移动键会变成沿对应轴方向的平移动作，按 J4、J5、J6 键则会变成沿对应轴的旋转动作。这一“旋转”是针对工具的旋转。需要注意的是，工业机器人在关节坐标系下的动作是单轴运动的，在直角坐标系下则是多轴联动的。世界坐标系下示教器上各按键对应机器人动作如图 4-15 和表 4-9 所示。

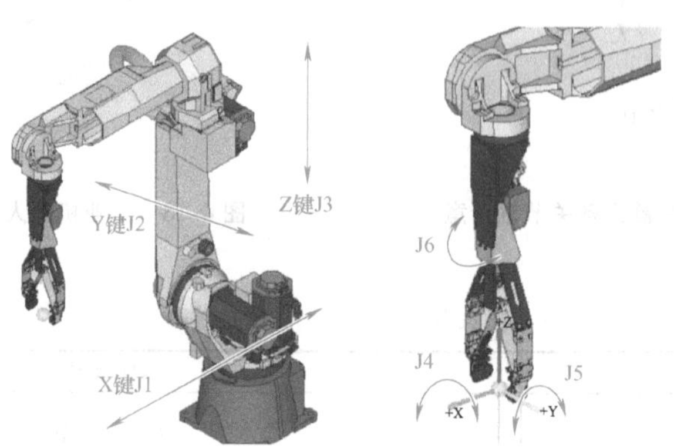

图 4-15　工业机器人世界坐标系下对应动作示意

表 4-9　世界坐标系下示教器按键对应动作

按键	对应动作
-X (J1)　+X (J1)	沿 X 轴方向移动
-Y (J2)　+Y (J2)	沿 Y 轴方向移动
-Z (J3)　+Z (J3)	沿 Z 轴方向移动
-X (J4)　+X (J4)	沿 X 轴旋转
-Y (J5)　+Y (J5)	沿 Y 轴旋转
-Z (J6)　+Z (J6)	沿 Z 轴旋转

3. 工具坐标系

工具坐标系是用来定义工具中心点（TCP）的位置和工具姿态的坐标系。工具坐标系将工具中心点设为零位，由此定义工具的位置和方向。工具坐标系必须事先进行设置，若没有设置，将由默认工具坐标系来替代该坐标系。

工具坐标系把机器人腕部法兰盘所持工具的有效方向作为 Z 轴。假定工具的有效方向为 Z 轴方向，用右手定则可确定 Y 轴和 X 轴，如图 4-16 所示。示教器中可设定多个不同编号的工具坐标系。其中，0 号工具坐标为基础工具坐标，不可设定、修改，该坐标与直角坐标相同。工具坐标 1 ～ 10 号用户可根据实际工具情况进行设定。

4. 用户坐标系

用户坐标可以根据机器人的工作环境来定义，如果没有定义，就默认与机器人的世界坐标重合。机器人只有一个世界坐标，用户是不能修改的。如图 4-17 所示，机器人可以根据工作台设立用户坐标，用户坐标的方向不一定与世界坐标相同，可根据实际动作需要进行设定。示教器中可设定多个不同编号的用户坐标系。0 号用户坐标系为基准用户坐标系，不可设定、修改，该坐标系和直角坐标系相同。用户坐标 1 ～ 10 号用户可根据需要设定。在用户坐标系下，按键动作原理同世界坐标系。

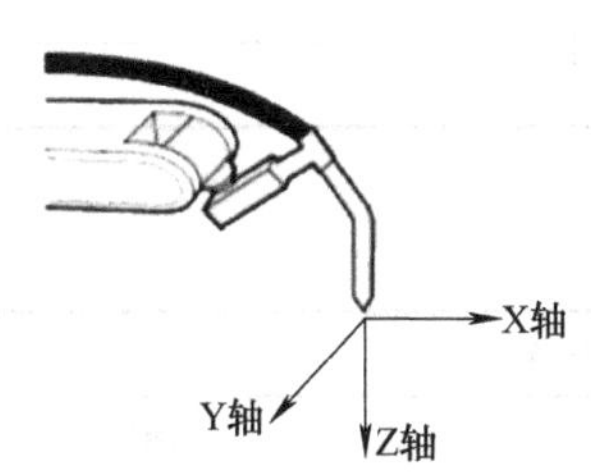

图 4-16　机器人工具坐标系举例

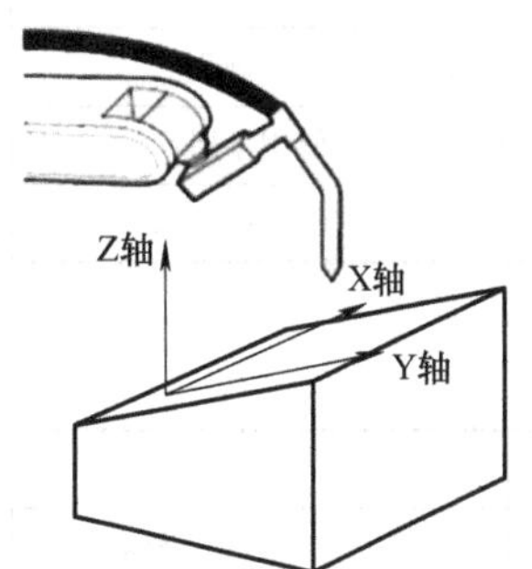

图 4-17　机器人用户坐标系举例

任务实施

任务书见表 4-10，完成后填写表 4-11。

表 4-10　任务书

任务名称	工业机器人示教与操作						
班级		姓名		学号		组别	
任务内容	1. 熟悉工业机器人示教器界面 2. 分别调取示教器【 FCTN 】功能菜单和【 MENU 】菜单，并拍照记录 3. 针对机器人进行不同坐标系切换，并拍照记录 4. 在关节坐标系下，分别以不同移动速率移动机器人，熟悉示教器按键和机器人各关节动作的对应关系 5. 在世界坐标系下，分别以不同移动速率移动机器人，熟悉示教器按键和机器人动作的对应关系 6. 如下图所示，合理使用关节坐标系和世界坐标系，实现机器人法兰口中心和夹具口中心的对接						

（续）

任务名称	工业机器人示教与操作						
班级		姓名		学号		组别	
任务目标	1. 熟悉工业机器人示教器各按键功能 2. 熟悉示教器菜单下功能选取方法 3. 熟悉工业机器人坐标系切换方法 4. 熟悉不同坐标系下示教器操作机器人的动作差异 5. 掌握不同坐标系的合理运用，完成目标动作						
资料			工具		设备		
工业机器人安全操作规程			常用工具		生产性实训系统		
生产性实训系统使用手册							
工业机器人搬运工作站说明书							

表 4-11　任务完成报告书

任务名称	工业机器人示教与操作						
班级		姓名		学号		组别	
任务内容							

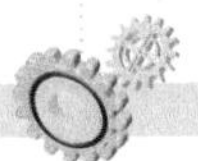

拓展思考

在工业机器人多次示教的基础上，思考若想使工业机器人以一确定姿态达到固定点位，应如何搭配使用工业机器人坐标系？并总结世界坐标系及关节坐标系的适用场景。

任务评价

参考任务完成评价表内容（表 4-12）对工业机器人示教与操作任务准确度进行评价，并根据学生完成的实际情况进行总结。

表 4-12 任务完成评价表

评价项目		评价要求	评分标准	分值	得分
任务内容	示教器功能按键准确使用	规范操作	结果性评分，MENU 菜单、FCTN 功能菜单、倍率变化、坐标系切换、机器人动作控制正确	40 分	
	机器人与夹具口对接	规范操作	过程性评分，步骤正确，动作规范，倍率控制合适，坐标系使用合理	10 分	
		精度	结果性评分，机器人法兰口中心和夹具口中心重合，机器人在接口处可进行小距离上下微动不卡死	30 分	
安全文明生产	设备	保证设备安全	1）设备每损坏 1 处扣 1 分 2）人为损坏设备扣 10 分	10 分	
	人身	保证人身安全	否决项，发生皮肤损伤、撞伤、触电等，本次任务不得分		
	文明生产	遵守各项安全操作规程，实训结束要清理现场	1）违反安全文明生产考核要求的任何一项，扣 1 分 2）当教师发现有重大人身事故隐患时，要立即给予制止，并扣 10 分 3）不穿工作服，不穿绝缘鞋，不得进入实训场地	10 分	
合计				100 分	

任务三 工业机器人坐标系建立

知识目标

（1）掌握工业机器人工具坐标系建立的步骤和方法。

（2）掌握工业机器人用户坐标系建立的步骤和方法。

（3）理解工业机器人两种坐标系的应用差异。

技能目标

（1）能根据实际需要正确建立工具坐标系并合理使用。

（2）能根据实际需要正确建立用户坐标系并合理使用。

素养目标

（1）养成严谨的操作习惯。

（2）形成良好的软件自学习惯。

任务引导

引导问题：根据上节所学工业机器人的不同坐标系，分别说明四种坐标系各适用于哪种工况。

知识准备

一、工业机器人工具坐标系的建立

工业机器人工具坐标系的建立主要通过多点标定法进行。多点标定法包括工具中心点（TCP）位置多点标定和工具坐标系（TCF）姿态多点标定。

工具中心点（TCP）位置标定是使几个标定点位置重合，从而计算出 TCP，如四点法；TCF 姿态标定是使几个标定点之间有特殊的方位关系，从而计算出工具坐标系相对于末端关节坐标系的姿态，如五点法、六点法。本节主要以三点法为例来介绍如何创建工业机器人工具坐标系。

1. 用三点法创建工业机器人的工具坐标系

三点法是把工具中心点从工业机器人的法兰中心移到工具尖端，但坐标方向则与法兰坐标方向一致，不能改变；六点法则可以改变工具坐标的方向使其与法兰坐标的方向不一样，实际应用中可根据生产需要来确定选用哪一种方法。下面具体介绍三点法创建工具坐标系的步骤。

1）单击示教器上的【MENU】键，选择“6 设置→ 5 坐标系”，然后按下示教器上的【ENTER】键，界面如图 4-18 所示。

2）进入设置坐标系界面后进行坐标系选择。按下示教器上的【F3】（坐标）键，选

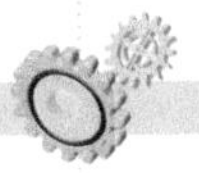

择“工具坐标系”，然后按下示教器上的【ENTER】键，如图 4-19 所示。图中可以选择 1～10 号工具坐标系进行设定，本节选择 1 号工具坐标系设定。

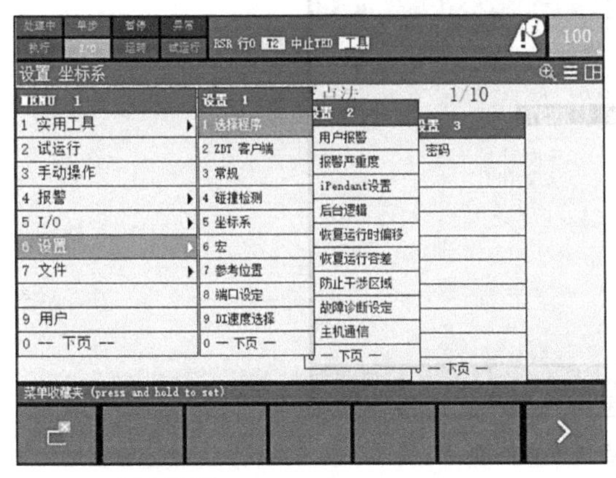

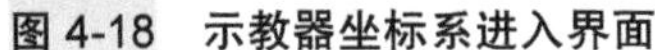
图 4-18 示教器坐标系进入界面

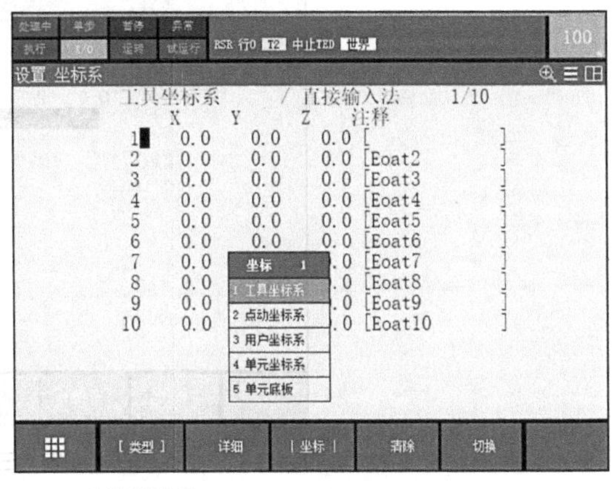

图 4-19 示教器工具坐标系选择界面

3）将光标移动到 1 号工具坐标系，按下【F2】（详细）键，进入 1 号工具坐标系设置界面。在界面中，可以获取编号、注释及坐标点等信息，如图 4-20 所示。将注释注为“TEST1”，方便区分理解。

4）按下示教器上的【F2】（方法）键，可以进行工具坐标系建立方法的选择，此处选择三点法，如图 4-21 所示。

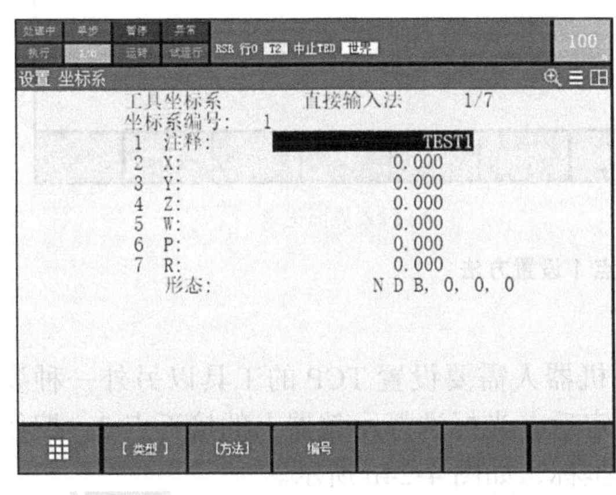

图 4-20 示教器工具坐标系详细信息界面

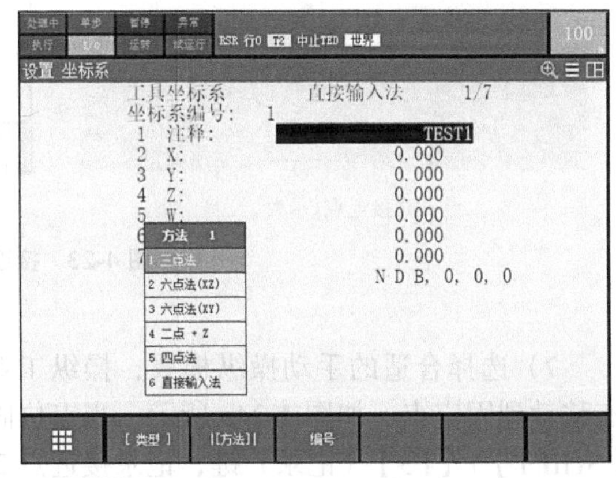

图 4-21 示教器工具坐标系建立方法选择界面

5）进入三点法创建工具坐标系设置界面。需要设置 3 个接近点坐标，如图 4-22 所示。

6）进行第一个接近点设置。选择合适的手动操纵模式，一般关节坐标系和世界坐标系配合使用。操纵工业机器人需要设置的 TCP 点移动到固定点，此处以方形端点处作为参考，如图 4-23a 所示。当点位固定后，光标选择示教器上的接近点 1，按住【SHIFT】+【F5】（记录）键，记录接近点 1 坐标，如图 4-23b 所示。记录完成后会显示“已记录”。

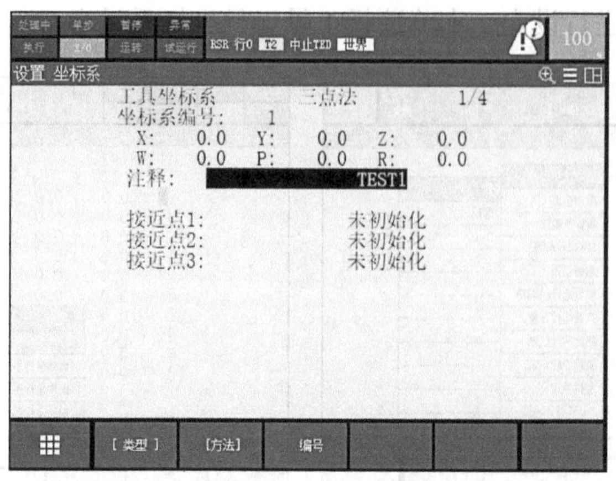

图 4-22　三点法设置界面

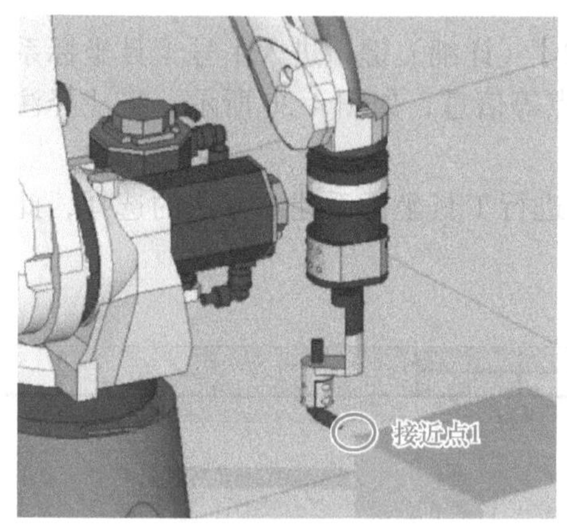

a) 接近点1示教

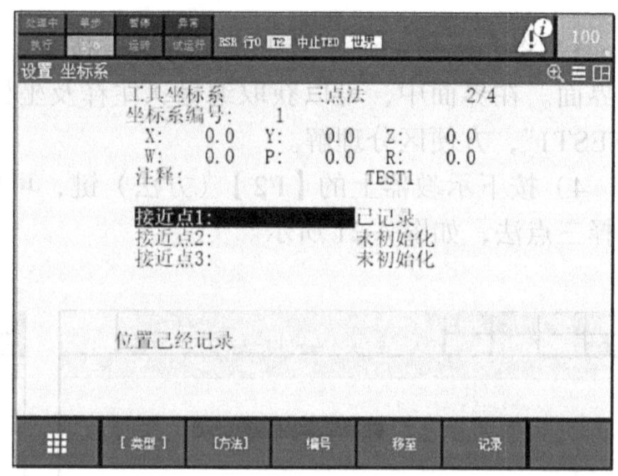

b) 设置界面记录

图 4-23　接近点 1 设置方法

7）选择合适的手动操纵模式，操纵工业机器人需要设置 TCP 的工具以另外一种姿态移动到固定点，如图 4-24a 所示。当点位固定后，光标选择示教器上的接近点 2，按住【SHIFT】+【F5】（记录）键，记录接近点 2 坐标，如图 4-24b 所示。

8）参考步骤 6)，采用同样的方法，更换机器人姿态，设置接近点 3，如图 4-25 所示。

2. 工具坐标检验

1）在工具坐标系界面，按下示教器【F5】（切换）键。界面会显示“输入坐标系编号”。在对应处输入需要检验的工具坐标系，然后按下示教器上的【ENTER】键即可，如图 4-26a 所示。

2）将工业机器人的坐标系选定为工具坐标系，按下示教器上的【SHIFT】+【COORD】键，会出现图 4-26a 所示的界面，然后按下【F4】（工具）键，即将坐标系切换为所选择的工具坐标系，如图 4-26b 所示。

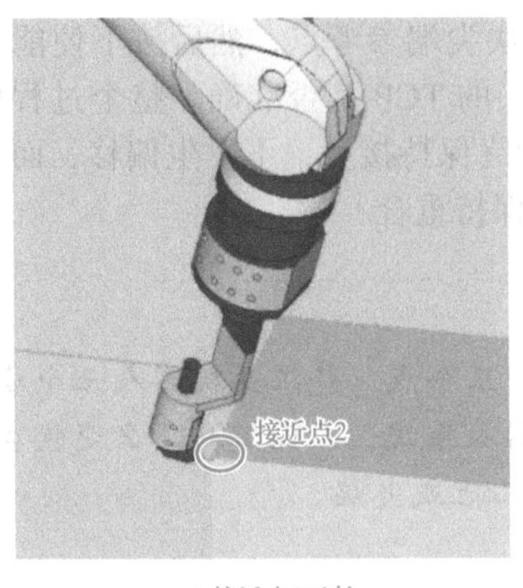

设置 坐标系
工具坐标系　　三点法　　3/4
坐标系编号：　1
X:　0.0　Y:　0.0　Z:　0.0
W:　0.0　P:　0.0　R:　0.0
注释：　　TEST1
接近点1：　　已记录
接近点2：　　已记录
接近点3：　　未初始化
位置已经记录
[类型]　[方法]　编号　移至　记录

a) 接近点2示教　　　b) 设置界面记录

图 4-24　接近点 2 设置方法

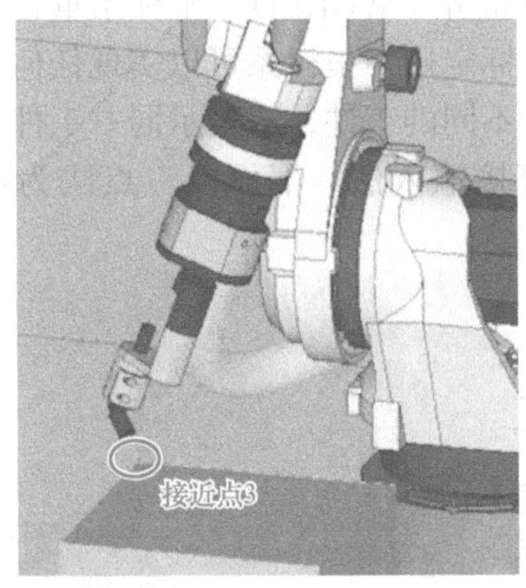

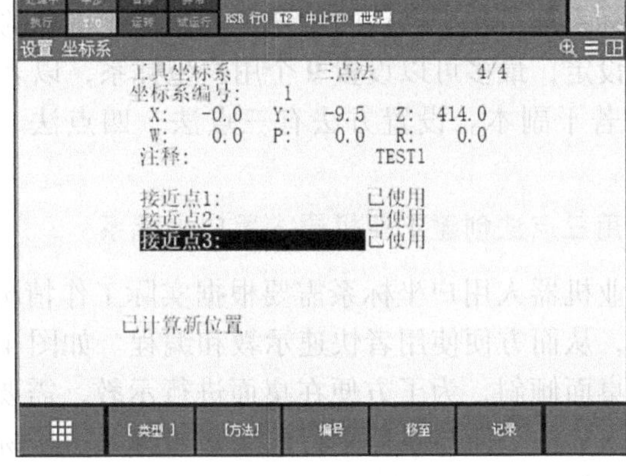

a) 接近点3示教　　　b) 设置界面记录

图 4-25　接近点 3 设置方法

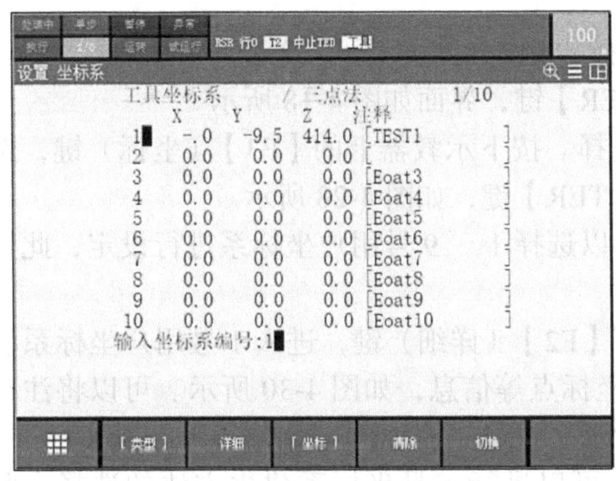

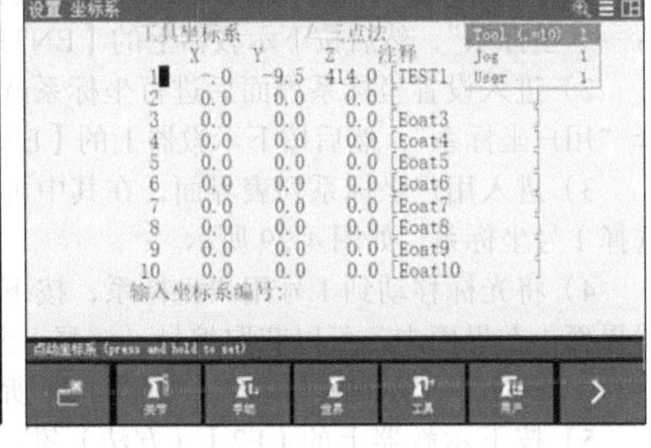

a) 工具坐标系列表　　　b) 坐标系切换

图 4-26　工具坐标系调用

3）操纵工业机器人，使 TCP 尽可能地靠近方块尖端参考点，然后按下使能开关和【SHIFT】+【J4】、【J5】、【J6】键，检验工业机器人的 TCP 是否准确。整个过程中，如果 TCP 设置准确，可以看到工具参考点与固定点始终保持接触，不发生偏移，而工业机器人只会改变姿态，即 TCP 和方块尖端参考点始终保持重合。

注意：

工具坐标示教三点法实质：三点法实际不是指三个点，是工业机器人三个姿态变化后都能基本指向一个点。目的在于告诉工业机器人系统，无论工具怎么变换姿态其尖端参考点都不变，从而把法兰中心点移到工具中心点或尖端。

二、工业机器人用户坐标系建立

用户坐标系是拥有特定附加属性的坐标系，它可以适应不同加工环境下进行快速示教定点，为编程带来方便。默认的用户坐标系 User0 和世界（WORLD）坐标系重合。新的用户坐标系都是基于默认的用户坐标系变化得到的。标定用户坐标系可以实现任何方位的坐标系设定，最多可以设置 9 个用户坐标系，以表示不同的工件，或表示同一工件在不同位置的若干副本。设置方法有三点法、四点法、直接输入法。下面以三点法为例进行介绍。

1. 用三点法创建工业机器人用户坐标系

工业机器人用户坐标系需要根据实际工作情况进行设定，从而方便使用者快速示教和编程。如图 4-27 所示，桌面倾斜，为了方便在桌面进行示教，需要建立一个 XY 轴平面与桌面平行的用户坐标系，坐标系各轴方向如图 4-27 所示。

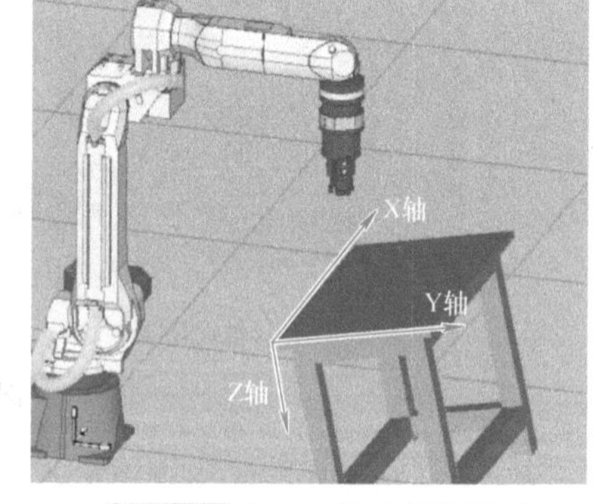

图 4-27　用户坐标系示意图

三点法建立用户坐标系的操作方法与工具坐标系建立方法类似，下面具体介绍三点法创建用户坐标系的步骤。

1）单击示教器上的【MENU】键，选择“6 设置→5 坐标系”，然后按下示教器上的【ENTER】键，界面如图 4-18 所示。

2）进入设置坐标系界面后进行坐标系选择。按下示教器上的【F3】（坐标）键，选择“用户坐标系”，然后按下示教器上的【ENTER】键，如图 4-28 所示。

3）进入用户坐标系列表界面，在其中可以选择 1 ～ 9 号用户坐标系进行设定，此处选择 1 号坐标系，如图 4-29 所示。

4）将光标移动到 1 号用户坐标系，按下【F2】（详细）键，进入 1 号用户坐标系设置界面。在界面中，可以获取编号、注释、坐标点等信息，如图 4-30 所示。可以将注释注为“TEST2”，方便区分理解，如图 4-31 所示。

5）按下示教器上的【F2】（方法）键，可以进行工具坐标系建立方法的选择，此处选择三点法。进入三点法创建工具坐标系设置界面，需要设置三个接近点坐标，如图 4-31 所示。

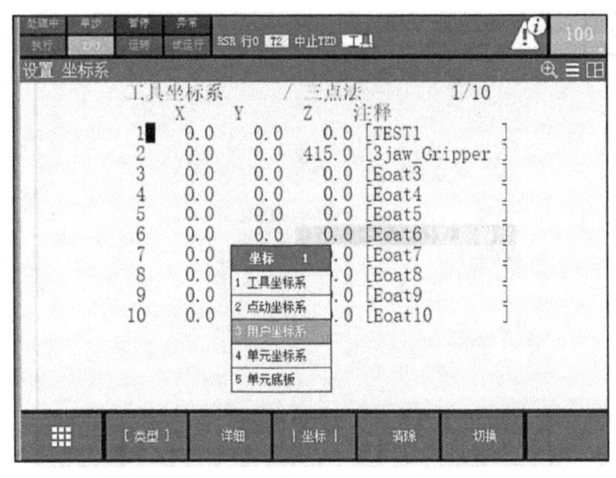

图 4-28　示教器用户坐标系选择界面

设置 坐标系

用户坐标系 / 直接输入法 1/9

	X	Y	Z	注释
1	0.0	0.0	0.0	[UFrame1]
2	0.0	0.0	0.0	[UFrame2]
3	0.0	0.0	0.0	[UFrame3]
4	0.0	0.0	0.0	[UFrame4]
5	0.0	0.0	0.0	[UFrame5]
6	0.0	0.0	0.0	[UFrame6]
7	0.0	0.0	0.0	[UFrame7]
8	0.0	0.0	0.0	[UFrame8]
9	0.0	0.0	0.0	[UFrame9]

选择用户坐标[1] = 0

[类型] 详细 [其他] 清除 切换

图 4-29　示教器用户坐标系列表界面

6）将光标移到坐标原点，进行第一个坐标系原点设置。选择合适的手动操纵模式，一般关节坐标系和世界坐标系配合使用。操纵工业机器人 TCP 移动到桌角处，同时保持夹具与桌面垂直，如图 4-32a 所示。当点位固定后，光标选择示教器界面上的坐标原点，按住【SHIFT】+【F5】（记录）键，记录原点坐标，如图 4-32b 所示。记录完成后会显示“已记录”。

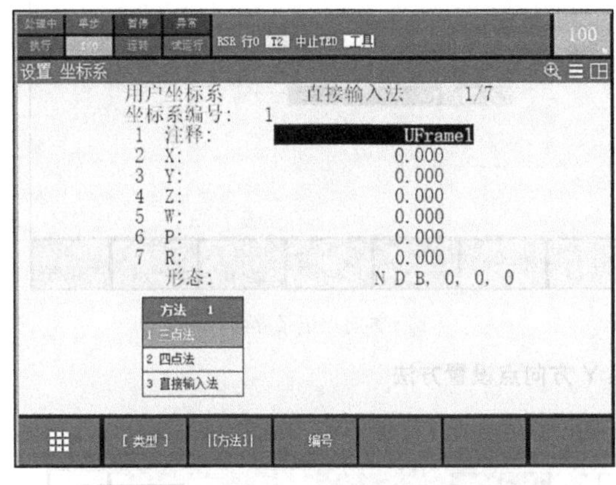

图 4-30　1 号用户坐标系详细信息界面

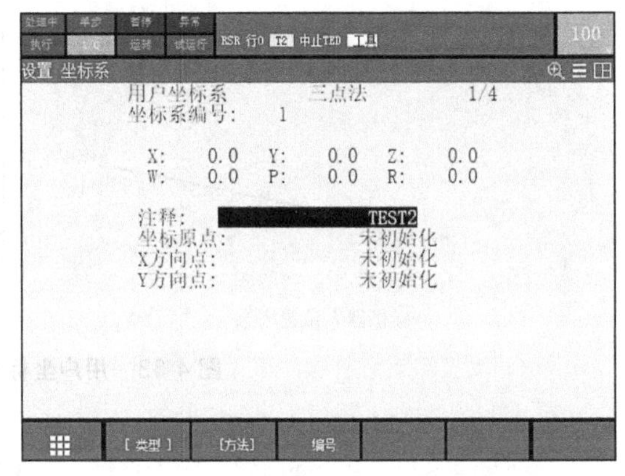

图 4-31　三点法设置用户坐标系界面

7）选择合适的手动操纵模式，操纵工业机器人沿桌面边缘移动，如图 4-33a 所示。移动过程中，采用世界坐标系进行移动，从而可以更好地保证工具与桌面的垂直关系。当点位固定后，光标选择示教器上的 Y 方向点，按住【SHIFT】+【F5】（记录）键，记录 Y 方向点坐标，如图 4-33b 所示。记录完成后会显示“已记录”。

8）选择合适的手动操纵模式，操纵工业机器人沿桌面边缘移动，如图 4-34a 所示。移动过程中可先将光标移动到坐标原点，按住【SHIFT】+【F4】（移至）键，机器人会移动到原先设置的坐标原点位置，再选择世界坐标系，将机器人进行平移，平移过程中机器人始终保持原有与桌面的姿态关系。当点位到达后，光标选择示教器上的 X 方向点，按住【SHIFT】+【F5】（记录）键，记录 X 方向点坐标，如图 4-34b 所示。记录完成后会显示“已记录”。

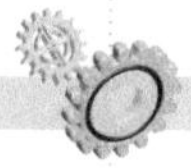
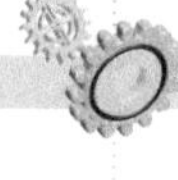

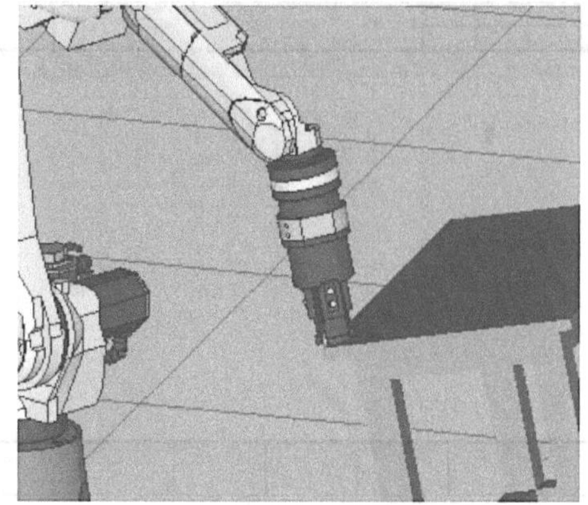

a) 机器人位置姿态

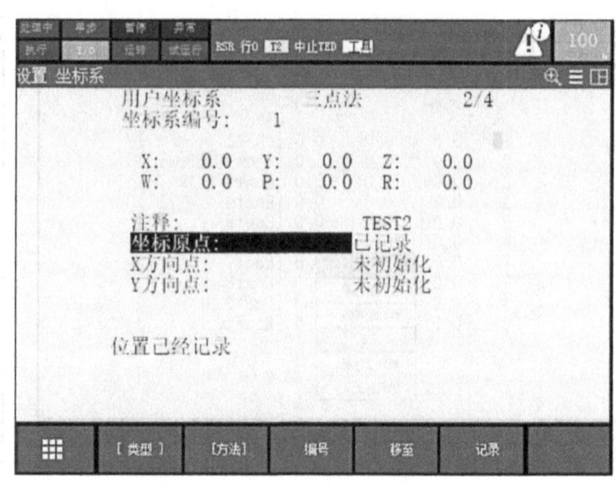

b) 坐标原点记录界面

图 4-32 用户坐标系原点设置方法

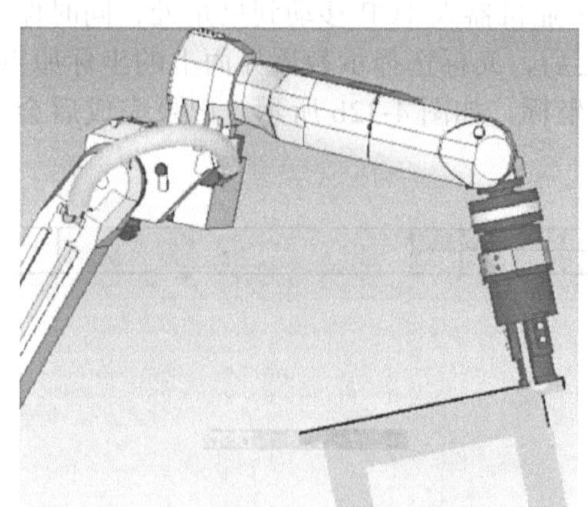

a) 机器人位置姿态

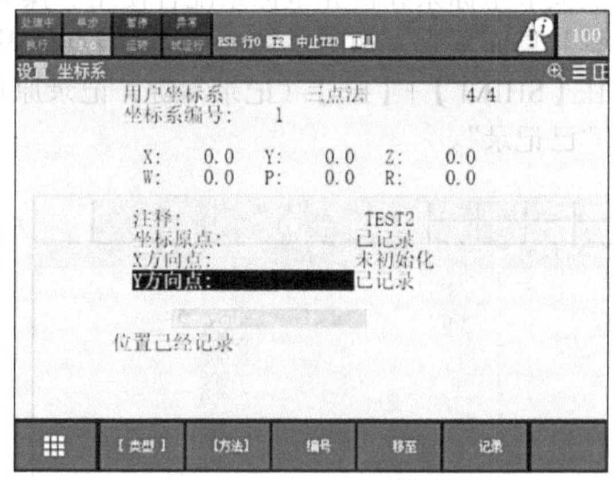

b) Y方向点记录界面

图 4-33 用户坐标系 Y 方向点设置方法

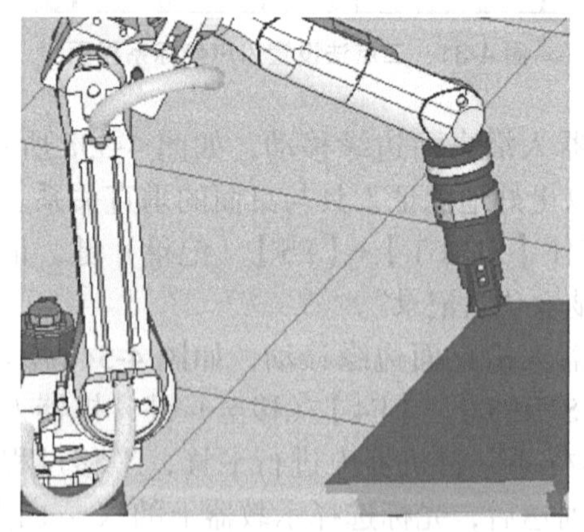

a) 机器人位置姿态

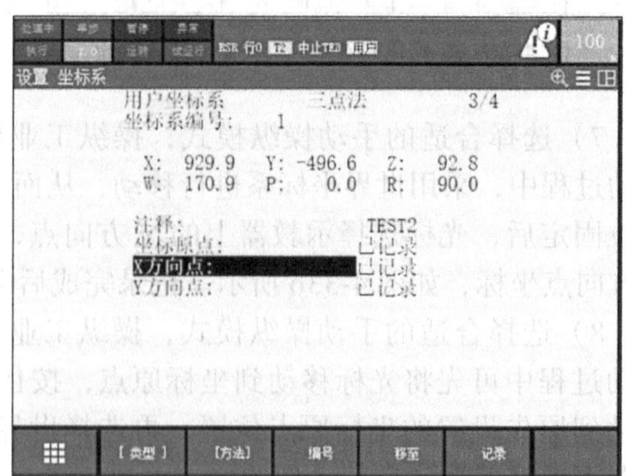

b) X方向点记录界面

图 4-34 用户坐标系 X 方向点设置方法

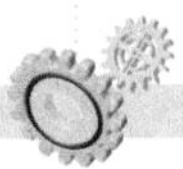

2. 用户坐标系检验

1）在用户坐标系界面按下示教器【F5】（切换）键，输入需要检验的用户坐标系，然后按下示教器上的【ENTER】键即可，如图 4-35a 所示。

2）将工业机器人的坐标系选定为用户坐标系。按下示教器上的【SHIFT】+【COORD】键，出现图 4-35b 所示的界面。然后按下【F5】（用户）键即可。

3）操纵工业机器人沿 X、Y、Z 方向运动，检查用户坐标系的方向设定是否有偏差，即是否沿桌面边线移动。若偏差不符合要求，重复以上设定的所有步骤。

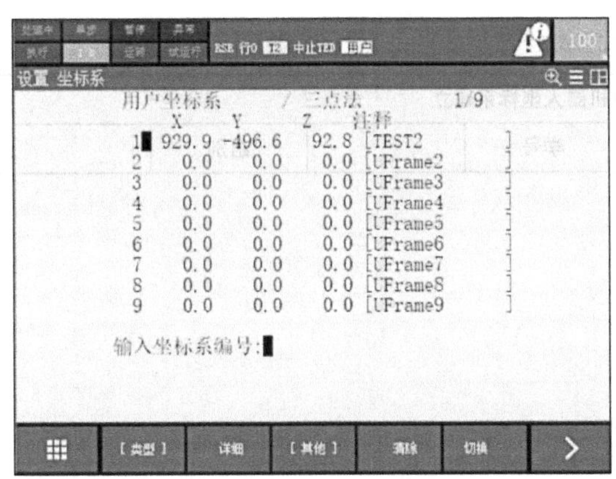

a) 用户坐标系列表

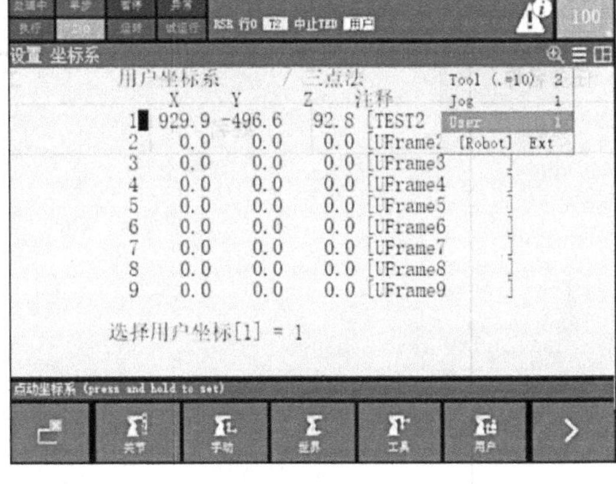

b) 坐标系切换

图 4-35 用户坐标系调用

任务实施

任务书见表 4-13，完成后填写表 4-14。

表 4-13 任务书

任务名称	工业机器人坐标系建立					
班级		姓名		学号		组别	
任务内容	1. 熟悉工具坐标系和用户坐标系的示教器设置界面 2. 参考三点法创建工业机器人工具坐标系的操作步骤，练习创建工具坐标系，并对所创建的工具坐标系进行检验 3. 参考三点法创建工业机器人用户坐标系的操作步骤，练习创建用户坐标系，并对所创建的用户坐标系进行检验						
任务目标	1. 理解工具坐标系和用户坐标系的应用原理 2. 掌握示教器工具坐标系和用户坐标系列表的调用方法 3. 掌握工具坐标系的设置方法 4. 掌握用户坐标系的设置方法 5. 掌握工具坐标系和用户坐标系的检验方法 6. 掌握不同坐标系的合理运用，完成目标动作						

（续）

任务名称	工业机器人坐标系建立						
班级		姓名		学号		组别	
资料			工具		设备		
工业机器人安全操作规程			常用工具		生产性实训系统		
生产性实训系统使用手册							
工业机器人搬运工作站说明书							

表 4-14　任务完成报告书

任务名称	工业机器人坐标系建立						
班级		姓名		学号		组别	
任务内容							

拓展思考

根据用户坐标系和工具坐标系的特点，总结两种坐标系的适用场景。

任务评价

参考任务完成评价表 4-15 对工业机器人工具坐标系和用户坐标系创建任务准确度进行评价，并根据学生完成的实际情况进行总结。

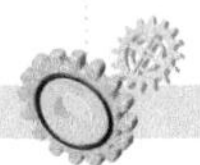

表 4-15 任务完成评价表

评价项目		评价要求	评分标准	分值	得分
任务内容	创建工具坐标系和用户坐标系	规范操作	结果性评分，按键、方法选择、点位确定、坐标系调用、工业机器人动作控制正确	40 分	
	检验工具坐标系和用户坐标系	规范操作	过程性评分，步骤正确，动作规范，坐标系检验方法使用合理	10 分	
		精度	结果性评分，使用三点法设置工具坐标系，按下 J4、J5、J6 键，工业机器人 TCP 不发生明显偏移，否则不得分；使用三点法设置用户坐标系，按下 J1、J2、J3 键，机器人沿用户坐标系对应轴方向平移运动，方向错误不得分	30 分	
安全文明生产	设备	保证设备安全	1）设备每损坏 1 处扣 1 分 2）人为损坏设备扣 10 分	10 分	
	人身	保证人身安全	否决项，发生皮肤损伤、撞伤、触电等，本次任务不得分		
	文明生产	遵守各项安全操作规程，实训结束要清理现场	1）违反安全文明生产考核要求的任何一项，扣 1 分 2）当教师发现有重大人身事故隐患时，要立即给予制止，并扣 10 分 3）不穿工作服，不穿绝缘鞋，不得进入实训场地	10 分	
合计				100 分	

反思：工具坐标或用户坐标标定失败可能原因分析

1）示教过程选择的坐标系不对，例如工具坐标标定时应在世界坐标下改变姿态，却在关节坐标下改变姿态。

2）工业机器人改变姿态时，前后两个姿态改变幅度不够大。

3）工业机器人要移动一段距离改变姿态时，移动的距离过短。

4）选择参考点后，三点法实际上希望与参考点重合，出现其中一个标定点与参考点距离过远。

任务四 FANUC 工业机器人编程指令

知识目标

（1）掌握 FANUC 工业机器人程序创建的步骤和方法。

（2）掌握 FANUC 工业机器人运动指令使用方法。

（3）掌握 FANUC 工业机器人常用编程指令应用。

技能目标

（1）能根据实际需要正确创建工业机器人程序。

（2）能通过编程控制工业机器人完成特定运动轨迹。

素养目标

（1）养成严谨的操作习惯。

（2）形成良好的编程逻辑和软件自学习惯。

任务引导

引导问题：举例说明工业生产中工业机器人需要完成哪些复杂的动作。基于工业机器人的示教操作步骤，如何实现连续的系列动作？

知识准备

一、FANUC 工业机器人程序创建

工业机器人程序是工业机器人连续执行指定动作必不可少的条件。下面讲解如何使用示教器进行程序的创建。

在示教器中按【SELECT】键显示程序目录界面，其界面具体操作信息如图 4-36 所示，说明如下：

1）通过上下移动光标配合【ENTER】键可对指定程序进行选择，进入编程界面。

2）按下【删除】键进入删除界面，界面信息询问是否删除，单击【是】可对指定程序进行删除。

3）按下【创建】键可进入程序的创建，具体创建过程会在后文详细说明。

4）按下 > 拓展键，可对界面下方功能按键栏进行拓展。

5）按下【复制】键，进入复制界面，可对指定程序进行复制，需要输入复制的程序名称。

6）按下【详细】键，进入程序详细界面。在界面内可以进行程序名、子类型、注释的更改编辑。将光标移至对应项目，配合按下【ENTER】键即可进行编辑。

下面介绍程序创建过程，步骤如下：

1）在示教器上按下【SELECT】键进入程序目录界面。

2）按下【创建】按键，进行 TP 程序创建，界面如图 4-37 所示。程序命名要求程序

名开头不能是空格、符号、数字。上下移动光标可选择单词、大写和小写，进行命名符号格式的切换。本节新建了名为“TEST3”的程序名。

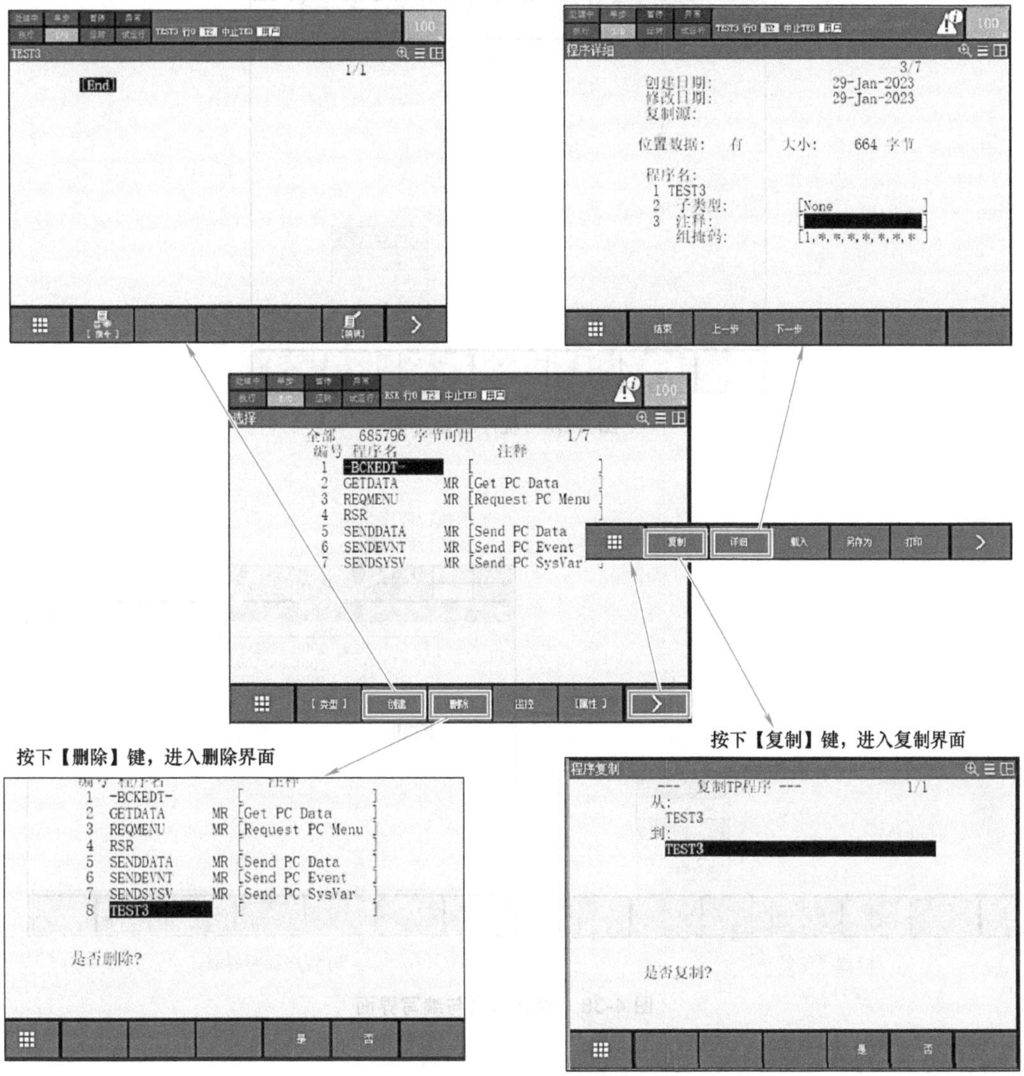

按下【创建】键，可创建新程序

按下【详细】键，进入程序详细信息界面

按下【删除】键，进入删除界面

按下【复制】键，进入复制界面

图 4-36 程序目录界面操作

3）命名完成后按下【ENTER】键结束退出。

4）进入新建的程序即可进行相应的程序编写。图 4-38 所示为 FANUC 工业机器人示教器程序编写界面。在此界面，可以使用功能命令在编辑区域进行程序的编写，获取程序指令内容，了解执行程序的程序名称、当前程序执行所在行数，以及当前所使用的坐标系类型。

二、认识 FANUC 工业机器人编程指令

FANUC 工业机器人指令的类型并不多，但能满足工业机器人各种轨迹运动、对外通信、控制逻辑、延时、状态和报警信号输出等功能，实现对工业机器人复杂动作的逻辑控

制。在进行编程学习前，首先要对常用的编程指令进行了解。表 4-16 列出了 FANUC 工业机器人常用编程指令。

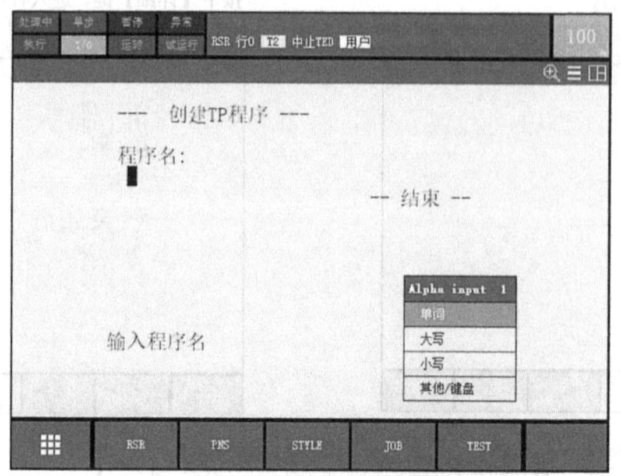

图 4-37 程序创建界面

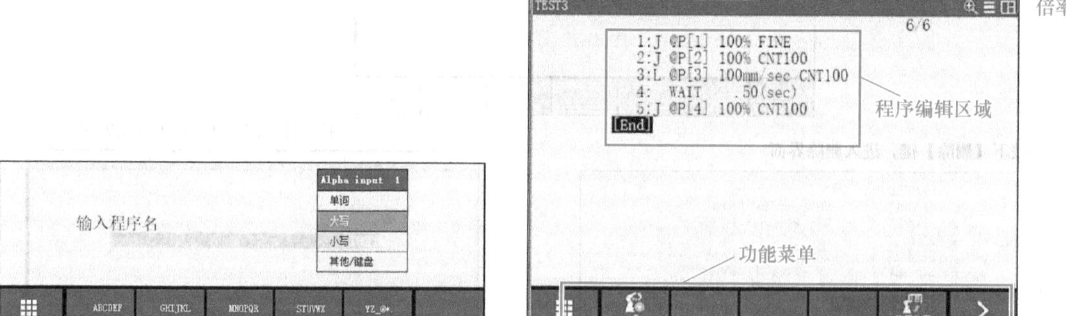

a) 程序命名界面　　b) 程序编写界面

图 4-38 程序命名与编写界面

表 4-16 FANUC 工业机器人常用编程指令

序号	指令名称	指令格式	举例
1	运动指令	1 J P[] 100% FINE 2 J P[] 100% CNT100 3 L P[] 100mm/sec FINE	J @P[1] 100% FINE L P[2] 200mm/sec CNT100
2	I/O 指令	DO[ ]=...　R[ ]=RI[ ] R[ ]=DI[ ]　GO[ ]=... RO[ ]=...　R[ ]=GI[ ]	R[1]=D[1] RO[1]=ON

（续）

序号	指令名称	指令格式	举例
3	IF 条件比较指令	IF ...=... IF ...<>... IF ...<... IF（条件 1）and（条件 2），动作	IF R[1]<=3 AND DI[1]=ON，CALL TEST3
4	WAIT 等待指令	WAIT ... (sec) WAIT ...=... WAIT ...<>...	WAIT 5（sec） WAIT DI（1）=ON
5	JMP 跳转指令	JMP LBL[ ] LBL[ ]	JMP LBL[1]
6	CALL 呼叫指令	CALL 程序名	CALL TEST3
7	OFFSET CONDITION 偏移条件指令	OFFSET CONDITION PR[...]	L P[2] 100mm/sec FINE：offset，PR[1]
8	UTOOL_NUM 工具坐标系调用指令	UTOOL_NUM=... 数值范围为 1 ～ 10	UTOOL_NUM=1
9	UFRAME_NUM 用户坐标系调用指令	UFRAME_NUM=... 数值范围为 1 ～ 9	UFRAME_NUM=1
10	FOR 指令	FOR ENDFOR FOR R[i]= 初始值 TO 目标值	FOR R[i]=1 TO 3 … END FOR

1. 运动指令

运动指令是工业机器人动作的基础，下面详细介绍不同类型运动指令的应用和区别。

（1）关节运动指令

关节动作是将工业机器人移动到指定位置的基本移动方法，一般关节轴运动的程序命令开始使用 J 指令。动作过程中工业机器人沿所有轴同时加速，在示教速度下移动后，同时减速后停止。工业机器人最快速的运动轨迹通常不是最短的轨迹，因而关节轴运动不是直线。由于工业机器人各个轴为旋转运动，弧形轨迹会比直线轨迹更快，其运动示意如图 4-39 所示。使用 J 指令可以使工业机器人的运动更加高效快速，也可以使工业机器人的运动更加柔和，但是关节轴运动轨迹是不可预测的，在运动中可能出现较大的弧线，所以使用关节运动指令时需要确保工业机器人与周边设备不会发生干涉和碰撞。

关节轴运动的特点：①运动的具体过程是不可预见的；②六个轴同时起动并且同时停止。

1）指令格式。

```
1：J P[1] 100% FINE
2：J P[1] 100% CNT100
```

指令格式说明如下：

J：工业机器人关节运动。

P[1]：目标点（坐标位置会存储在 P[1] 中）。

100%：工业机器人关节以 100% 速度运动。

FINE：单行指令运动结束稍作停顿。

CNT100：工业机器人运动过程中，以 100mm 半径圆弧过渡。

2）应用：进行关节轴运动时，工业机器人能以最快捷的方式运动至目标点，其运动状态不完全可控，但运动路径保持唯一，常用于工业机器人在空间大范围移动。

3）编程实例：根据下面所编程序，工业机器人从 P0 开始运动至 P3 轨迹，如图 4-40 所示。P2 到 P3 采用关节运动指令，呈弧形以 500mm/s 运动。

指令如下：

```
L P[1] 200mm/sec CNT10
L P[2] 100mm/sec FINE
J P[3] 500mm/sec FINE
```

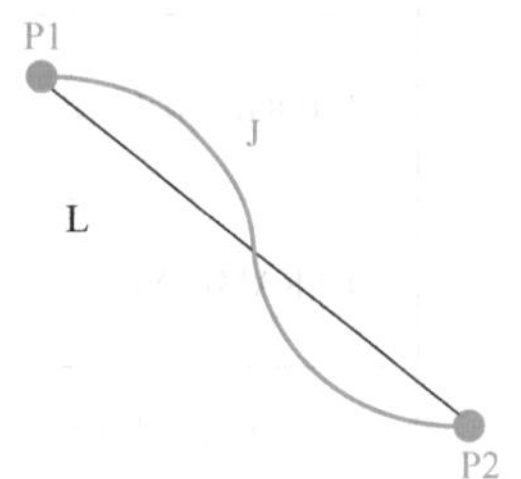

图 4-39　运动指令轨迹示意图

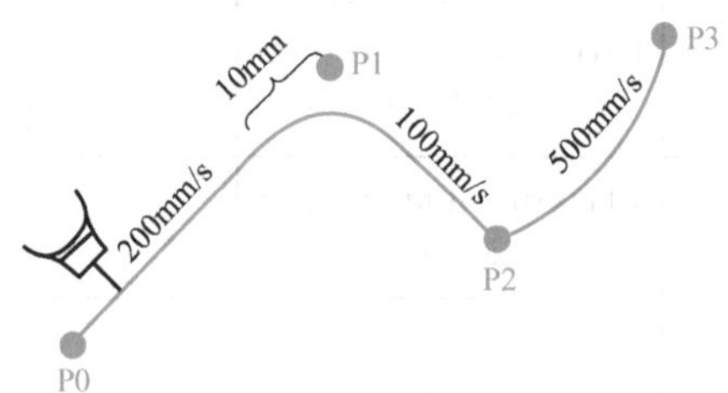

图 4-40　指令运动轨迹

（2）直线运动指令

直线动作是以线性方式对从动作开始点到结束点的工具中心点移动轨迹进行控制的一种移动方法。工业机器人夹持工具的 TCP 按照所设定的姿态从起点匀速移动到目标位置点，TCP 运动过程中路径在三维空间为直线运动，其轨迹如图 4-41 所示。直线运动的起始点一般是前一运动指令的示教点，目标点是当前指令的示教点。将开始点和目标点的姿势进行分割后对移动中的工具姿势进行控制。

直线运动指令的运动特点：①运动路径可预见；②在指定的坐标系中可实现插补运动。

1）指令格式。

```
1：L P[1] 100mm/sec FINE
2：L P[1] 200mm/sec CNT100
```

指令格式说明如下：

L：工业机器人直线运动。

P[1]：目标点（坐标位置会存储在 P[1] 中）。

100mm/sec：工业机器人 TCP 以 100mm/s 速度运动。

FINE：单行指令运动结束稍作停顿。

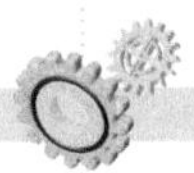

CNT100：工业机器人运动过程中，以 100mm 半径圆弧过渡。

2）应用。工业机器人以线性方式运动至目标点，当前点与目标点两点确定一条直线，工业机器人运动状态可控，运动路径保持唯一，可能出现奇点，常用于工业机器人在工作状态下移动。

（3）圆弧运动指令

圆弧运动指令也称为圆弧插补运动指令，是从动作开始点通过经由点到结束点以圆弧方式对工具中心点移动轨迹进行控制的一种移动方法。因此，圆弧运动需要示教三个圆弧运动点，需要一个起始点 P1、一个中间辅助点 P2（经由点）、一个圆弧终点 P3（目标点），运动过程中将开始点、经由点、目标点的姿势进行分割后对移动中的工具姿势进行控制。圆弧指令运动轨迹设定如图 4-42 所示。

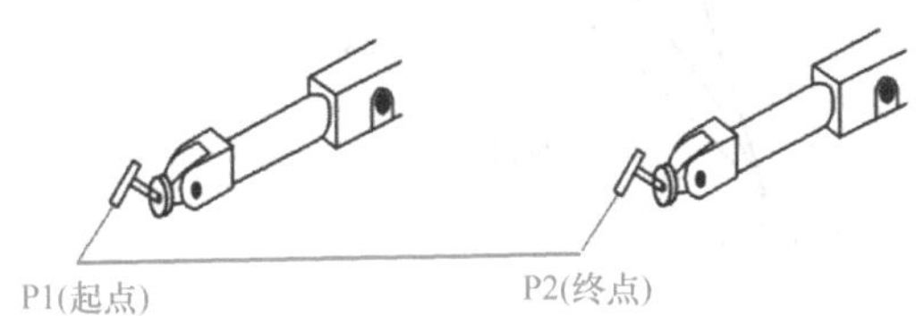

图 4-41　直线运动指令示例图

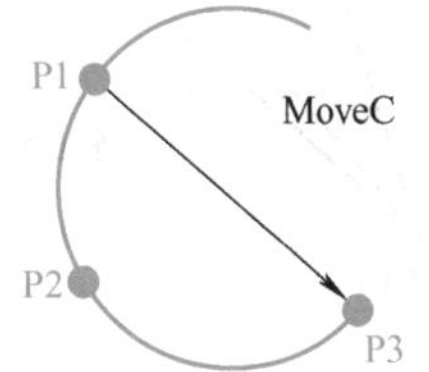

图 4-42　圆弧运动指令示例图

1）指令格式。

```
C P[1]
P[2] 200mm/sec FINE
```

指令格式说明如下：

C：工业机器人直线运动。

P[1]：圆弧中间点。

P[2]：圆弧终点。

200mm/sec：工业机器人以 200mm/s 运动速度。

FINE：单行指令运动结束稍作停顿。

2）应用：工业机器人通过中心点以圆弧方式运动至目标点，当前点、中间点与目标点三点确定一段圆弧。工业机器人运动状态可控，运动路径保持唯一，常用于工业机器人在工作状态下。

（4）CNT、FINE 过渡方式的区别

J P[1] 50% <u>FINE</u>	根据 FINE 定位类型，工业机器人在目标位置停止（定位）后，向着下一个目标位置移动。
J P[1] 50% <u>CNT50</u>	根据 CNT 定位类型，工业机器人靠近目标位置，但是不在该位置停止而在下一个位置动作。工业机器人靠近目标位置到什么程度，由 0 ～ 100 之间的值来定义。值的指定可以使用寄存器或常数。寄存器索引至多可以使用 255。

CNT 是带圆弧的过渡，FINE 是带尖角的过渡，CNT0 与 FINE 等效。在实际应用中，

追求快速焊接时使用CNT较好，FINE的过渡容易让每一个点产生停顿。CNT在不同速度和半径下的过渡区别如图4-43所示，可以根据半径和速度对运行轨迹的影响选择相应参数。

一般情况下，在所有的工件抓取位置使用“FINE”定位形式。如果围绕工件周围的动作，应使用“CNT”定位类型，工业机器人不在示教点停止，而是朝着下一个目标点继续运动。

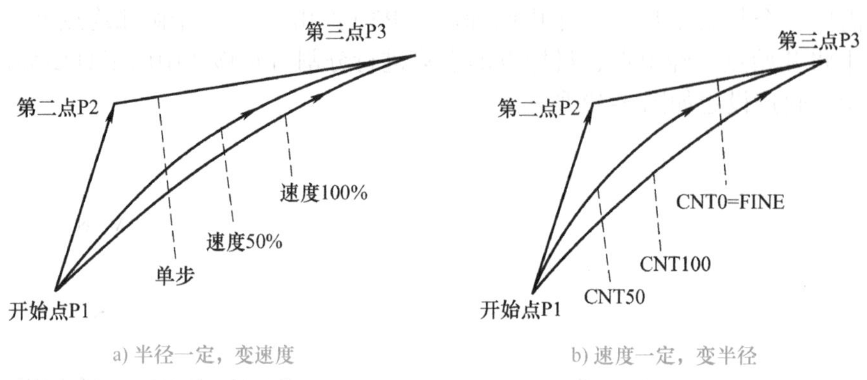

图4-43　CNT指令不同速度和半径下的比较

注意：终止类型

FINE——细小的，精细的

CNT（0～100）——平滑度，例如：L P[2] 200mm/sec CNT100

①程序的第一步和最后一步，需将运动方式设置为FINE。如果工业机器人在移动过程中振荡、猛地一拉一撞、有较多点在一个坐标附近，应该输入运动结束方式FINE。

② CNT0=FINE；

③用CNT时示教起始点和结束点工业机器人的姿态不要有太大变化。如果变化过大，容易频繁报错，“MOTN-023STOP singularity”表示工业机器人J5轴或接近0°了。示教中出现此报警应在JOINT坐标下调离0°位置（或者将运动指令改成关节运动指令J，或者修改工业机器人位置姿态以避开奇异点，或者附加运动指令）并按RESET消除报警。

（5）工业机器人示教奇异点规避

工业机器人通过示教每一个点，记录每一个点的坐标并选用不同的运动指令和运动方式实现轨迹的变化。但是，六轴机器人在每一个点上都按照六条轴伺服编码器记录的坐标进行运动，工业机器人在每一个点对应一个姿态。

当工业机器人的姿态比较“诡异”时，即使示教时不会出现奇异点报错，但工业机器人连续运动时也会出现奇异点报警而停止工作。在奇异点，只能将工业机器人切换到关节坐标下重新调整姿态后才能消除报警，并重新示教。

实际上同一个加工点，工业机器人可以有多个姿态指向它，调整工业机器人姿态避

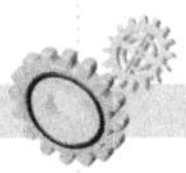

开奇异点是完全可以实现的。工业机器人奇异点往往出现在工业机器人示教某点时，其中一条轴接近其定义的零点位置，每一条轴出厂时都有一个标定的零点，有些工业机器人在每条轴上都有零点的刻度线。工业机器人轴运动到零刻度线就是回到该轴的零点坐标。在使用中发现，六轴工业机器人的第五轴运动时在其零点附近的位置特别容易出现奇异点报警，使用时要注意避开。

用关节坐标示教点，用世界坐标运行程序来避免奇异点附近的加工点，是不可取的，因为工业机器人在什么坐标下示教，就该在什么坐标下运行。程序运行时只在一套坐标（除非强制每段程序运动的坐标），即关节坐标下运动不出现奇异点报警，但在世界坐标下是六轴配合的运动，更容易出现奇异点报警，而且关节坐标的单轴运动不会碰撞设备，但变换成世界坐标运动的轨迹与关节坐标下是不一样的，往往出现同样的两点间运动，此时在世界坐标下就会碰撞设备。因此要特别注意。

（6）如何在程序界面加入运动指令

在程序中加入运动指令步骤如下：

1）在程序编辑界面将光标移到要添加运动指令的序号处，如图 4-44 所示，在【END】处添加，即在程序末尾加入指令。

2）按下功能栏处【点】按键，出现标准动作选择框，上下移动光标选择所需动作指令即可。注：若找不到【点】按键，可按下左右功能拓展键寻找。

3）选择完指令后，即将此刻工业机器人所处点位记录至 P[5]，如图 4-44 所示。

> **注意：**图中“J @P[5] 100% FINE”中的“@”表示工业机器人实际姿态正处于点 P 记录的姿态。

其他指令格式参数可根据上述步骤自行尝试输入。

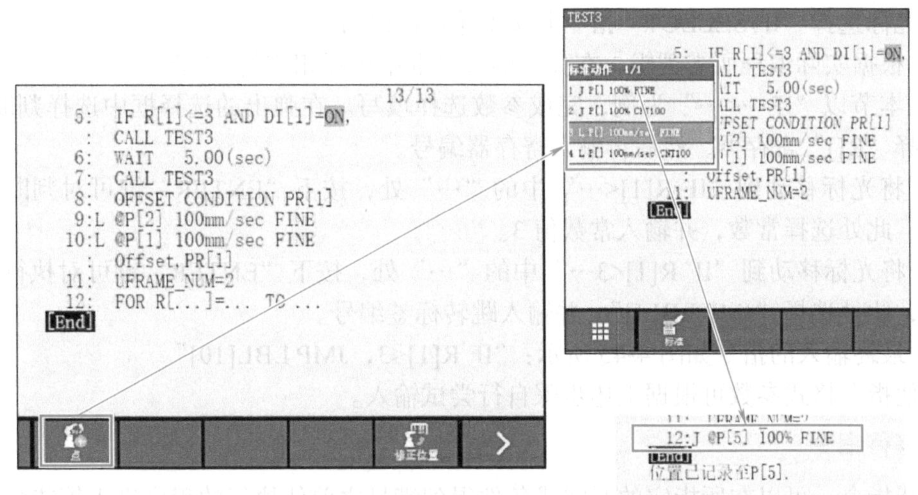

图 4-44 运动指令插入步骤

2. 条件比较指令 IF

IF 条件指令主要用于机器人执行动作时的条件判断，具体指令格式见表 4-17。

表 4-17 IF 指令格式

IF	变量	R[i]，I/O
	运算符	>，>=，<，<=，=，<>（注：不等于）
	Value 值	常数，R[i]，ON，OFF
	动作行为	JUMP LBL[i]（注跳转到标签处） Call 子程序名
示例：	5: IF R[1]<=3 AND DI[1]=ON, : CALL TEST3	

IF 指令用于判断条件是否成立，若成立则执行指定的程序段；若不成立则跳过不执行该程序段。条件可以是单一的条件，也可以是复合条件。例如：

IF R[1]<9，JUMP LBL[2]	如果 R[1] 小于 9，则跳转到标号为 LBL[2] 的该行执行，否则执行下一行程序
IF R[1]<9 AND DI[102]=ON CALL TEST3	如果 R[1] 小于 9 且 DI[102] 信号为 ON，则调用子程序 TEST3，否则执行下一行程序
IF R[1]<9 OR DI[102]<>ON CALL TEST3	如果 R[1] 小于 9 或 DI[102] 信号不为 ON，调用子程序 TEST3，否则执行下一行程序

在程序中加入条件指令步骤如下：

1）在程序编辑界面将光标移到要添加指令的序号处，如图 4-44 所示，在【END】处添加，即在程序末尾加入指令。

2）按下功能栏处【指令】按键，出现指令选择框。由于 FANUC 工业机器人指令较多，选择框共有三页，将光标移到"下页"按下【ENTER】即可到第二页进行选择。此处使用光标选择"IF/SELECT"指令并按下【ENTER】。

3）根据实际编程所需逻辑，在弹出的选择框中选择相应的 IF 指令。

4）本节以"IF…<…"为例，完成参数选择填写。在弹出的选择框中选择判断对象，此处选择"R[]"寄存器，然后再输入寄存器编号。

5）将光标移动到"IF R[1]<…"中的"…"处，按下"ENTER"键可对判断条件进行选择，此处选择常数，并输入常数值 3。

6）将光标移动到"IF R[1]<3…"中的"…"处，按下"ENTER"键可对执行动作进行选择，此处选择"JMP LBL[]"，并输入跳转标签编号。

7）最终输入的指令如图 4-45 所示："IF R[1]<3，JMP LBL[10]"。

其他指令格式参数可根据上述步骤自行尝试输入。

3. 等待指令

等待指令，可以在所指定的时间或条件得到满足之前使执行的程序进入等待状态。等待指令有两类。

- 指定时间等待指令——使执行的程序在指定时间内等待。
- 条件等待指令——在指定的条件得到满足之前，使程序执行等待。

等待指令格式见表 4-18。

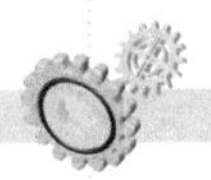

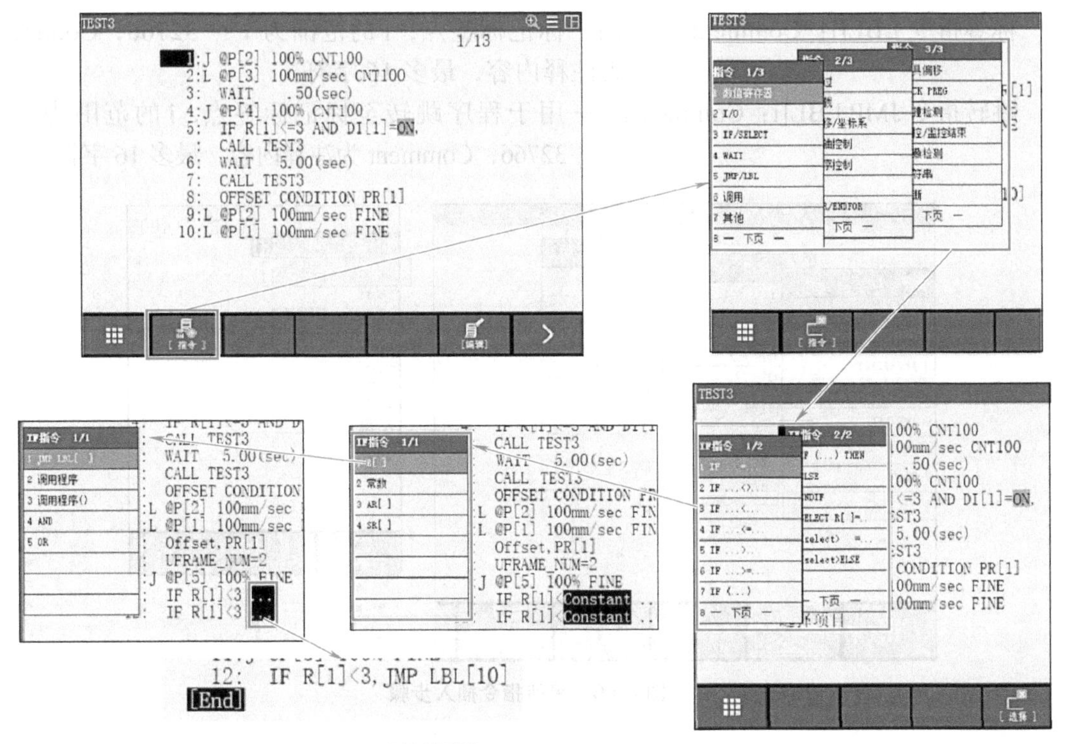

图 4-45 条件指令插入步骤

表 4-18 等待指令格式

WAIT	变量	常数，R[i]，I/O
	运算符	>，>=，<，<=，=，<>（注：不等于）
	Value 值	常数，R[i]，ON，OFF
	动作行为	无，TIMEOUT LBL[i]（注：定时满到标记 i 处执行）
示例：WAIT 5.00(sec) WAIT R[1]=5		

当程序遇到不满足条件的等待语句会一直在该行等待。若要人工干预，可以按 FCTN 键选择子菜单中的 RELEASE WAIT 解除等待，跳过此行停顿的等待语句，在下一个语句中等待。

在程序中加入等待指令步骤如下：

1）在程序编辑界面将光标移到要添加指令的序号处，如图 4-46 所示，在【END】处添加，即在程序末尾加入指令。

2）按下功能栏处【指令】按键，出现指令选择框。根据实际编程所需逻辑，在弹出的选择框中选择相应指令。本节以“WAIT…（sec）”为例，完成参数选择填写。

3）选择完成后移动光标输入所需时间 5s。

其他指令格式参数可根据上述步骤自行尝试输入。

4. 跳转 / 标签指令 JMP/LBL

JMP/LBL[i] 指令，使程序的执行转移到相同程序内所指定的标签。格式如下：

标签指令 LBL[i：Comment]——用于标记标签点，i 的范围为 1 ～ 32766，Comment 为注释内容，最多 16 字符。

跳转指令 JMP LBL[i：Comment]——用于程序跳转至标记标签点，i 的范围为 1 ～ 32766，Comment 为注释内容，最多 16 字符。

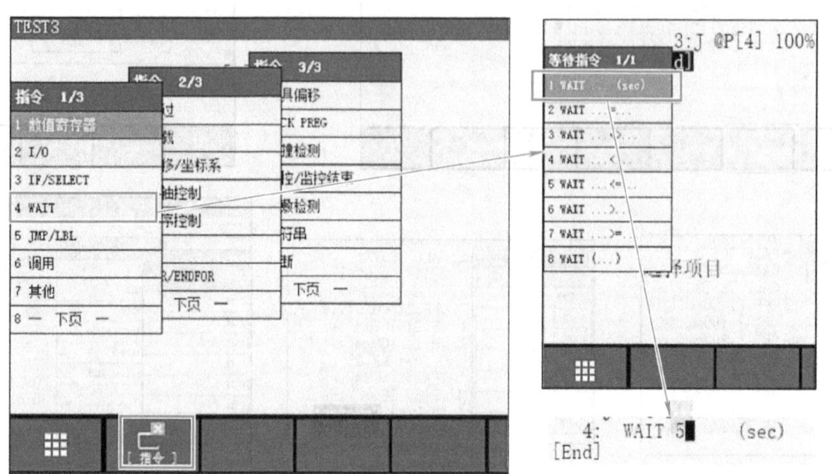

图 4-46 等待指令插入步骤

程序举例如下：

```
  1：L @P[3] 100mm/sec CNT100
  2：   JMP LBL[1]
  3：   WAIT     .50 ( sec )
  4：J @P[4] 100% CNT100
  5：   WAIT   0.00 ( sec )
  6：   LBL[1]
  7：J @P[3] 100% FINE
[End]
```

程序中 LBL[1] 处为第 6 行。

当程序执行完第一行，即工业机器人到达 P[3]，然后执行第二行调转指令。

此时程序不再执行第三、四、五行，直接跳转到第六行 LBL[1] 处，开始执行第七行并继续往下执行。

跳转指令可以配合判断指令使用，跳转到哪个程序行向下执行由 LBL[i] 指定，注意 LBL[i] 标号在同一程序段中不能重复。

在程序中加入跳转 / 标签指令步骤如图 4-47 所示。

1）在程序编辑界面将光标移到要添加指令的序号处。

2）按下功能栏处【指令】按键，出现指令选择框。根据实际编程逻辑所需，在弹出的选择框中选择标签和跳转标签，并输入相应标签编号。

5. CALL 调用指令

CALL（程序名）指令一般用于子程序调用，使程序的执行转移到其他程序（子程序）

的第 1 行后执行该程序。当被呼叫的程序执行结束时，返回到紧跟所呼叫程序（主程序）的程序呼叫指令后的指令。呼叫的程序名自动从所打开的辅助菜单选择，或者按下【F5】键“字符串”后直接输入字符。

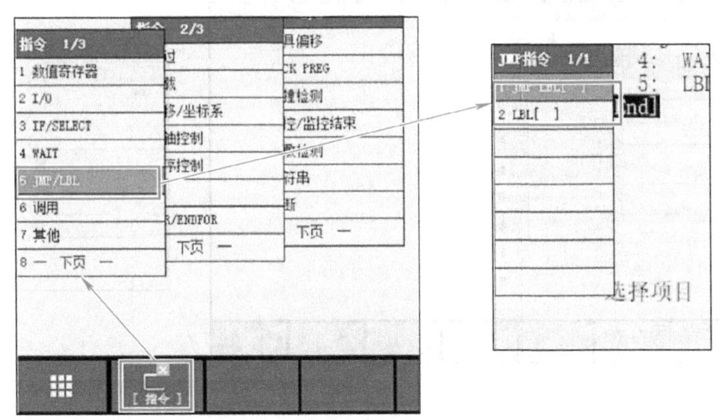

图 4-47 跳转 / 标签指令插入步骤

格式如下：

CALL 程序名　例如 CALL TEST3

值得注意的是，不同程序之间调用可能会涉及相同变量名称的使用，例如相同名称的 R[i]、PR[i]、P[i]，此时就要在程序设计时分清哪些变量是全局变量，哪些变量是局部变量。全局变量下整个程序（主程序 + 子程序）都会受影响，局部变量值在主程序或子程序中使用，不同的主程序与子程序可以重复使用。

在 FANUC 工业机器人中 P[i] 位置寄存器记录的是制定用户坐标和工具坐标下的位置数据，属于局部变量；R[i]、PR[i]、I/O 口的数据则属于全局变量，使用 PR[i] 时要注意它是在什么坐标下记录的数据。

在程序中加入调用指令步骤如图 4-48 所示。

1）在程序编辑界面将光标移到要添加指令的序号处。

2）按下功能栏处【指令】按键，出现指令选择框，选择调用功能指令。

3）选择调用程序，弹出程序选择界面，选择需要调用的程序，按下【ENTER】键即可完成程序调用。

6. 条件偏移指令

通过此指令可以将原来点偏移一定距离，偏移值由位置寄存器决定。偏移条件指令一直有效直到程序运行结束或下一偏移条件指令被执行（注：偏移条件指令只对包含有附加运动的 OFFSET 语句有效）。

格式：

OFFSET CONDITION PR[i]　　偏移条件 PR[i]
L P[k] 100mm/sec FINE offset　　对 P[k] 点进行偏移

值得注意的是如下格式偏移也有效，且此格式在编程中更加常用：

L P[2] 100mm/sec FINE offset，PR[1]

等同于 OFFSET CONDITION PR[1]

L P[2] 100mm/sec FINE offset

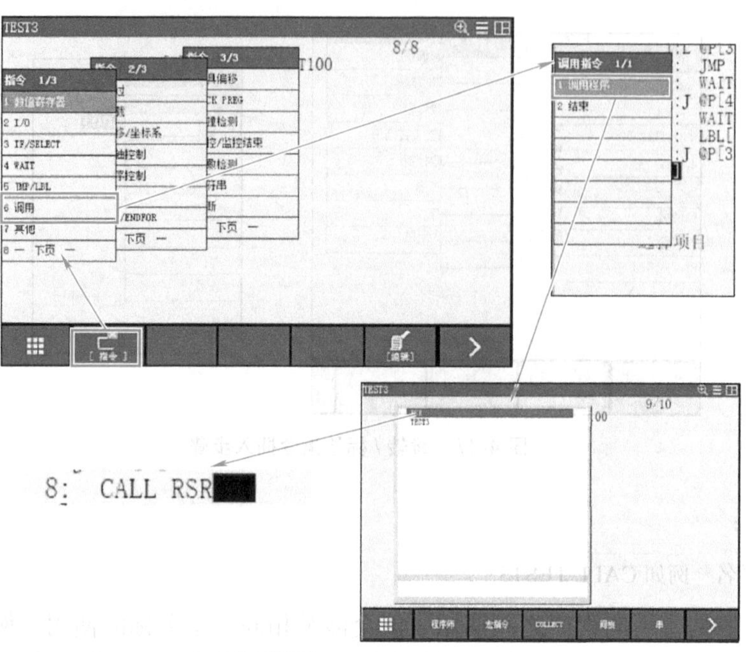

图 4-48 调用指令插入步骤

程序记录如下。

不带偏移：

J P[1] 100% FINE
L P[2] 200mm/sec FINE
L P[3] 200mm/sec FINE

带偏移：

OFFSET CONDITION PR[1]
J P[1] 100% FINE
L P[2] 200mm/sec FINE offset
L P[3] 200mm/sec FINE

等效于：

J P[1] 100% FINE
L P[2] 200mm/sec FINE offset，PR[1]
L P[3] 200mm/sec FINE

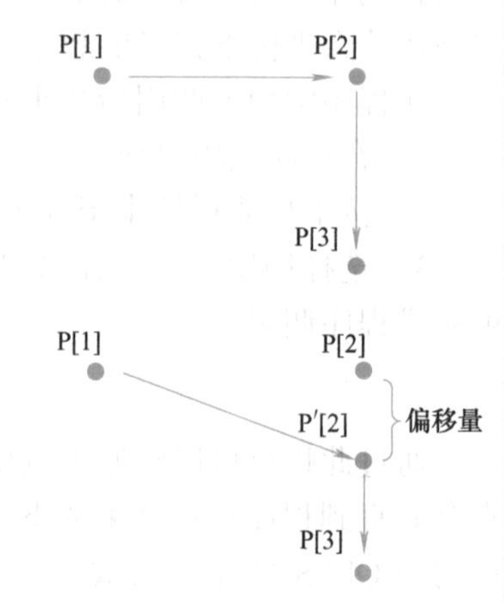

注：“L P[2] 200mm/sec FINE offset” 不能改成 “J P[2]100% FINE offset”，否则无效，因为偏移是相对直线的偏移，不能使用关节运动指令。

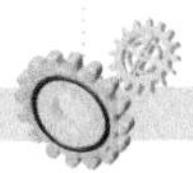

从以上程序看出，一段程序开头为“OFFSET CONDITION PR[i]”，后面的指令如“L P[i] 200mm/sec FINE offset”，指令 offset 若没有指定用哪个寄存器偏移就默认用开头指定的 PR[i]，除非每行单独指定，如下：

```
OFFSET CONDITION PR[i]
J P[1] 100% FINE
L P[2] 200mm/sec FINE offset              默认用 PR[1] 偏移
L P[3] 200mm/sec FINE offset，PR[2]       指定用 PR[2] 偏移，不用默认的
```

在程序中加入偏移指令步骤如下：

1）首先根据所需偏移量设定位置寄存器，如图 4-49 所示。

①在示教器上按下【DATA】键，进入数据界面。切换后默认是数值寄存器。

②在界面上按下【类型】键，在弹出的选择框中移动光标选择“2 位置寄存器”。

③按下功能栏【位置】进入坐标设置界面。在此界面，可以观察不同位置寄存器所存储的坐标位置，还可以对坐标位置进行设置和更改。

④按下【形式】可调整坐标表现形式，包含正交和关节。为了能使工业机器人进行直线偏移，此处选择“正交”。

⑤将光标移动到“***”处，在对应轴向上输入数值，最后按【完成】键。

位置寄存器的设定还可以通过程序编写输入，格式如下：

PR[i，j]= 设定值，其中 i 为 PR 寄存器编号，j 为 1 ～ 6，分别对应 X，Y，Z，W，P，R。

例如 PR[2，1]=500，表示将 PR[2] 的 X 方向偏移量设定为 +500。

位置寄存器通过程序编写输入步骤如下：

①在程序编写界面按下【指令】，在弹出的选择框中选择数值寄存器。

②根据逻辑需要，在寄存器指令栏中选择合适的表达形式，此处选择“…=…”形式。

③选择位置寄存器 PR[i，j] 形式，对应输入 PR 寄存器编号 i 和轴编号 j，如要对 1 号寄存器 X 轴位置赋值，则输入 PR[1，1]。

④将光标移动到符号右侧，选择内容为常数 Constant，输入 400，按下【ENTER】键。

2）设定好位置寄存器后，返回程序编辑界面，按下功能栏处【点】按键，出现标准动作选择框，上下移动光标选择直线运动指令“L P[] 100mm/sec FINE”。

3）选择完指令后，将光标移动至指令最后，按下功能栏处【选择】键。

4）在弹出的指令框中选择“偏移，PR[]”指令，输入位置寄存器编号，完成后的指令如图 4-50 所示。

7. 用户坐标系调用指令

当程序执行完 UFRAME_NUM 指令，系统将自动激活该指令所指定的用户坐标系。

指令格式如下：

UFRAME_NUM=i（工具编号 i 范围：0 ～ 9）

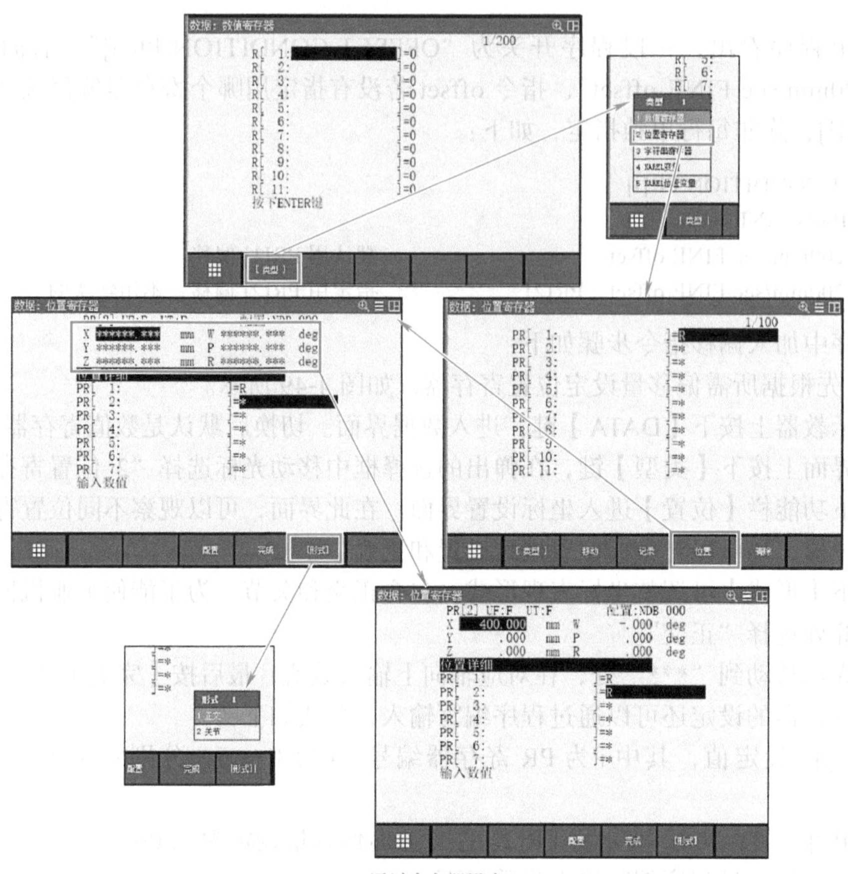

a) 通过寄存器设定

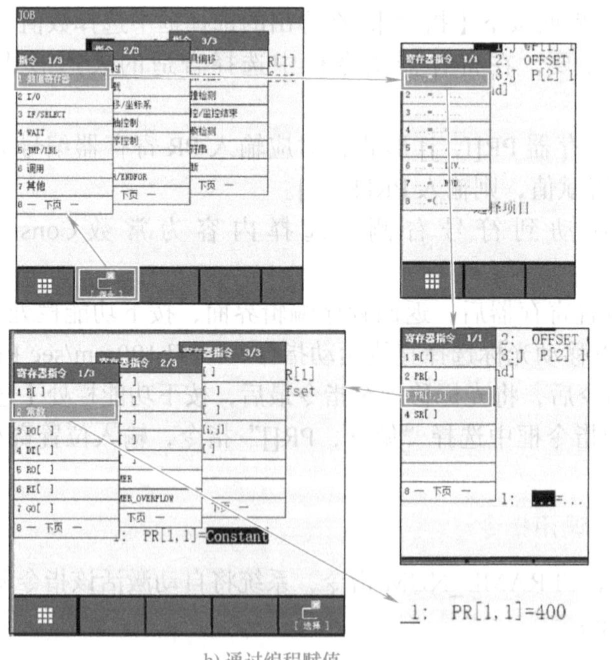

b) 通过编程赋值

图 4-49 位置寄存器创建步骤

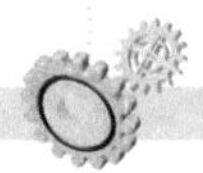

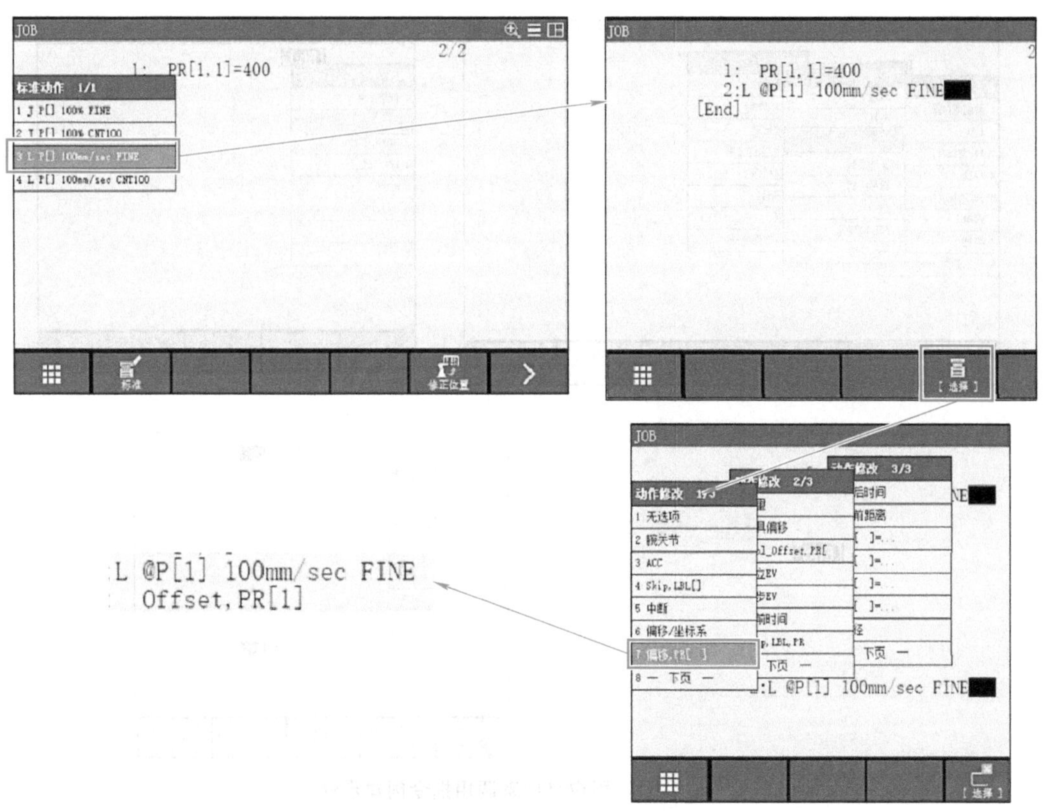

图 4-50　条件偏移指令创建步骤

例如：UFRAME_NUM=1。

在程序中加入用户坐标系调用指令，步骤如图 4-51 所示。

1）在程序编辑界面将光标移到要添加指令的序号处。

2）按下功能栏处【指令】按键，出现指令选择框，将光标移动到“下一页”，在下一页选择“偏移 / 坐标系”功能指令。

3）弹出选择界面，选择“UFRAME_NUM=…”，然后输入对应用户坐标系编号。

8. 工具坐标系调用指令

程序执行完 UTOOL_NUM 指令，系统将自动激活该指令所指定的工具坐标系。

指令格式如下：

UTOOL_NUM=i（工具编号 i 范围：1 ～ 10）

例如：UTOOL_NUM=1。

在程序中加入工具坐标系调用指令步骤同用户坐标系步骤。程序说明如下：

在 UTOOL_NUM=2，UFRAME_NUM=1 下运行

UTOOL_NUM=2

UFRAME_NUM=1

J P[1] 100% FINE

L P[2] 100mm/sec FINE

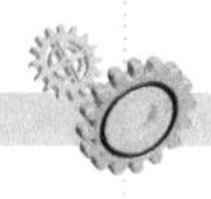

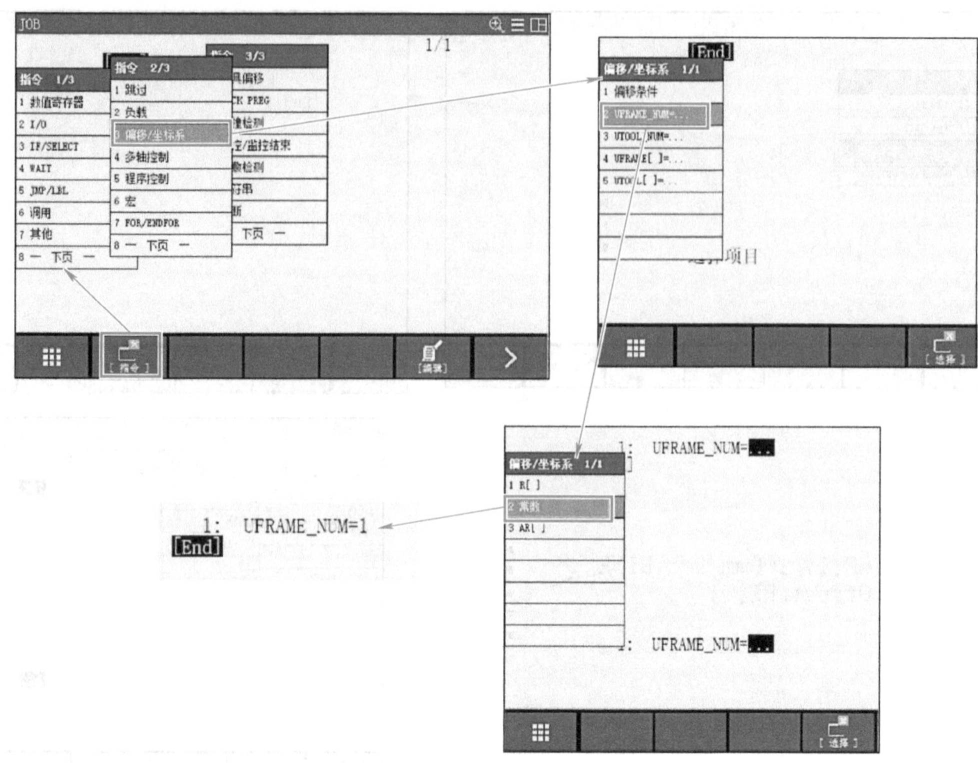

图 4-51　用户坐标系调用指令创建步骤

9. 运动速度指令

运动速度指令用于限定工业机器人运动的速度。

指令格式如下：OVERRIDE=V%（V 范围：1 ～ 100）

程序说明如下：

```
OVERRIDE=10%
J P[1] 100% FINE
L P[2] 100mm/sec FINE
```

（运动指令指定的运动速度无效，由“OVERRIDE=10%”限制在工业机器人全速的 20% 下运动）

三、程序编辑涉及的基本操作

1. 运动指令格式参数修改

在编辑界面，移动光标到运动指令不同参数上，可对相应内容进行修改。如图 4-52a 所示，光标移至运动指令“L”处，按下【选择】键，可修改运动指令形式，移动光标选择需要的形式按【ENTER】键确定。如图 4-52b 所示，光标移至运动指令“FINE”处，按下【选择】键，可修改“FINE”或“CNT”。如图 4-52c 所示，光标移至运动指令“1”处，可直接输入数值修改示教点编号，按下【ENTER】键可对示教点添加注释。

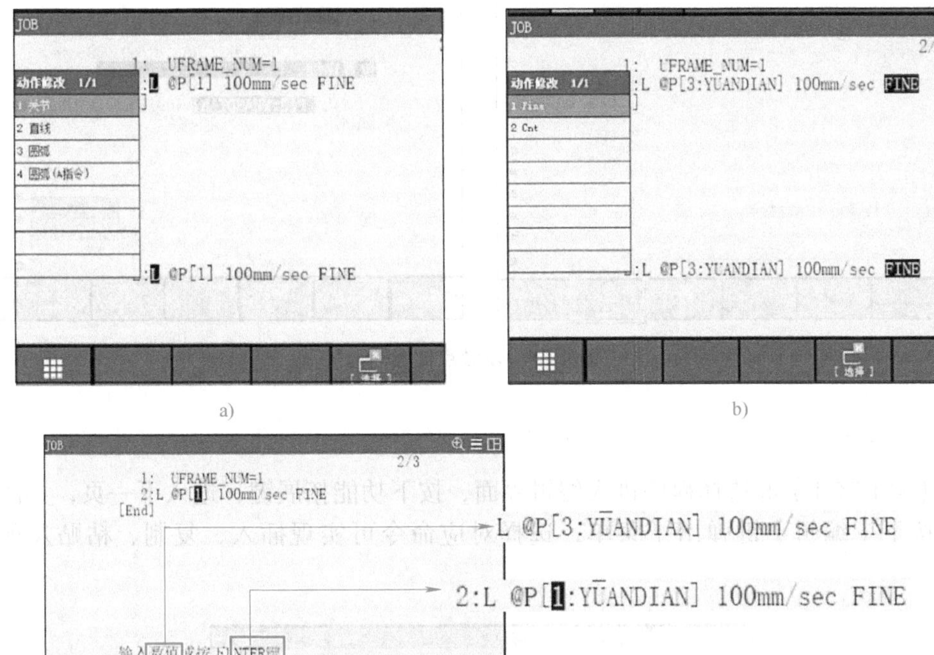

图 4-52 运动指令格式参数修改

2. 修改位置点

若想对示教点的位置进行修改，可按照如下两种方法操作。

方法一：示教修改。

将工业机器人 TCP 移动到新位置。在示教器编辑界面，如图 4-53 所示，移动光标到需要修改的行，按下“SHIFT+F5 修正位置”，即可将此时工业机器人位置数据更新至示教点。指令前出现“@”说明已修改成功。

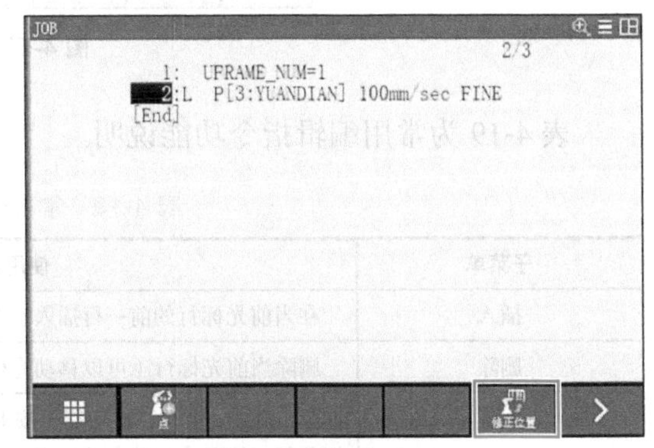

图 4-53 示教点位置修正

方法二：直接输入（已知新位置的坐标信息）。

在程序编辑界面，如图 4-54 所示，用上下方向键将光标移到需要修改的程序行，左右方向键移动光标到位置点编号，按下“修正位置”，进入位置详细信息界面，在此界面可进行坐标输入。注意，单击“形式”可切换坐标表示形式，可根据已知的新位置坐标信息对应调整。

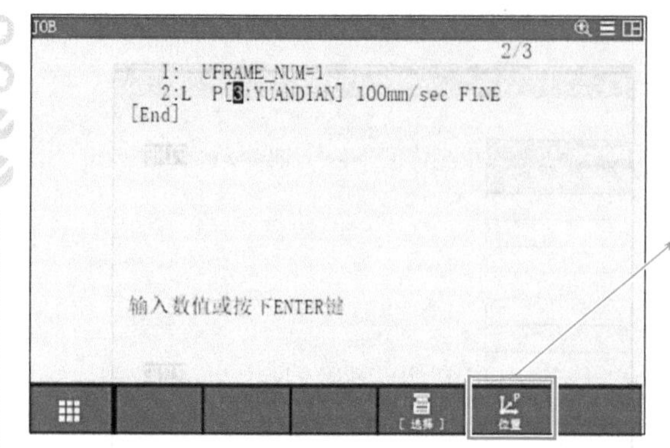

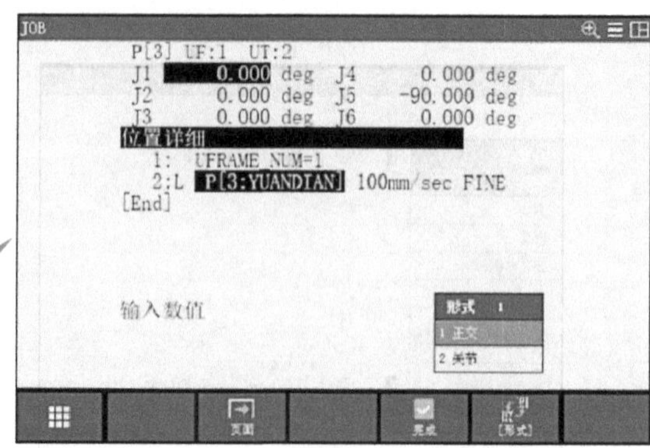

图 4-54 示教点位置输入

3. 指令的插入、复制、粘贴、删除

用【SELECT】键选择程序进入编辑界面，按下功能拓展键，进入下一页，如图 4-55 所示。按下【编辑】键弹出子菜单，选择对应命令可实现插入、复制、粘贴及删除等操作。

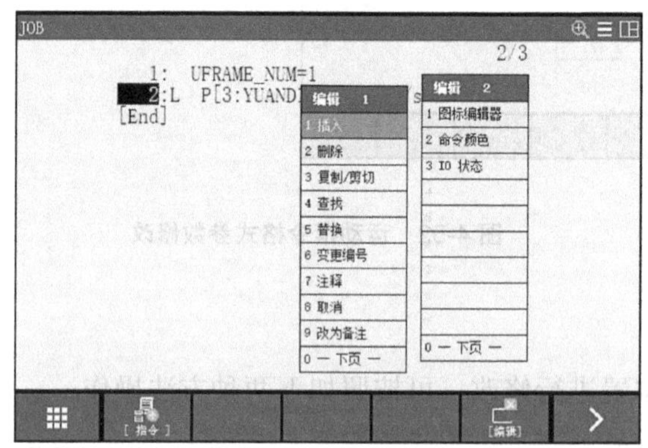

图 4-55 指令编辑

表 4-19 为常用编辑指令功能说明。

表 4-19 常用编辑指令功能说明

子菜单	使用说明（按示教器【ENTER】键确认）
插入	在当前光标行的前一行插入空白行（会提示插入空白行的行数）
删除	删除当前光标行（可以移动光标选中几行同时删除）
复制 / 剪切	单击复制 / 剪切，在功能栏按下【选择】，屏幕下方提示“移动光标选择范围”，选择复制 / 剪切几行；按下【粘贴】粘贴到当前光标行的前面（整个程序文件的复制类似） 粘贴方式： F2 LOGIC 逻辑，不粘贴位置信息 F3 POS-ID 位置号码，粘贴位置信息和位置号 F4 POSITION 位置资料，粘贴位置信息并生成新的位置号
查找	查找程序元素

（续）

子菜单	使用说明（按示教器【ENTER】键确认）
替换	用一个程序元素替换原有程序元素
复原	撤销上一步操作
注释	隐藏 / 显示注释，但不能对注释进行编辑
I/O 状态	在指令编辑界面中显示 I/O 的实时状态（ON/OFF）

任务实施

完成任务书（表 4-20），填写表 4-21。

表 4-20 任务书

任务名称	FANUC 工业机器人编程指令						
班级		姓名		学号		组别	
任务内容	实操任务： 1. 创建程序，命名为姓名首字母 2. 创建用户坐标系，要求 XY 平面与倾斜桌面重合，Z 轴垂直桌面向下 3. 在倾斜桌面上走出一个长为 400mm、宽为 200mm 的矩形图案 示教要求： 1）在进行轨迹示教时，工具姿态尽量垂直于表面。 2）工业机器人运行轨迹要平缓流畅。 3）工业机器人运动过程中，工具靠近桌面表面，但不能与表面接触，以免碰上工具和表面。 工业机器人程序设计（供参考）： 本程序示教一个初始点，其余点位靠偏移指令完成 CZQ　　程序名称 1：PR[1，1]=0　　对位置寄存器 PR[1]X 轴坐标赋值为 0 2：PR[1，2]=0　　对位置寄存器 PR[1]Y 轴坐标赋值为 0 3：J P[1] 100% FINE　　示教点 P[1] 4：PR[1，2]=200　　对位置寄存器 PR[1]Y 轴坐标赋值为 200 5：J P[1] 100% FINE Offset，PR[1]　　从示教点 P[1] 偏移 PR[1] 6：PR[1，1]=-400　　对位置寄存器 PR[1]X 轴坐标赋值为 -400 7：J P[1] 100% FINE Offset，PR[1]　　从示教点 P[1] 偏移 PR[1] 8：PR[1，2]=0　　对位置寄存器 PR[1]Y 轴坐标赋值为 0 9：J P[1] 100% FINE Offset，PR[1]　　从示教点 P[1] 偏移 PR[1] 10：J P[1]100% FINE　　返回到示教点 P[1]						
任务目标	1. 了解示教界面的显示功能和操作方法 2. 掌握工业机器人的运动指令 3. 掌握工业机器人的点位示教方法 4. 掌握工业机器人程序创建方法 5. 掌握指定运行轨迹的编程方法和操作方法						

资料	工具	设备
工业机器人安全操作规程	常用工具	生产性实训系统
生产性实训系统使用手册		
工业机器人搬运工作站说明书		

表 4-21　任务完成报告书

<table>
<tr><td>任务名称</td><td colspan="6">FANUC 工业机器人编程指令</td></tr>
<tr><td>班级</td><td></td><td>姓名</td><td></td><td>学号</td><td></td><td>组别</td><td></td></tr>
<tr><td>任务内容</td><td colspan="7"></td></tr>
</table>

拓展思考

根据章节中所介绍的指令，在一个水平桌平面上完成 3 个 10mm × 10mm × 10mm 方块的堆叠功能编程。

任务评价

参考任务完成评价表（表 4-22）对 FANUC 工业机器人编程指令任务准确度进行评价，并根据学生完成的实际情况进行总结。

表 4-22　任务完成评价表

<table>
<tr><th colspan="2">评价项目</th><th>评价要求</th><th>评分标准</th><th>分值</th><th>得分</th></tr>
<tr><td rowspan="4">任务内容</td><td>用户坐标系创建</td><td>规范操作</td><td>结果性评分，按键和方法选择、点位确定、坐标系调用、工业机器人动作控制正确</td><td>30 分</td><td></td></tr>
<tr><td>程序创建</td><td>规范操作</td><td>结果性评分，程序创建步骤、命名正确</td><td>10 分</td><td></td></tr>
<tr><td rowspan="2">矩形轨迹示教</td><td>规范操作</td><td>过程性评分，步骤正确，示教正确，动作规范使用合理</td><td>10 分</td><td></td></tr>
<tr><td>动作、精度</td><td>结果性评分，工业机器人沿着用户坐标系对应轴方向平移运动，轨迹为矩形，轨迹尺寸错误，方向错误不得分</td><td>30 分</td><td></td></tr>
</table>

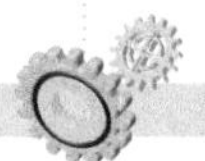

（续）

评价项目		评价要求	评分标准	分值	得分
安全文明生产	设备	保证设备安全	1）设备每损坏 1 处扣 1 分 2）人为损坏设备扣 10 分	10 分	
	人身	保证人身安全	否决项，发生皮肤损伤、撞伤、触电等，本次任务不得分		
	文明生产	遵守各项安全操作规程，实训结束要清理现场	1）违反安全文明生产考核要求的任何一项，扣 1 分 2）当教师发现有重大人身事故隐患时，要立即给予制止，并扣 10 分 3）不穿工作服，不穿绝缘鞋，不得进入实训场地	10 分	
合计				100 分	

任务五 FANUC 工业机器人 I/O 说明

知识目标

（1）掌握工业机器人 I/O 含义。
（2）掌握工业机器人 I/O 信号分类。
（3）掌握工业机器人 I/O 信号控制方法。

技能目标

（1）能正确区分工业机器人不同类型的 I/O 信号。
（2）能正确使用 I/O 信号控制工业机器人外部执行器。

素养目标

养成严谨的逻辑思维和自主查阅资料学习的习惯。

任务引导

引导问题：对于搬运工业机器人，如何实现对外部手爪开合的控制？

知识准备

一、工业机器人 I/O 信号分类

I/O 信号，也称为输入输出信号，是工业机器人与末端执行器、外部装置等系统的外围设备进行通信的电信号。由通用 I/O 信号和专用 I/O 信号组成，其中通用 I/O 信号是指用户可以进行自由定义的信号，专用 I/O 信号是指用途已经确定的 I/O，用户无法进行自由定义。下面对不同类型的 I/O 信号做简单说明。

1. 通用 I/O 信号

（1）数字 I/O 信号

数字 I/O 信号属于通用数字信号，是从外围设备通过处理 I/O 印制电路板（或 I/O 单元）的输入 / 输出信号线来进行数据交换的标准数字信号，分为数字输入信号 DI[i] 和数字输出信号 DO[i]，数字信号的值有 ON（通）和 OFF（断）共两类。数字 I/O 信号界面如图 4-56 所示，图 4-56a 为数字输入信号，图 4-56b 为数字输出信号。

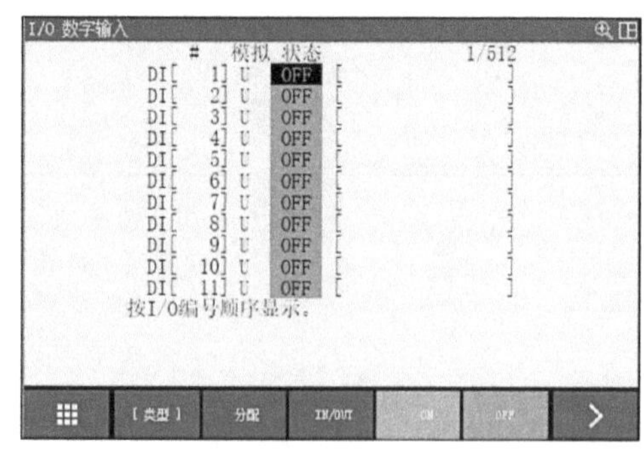

a) 数字输入信号

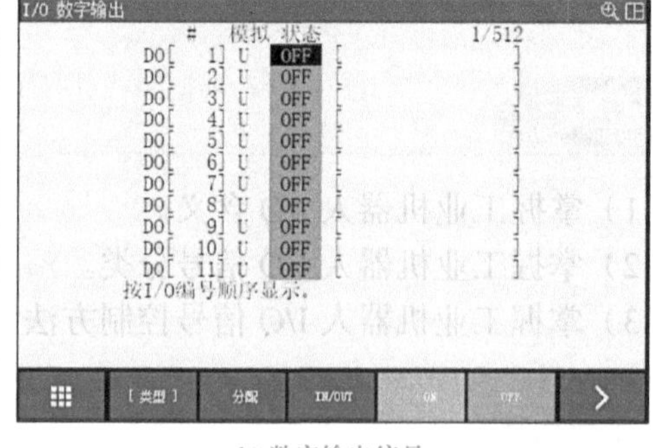

b) 数字输出信号

图 4-56　数字 I/O 信号

（2）组 I/O 信号

组 I/O 信号是用来汇总多条信号线并进行数据交换的通用数字信号。组信号的值用数值（十进制数或十六进制数）来表达，转变或逆转变为二进制数后通过信号线交换数据。表示方法为 GI[i]/GO[i]。组 I/O 信号界面如图 4-57 所示，图 4-57a 为组输入信号，图 4-57b 为组输出信号。

（3）模拟 I/O 信号

模拟 I/O 信号从外围设备通过处理 I/O 印制电路板（或 I/O 单元）的输入 / 输出信号线而进行模拟输入 / 输出电压值的交换。模拟 I/O 信号分为模拟量输入 AI[i] 和模拟量输出 AO[i]，进行读写时，将模拟输入 / 输出电压转换为数字值。模拟 I/O 信号界面如图 4-58 所示，图 4-58a 为模拟输入信号，图 4-58b 为模拟输出信号。

2. 专用 I/O 信号

（1）外围设备（UOP）I/O 信号

外围设备 I/O 信号是在系统中已经确定了其用途的专用信号。这些信号从处理 I/O

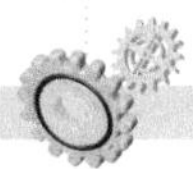

印制电路板（或 I/O 单元）通过接口及 I/O Link 与程控装置和外围设备连接，从外部进行工业机器人控制。外围设备（UOP）I/O 信号分为外围设备输入信号 UI[i] 和外围设备输出信号 UO[i]。外围设备 I/O 信号界面如图 4-59 所示，图 4-59a 为外围设备输入信号，图 4-59b 为外围设备输出信号。

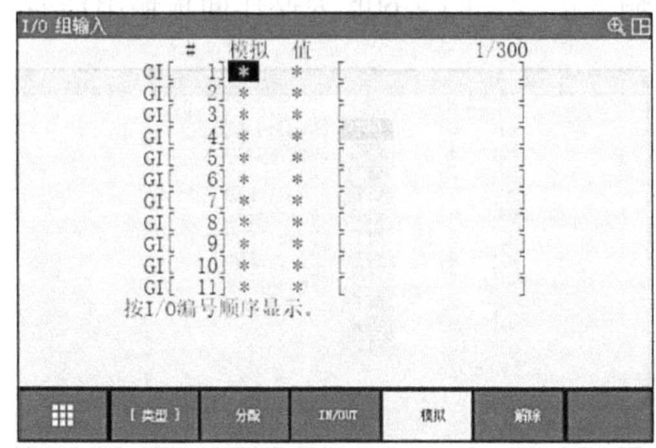

a) 组输入信号

b) 组输出信号

图 4-57 组 I/O 信号

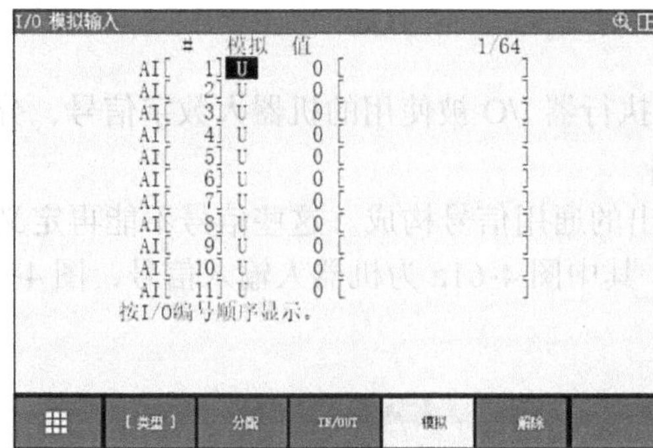

a) 模拟输入信号

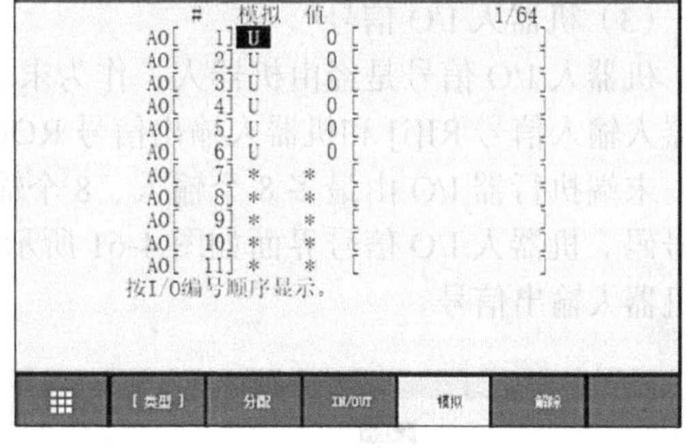

b) 模拟输出信号

图 4-58 模拟 I/O 信号

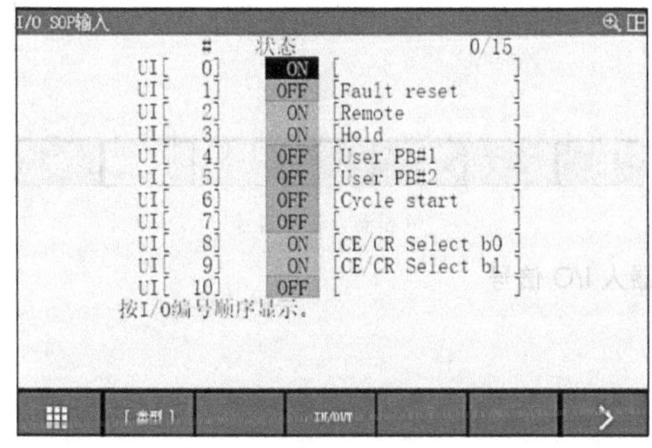

a) 外围设备输入信号

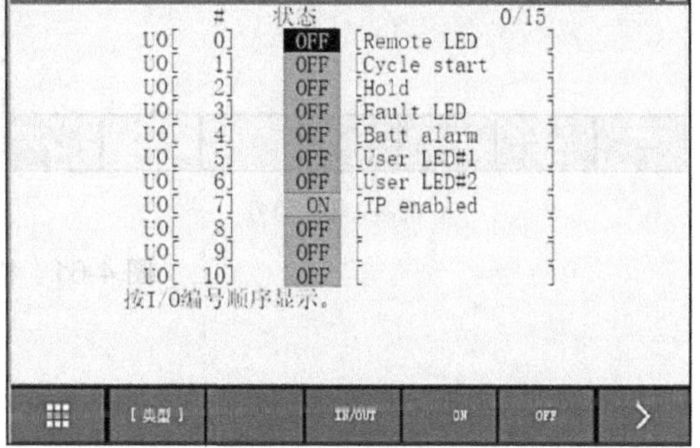

b) 外围设备输出信号

图 4-59 外围设备（UOP）I/O 信号

（2）操作面板（SOP）I/O 信号

操作面板 I/O 信号是用来进行操作面板 / 操作箱的按钮和 LED 状态数据交换的数字专用信号。输入由操作面板上按钮的 ON/OFF 而定，输出时进行操作面板上的 LED 指示灯的 ON/OFF 操作。操作面板（SOP）I/O 信号分为输入信号 SI[i] 和输出信号 SO[i]。操作面板 I/O 信号界面如图 4-60 所示，图 4-60a 为操作面板输入信号，图 4-60b 为操作面板输出信号。

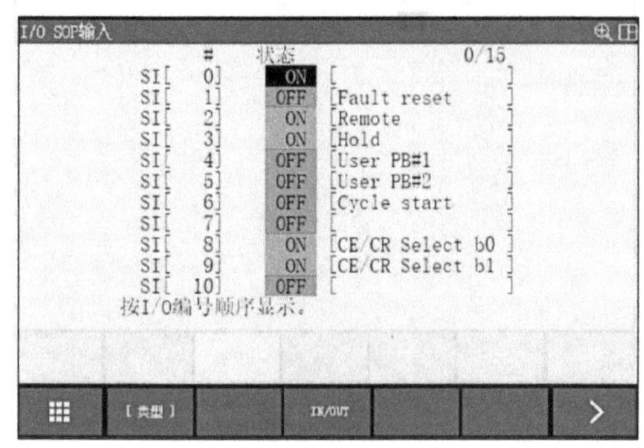

a) 操作面板输入信号

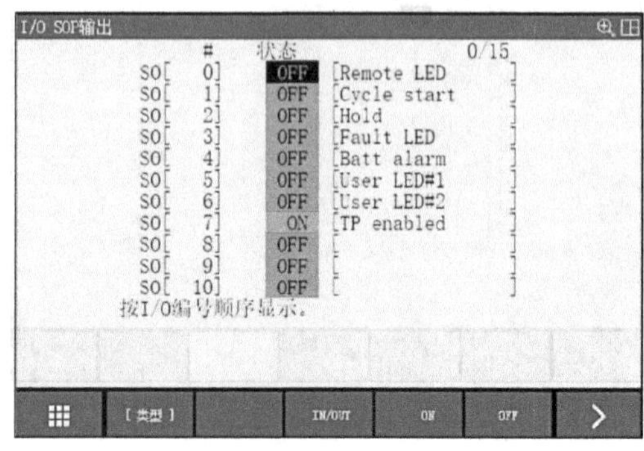

b) 操作面板输出信号

图 4-60　操作面板（SOP）I/O 信号

（3）机器人 I/O 信号

机器人 I/O 信号是经由机器人，作为末端执行器 I/O 被使用的机器人数字信号，分为机器人输入信号 RI[i] 和机器人输出信号 RO[i]。

末端执行器 I/O 由最多 8 个输入、8 个输出的通用信号构成。这些信号不能再定义信号号码。机器人 I/O 信号界面如图 4-61 所示，其中图 4-61a 为机器人输入信号，图 4-61b 为机器人输出信号。

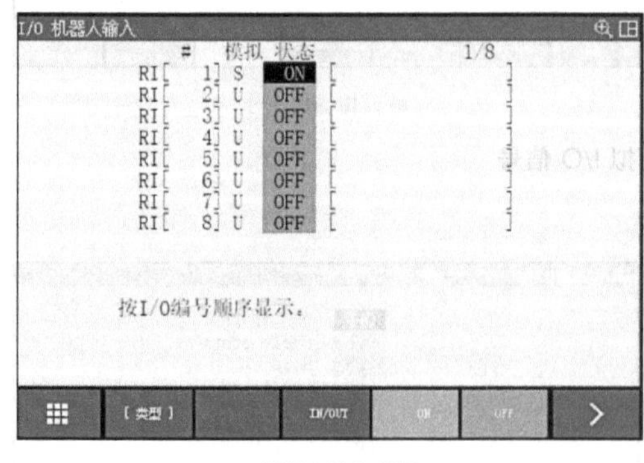

a) 机器人输入信号

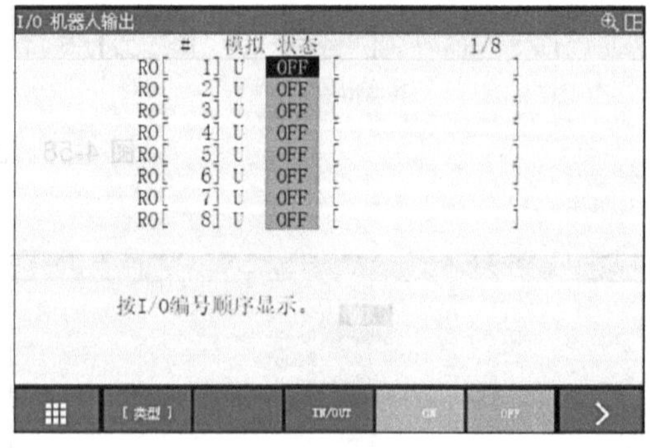

b) 机器人输出信号

图 4-61　机器人 I/O 信号

二、I/O 信号手动操作

1. 信号界面调出

界面调出步骤如下：

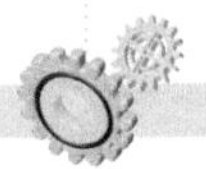

1）按下示教器 I/O 键，如图 4-62a 所示进入 I/O 信号界面。

2）按下功能栏处【类型】按键，弹出类型选择框，在此处可选择不同的 I/O 信号类型，如图 4-62b 所示。

a) I/O信号界面

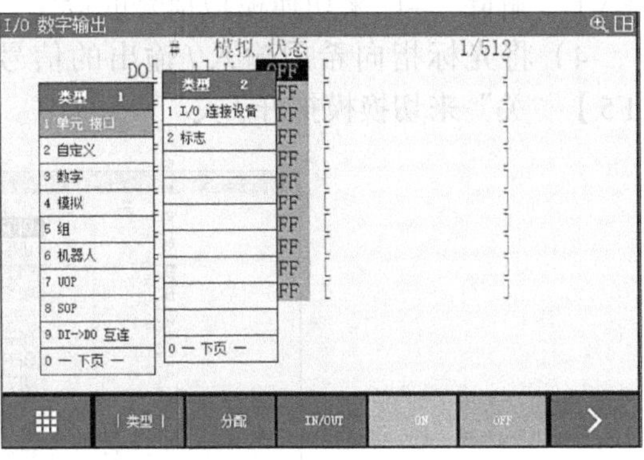

b) I/O信号类型选择

图 4-62 工业机器人 I/O 信号调出

2. 强制输出

强制输出是根据示教调试需要将数字输出信号手动切换到 ON/OFF。具体步骤如下：

1）按下【MENU】（菜单）键，显示出画面菜单。

2）选择“I/O”，出现 I/O 画面。

3）按下【F1】“类型”，显示出画面切换菜单。

4）选择“数字”（或“机器人”），出现数字信号（或机器人信号）输出画面。若出现的是输入画面，可按下【F3】“IN/OUT”，切换到输出画面。

5）将光标指向希望更改的信号号码的“状态”栏，通过【F4】“开”、【F5】“关”可切换输出。

值得注意的是，通过强制输出，信号被发送到所连接的装置。在执行强制输出之前，应确认数字输出连接在什么设备上，强制输出会引起什么动作。否则，有可能损坏装置，或导致人员受伤。

3. 模拟输入 / 输出

模拟输入 / 输出是不通过数字、模拟、群组 I/O 外围设备进行通信，而在内部更改信号状态的一种功能。该功能用于在尚未完成与外围设备之间的 I/O 连接时执行程序，或进行 I/O 指令的测试。当模拟输入时，通过程序的 I/O 指令、手动输入来更改内部状态。来自外围设备的输入状态被忽略，内部状态不予更改。模拟输出时，通过程序的 I/O 指令、手动输出来更改内部状态，对通向外围设备的输出状态不予更改。通向外围设备的输出状态，保持设置模拟时的状态。

可以使用模拟输入 / 输出的为数字、模拟、组、工业机器人 I/O。模拟输入 / 输出的设定通过设置模拟标志“S”进行。具体操作步骤如下。

强制输出，是根据示教调试需要将数字输出信号手动切换到 ON/OFF。具体步骤如下：

1）按下【F1】“类型”，显示出画面切换菜单，选择“数字”，出现数字 I/O 画面。

2）如图 4-63a 所示，数字输入信号 DI 是无法设置信号调试示教的。

3）将光标指向希望更改的信号号码“模拟”条目处，通过【F4】“模拟”–S 以及【F5】“解除”–U 来切换模拟信号的设定，如图 4-63b 所示。

4）将光标指向希望输入 / 输出的信号号码“状态”条目，通过【F4】“开”以及【F5】“关”来切换模拟开 / 关。

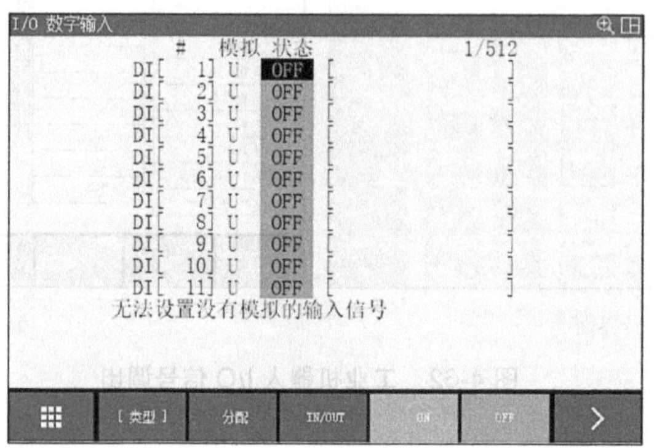

a) 数字状态下无法设置输入信号

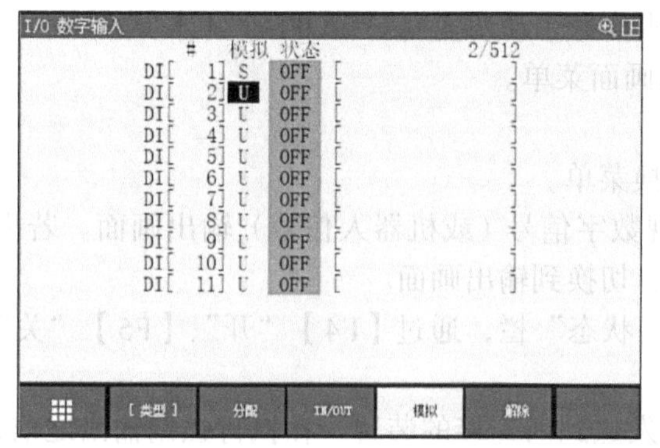

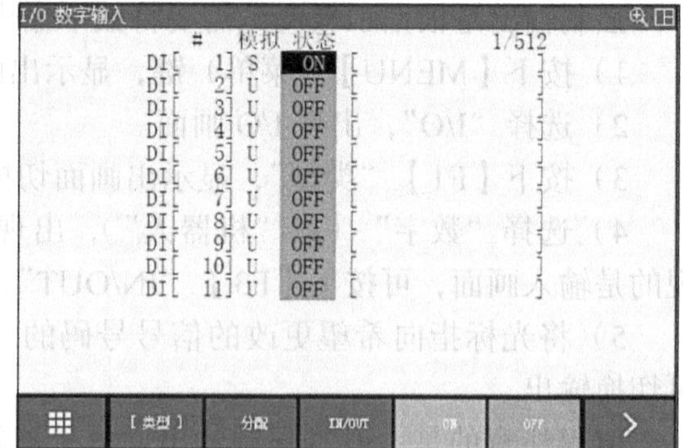

b) 模拟状态下可设置输入信号

图 4-63 数字信号模拟输入 / 输出

任务实施

任务基于生产性实训平台进行。下面简单对本任务所需的 I/O 信号接口含义做简单说明。

本任务要求通过改变 I/O 信号状态实现对手爪的动作控制。手爪结构如图 4-64 所示，包含两个气爪结构以及与工业机器人配合的快换锁紧结构，同时安装各个气爪的开关到位检测传感器。

机器人手爪控制输出信号 RO 说明如图 4-65a 所示。RO[1] 为快换松开（要注意在手动示教过程中置 1 后手爪掉落），RO[2] 为快换锁紧，RO[3] 为气爪 1 松开，RO[4] 为气爪 1 关闭，RO[5] 为气爪 2 松开，RO[6] 为气爪 2 关闭。

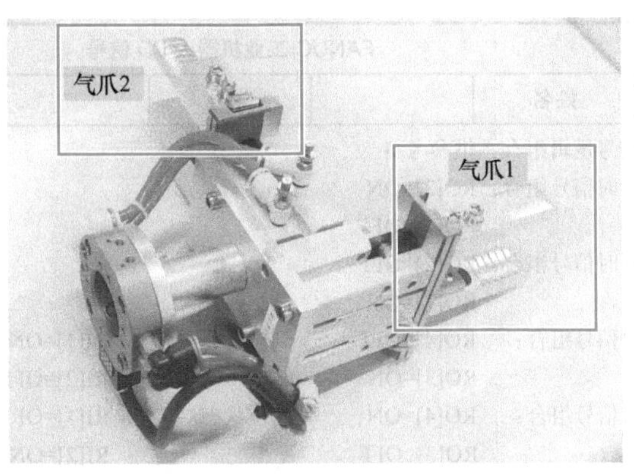

图 4-64　实训平台手爪实物图

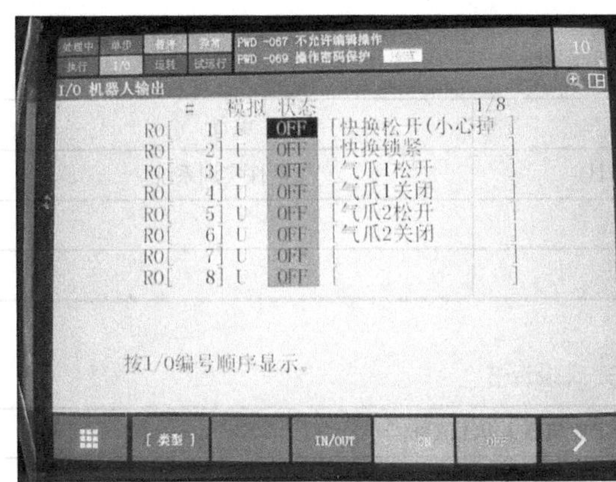

a) 机器人手爪控制输出信号

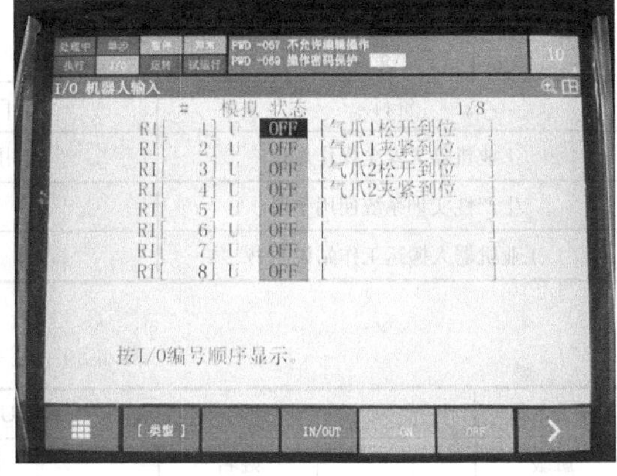

b) 机器人手爪控制输入信号

图 4-65　实训平台手爪 RO 说明

机器人手爪控制输入信号 RI 说明如图 4-65b 所示。RI[1] 为气爪 1 松开到位，RI[2] 为气爪 1 夹紧到位，RI[3] 为气爪 2 松开到位，RI[4] 为气爪 2 夹紧到位。

完成任务书（表 4-23）后填写任务完成报告书（表 4-24）。

表 4-23　任务书

任务名称	FANUC 工业机器人 I/O 信号						
班级		姓名		学号		组别	
任务内容	实操任务： 1. 手动完成手爪的快换锁紧 2. 控制机器人手爪张开夹紧 3. 检查手爪张开夹紧状态下到位信号状态 4. 手动完成手爪的快换松开 示教要求： 在进行手动快换松开时要求握住手爪，防止松开后手爪掉落损坏手爪结构						

（续）

任务名称	FANUC 工业机器人 I/O 信号						
班级		姓名		学号		组别	
任务内容	机器人快换信号逻辑组合（供参考）： 手爪快换锁紧时信号组合：RO[2]=ON RO[1]=OFF 手爪快换松开时信号组合：RO[2]=OFF RO[1]=ON 气爪 1 松开时信号组合：RO[4]=OFF 到位状态 RI[1]=ON RO[3]=ON RI[2]=OFF 气爪 1 夹紧时信号组合：RO[4]=ON 到位状态 RI[1]=OFF RO[3]=OFF RI[2]=ON 气爪 2 组合逻辑同气爪 1						
任务目标	1. 掌握工业机器人的运动指令 2. 掌握工业机器人的点位示教方法 3. 掌握工业机器人程序创建方法 4. 掌握 I/O 控制指令						

资料	工具	设备
工业机器人安全操作规程	常用工具	生产性实训系统
生产性实训系统使用手册		
工业机器人搬运工作站说明书		

表 4-24　任务完成报告书

任务名称	FANUC 工业机器人 I/O 信号						
班级		姓名		学号		组别	
任务内容							

拓展思考

下面为立体库的机器人控制信号：

DO[31] RBO 立体库出库组合 1　　DI[64] RBI 立体库一层到位

DO[32] RBO 立体库出库组合 2　　DI[65] RBI 立体库二层到位

DO[33] RBO 立体库出库组合 3

注：其中根据 3 个 DO 信号通过二进制转换对应立体库不同库位，如当 DO[31 ～ 33] 分别为“111”时，对应 7 号库位出库。

根据以上信号，编写程序控制指定立体库库位出库和入库。

任务评价

参考任务完成评价表（表 4-25）对工业机器人手爪装调 I/O 信号控制任务准确度进行评价，并根据学生完成的实际情况进行总结。

表 4-25　任务完成评价表

评价项目		评价要求	评分标准	分值	得分
任务内容	工业机器人气爪张合控制	规范操作	结果性评分，工业机器人动作控制正确，到位信号理解正确	40 分	
	机器人手爪锁紧和松开	规范操作	过程性评分，I/O 信号更改正确	10 分	
		动作	结果性评分，手爪锁紧松开动作正确，未出现手爪松开时掉落情况	30 分	
安全文明生产	设备	保证设备安全	1）设备每损坏 1 处扣 1 分 2）人为损坏设备扣 10 分	10 分	
	人身	保证人身安全	否决项，发生皮肤损伤、撞伤、触电等，本任务不得分		
	文明生产	遵守各项安全操作规程，实训结束要清理现场	1）违反安全文明生产考核要求的任何一项，扣 1 分 2）当教师发现有重大人身事故隐患时，要立即给予制止，并扣 10 分 3）不穿工作服，不穿绝缘鞋，不得进入实训场地	10 分	
合计				100 分	

任务六　工业机器人手爪快换示教编程

知识目标

（1）掌握工业机器人的点位示教方法。

（2）掌握工业机器人的 I/O 指令。

（3）掌握工业机器人 I/O 信号控制方法。

技能目标

（1）能正确区分工业机器人不同类型的 I/O 信号。

（2）能正确使用 I/O 信号控制工业机器人外部执行器。

（3）能够编写程序完成工业机器人手爪快换动作。

素养目标

（1）养成严谨的逻辑思维。

（2）形成良好的编程示教习惯。

知识准备

一、任务准备

实施本任务所需实训设备如图 4-66 所示。要求示教编程实现工业机器人手爪快换后取出，再放回松开复位的连续动作。

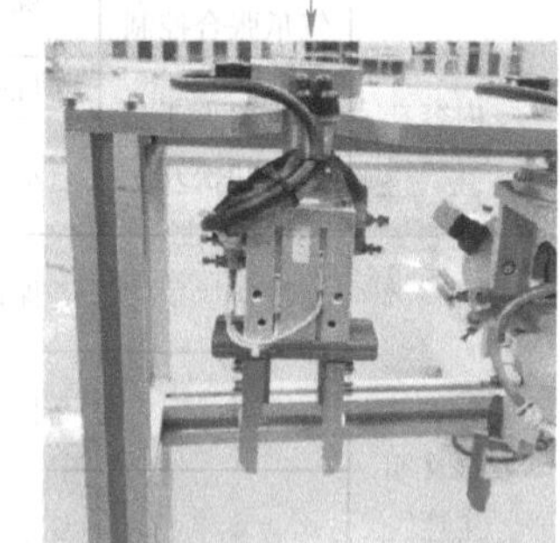

图 4-66　机器人手爪快换设备实物图

任务中所需要的编程相关指令包括：

1）线性运动指令：线性运动指令用于将 TCP 沿直线移动至给定目标点。当 TCP 保持固定时，该指令亦可用于调整工具方位。

2）关节运动指令：当工业机器人无须沿直线运动时，关节运动指令用于将机械臂迅速地从一点移动至另一点，机械臂和外部轴沿非线性路径运动至目标位置。所有轴均同时到达目标位置。

3）WAIT：等待指令，可等待时间，也可等待信号。

4）RO[1]=ON/OFF：用于置位和复位工业机器人快换松开信号。

5）RO[2]=ON/OFF：用于置位和复位工业机器人快换锁紧信号。

二、示教要求及机器人程序的编写

根据机器人运动轨迹编写机器人程序时，首先根据控制要求绘制机器人程序流程图，然后编写机器人主程序，过程中要先设计好机器人的运行轨迹，定义好机器人的程序点。机器人程序流程图如图 4-67 所示。

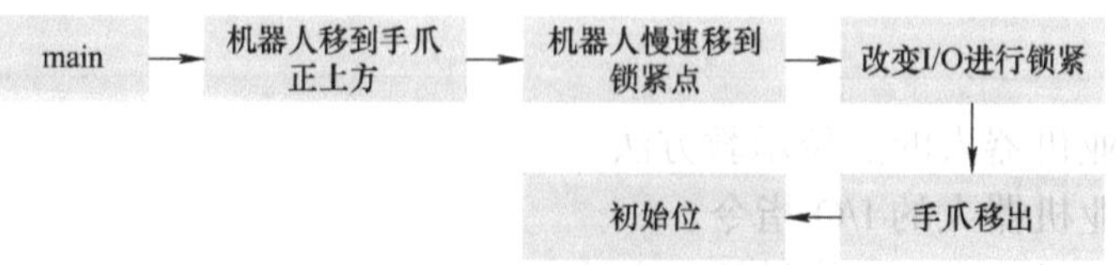

图 4-67　机器人快换手爪程序流程图

机器人参考程序如下：

RSR0001（手爪取出）
1：J PR[1：初始点] 100% FINE
2：J P[1：手爪上方] 100% FINE
3：L P[2：快换正上方] 10mm/sec FINE
4：L P[3：锁紧点位] 5mm/sec FINE
5：WAIT 2.00（sec）
6：RO[1：快换松开（小心掉）]：OFF
7：RO[2：快换锁紧]：ON
8：WAIT 1.00（sec）
9：L P[4：移出点 1] 10mm/sec FINE
10：L P[5：移出点 2] 100mm/sec FINE
11：J PR[1] 100% FINE

RSR0002（手爪放回）
1：J PR[1：初始点] 100% FINE
2：L P[5：移出点 2] 100mm/sec FINE
3：L P[4：移出点 1] 10mm/sec FINE
4：L P[3：锁紧点位] 5mm/sec FINE
5：WAIT 2.00（sec）
6：RO[2：快换锁紧]：OFF
7：RO[1：快换松开（小心掉）]：ON
8：WAIT 1.00（sec）
9：L P[2：快换正上方] 10mm/sec FINE
10：J P[1：手爪上方] 100% FINE
11：J PR[1：初始点] 100% FINE

思考：

1）在进行手爪抓取和放置时应该注意什么？

2）使用 I/O 指令时为什么要等待时间？

任务实施

本任务基于生产性实训平台进行。下面对本任务所需的 I/O 信号接口含义做简单说明。任务书见表 4-26，完成后填写表 4-27。

本任务要求通过改变 I/O 信号状态控制吸盘夹具吸取铝板并搬运。吸盘夹具如图 4-68 所示。

图 4-68 实训平台吸盘夹具实物图

机器人夹具左侧两个吸盘由 RO[5] 控制，右侧两个吸盘由 RO[6] 控制。

表 4-26 任务书

任务名称	工业机器人吸盘夹具取物搬运						
班级		姓名		学号		组别	
任务内容	实操任务： 1. 示教编程实现吸盘夹具快换 2. 工业机器人达到指定位置吸取薄铝板 3. 将铝板搬运到指定位置并释放 4. 吸盘夹具放回 工业机器人快换信号逻辑组合（供参考）： 吸盘夹具快换锁紧时信号组合：RO[2]=ON RO[1]=OFF 吸盘夹具快换松开时信号组合：RO[2]=OFF RO[1]=ON 左侧吸盘吸附时信号组合： RO[5]=ON 右侧吸盘吸附时信号组合： RO[4]=ON 左侧吸盘释放时信号组合： RO[5]=OFF 右侧吸盘释放时信号组合： RO[4]=OFF						
任务目标	1. 掌握工业机器人的运动指令 2. 掌握工业机器人的点位示教方法 3. 掌握工业机器人程序创建方法 4. 掌握 I/O 控制指令 5. 掌握工业机器人复杂动作控制逻辑						
资料			工具		设备		
工业机器人安全操作规程			常用工具		生产性实训系统		
生产性实训系统使用手册							
工业机器人搬运工作站说明书							

表 4-27 任务完成报告书

任务名称	工业机器人吸盘夹具取物搬运						
班级		姓名		学号		组别	
任务内容							

拓展思考

下面为立体库的机器人控制信号：

DO[31] RBO 立体库出库组合 1　　　DI[64] RBI 立体库一层到位

DO[32] RBO 立体库出库组合 2　　　DI[65] RBI 立体库二层到位

DO[33] RBO 立体库出库组合 3

注：其中根据 3 个 DO 信号通过二进制转换对应立体库不同库位，如当 DO[31 ～ 33] 分别为“111”时，对应 7 号库位出库。

根据如上信号地址，在工业机器人夹具取物搬运任务基础上，将搬取的物料放置于立体库 2 号库位，要求程序中添加出入库指令，完成立体库内物料的取放搬运功能。

任务评价

参考任务完成评价表（表 4-28）对工业机器人吸盘夹具取物搬运任务准确度进行评价，并根据学生完成的实际情况进行总结。

表 4-28　任务完成评价表

评价项目		评价要求	评分标准	分值	得分
任务内容	点位示教准确	规范操作	结果性评分，按键、方法选择、点位确定、坐标系调用、工业机器人动作控制正确	30 分	
	程序创建	规范操作	结果性评分，按键、创建步骤、命名正确	10 分	
	夹具快换、吸附、搬运	规范操作	过程性评分，步骤正确，示教正确，动作规范使用合理	10 分	
		动作、精度	结果性评分，工业机器人按规定动作执行，过程中速率控制合理	30 分	
安全文明生产	设备	保证设备安全	1）设备每损坏 1 处扣 1 分 2）人为损坏设备扣 10 分	10 分	
	人身	保证人身安全	否决项，发生皮肤损伤、撞伤、触电等，本任务不得分		
	文明生产	遵守各项安全操作规程，实训结束要清理现场	1）违反安全文明生产考核要求的任何一项，扣 1 分 2）当教师发现有重大人身事故隐患时，要立即给予制止，并扣 10 分 3）不穿工作服，不穿绝缘鞋，不得进入实训场地	10 分	
合计				100 分	

项目五

智能仓储系统操作

项目说明

传统的物流体系以人工辅以搬运装备作业为主，已经无法满足日益提高的服务标准，因此越来越多的企业在仓库和运输环节中，采用大数据、物联网、人工智能、自动化装备等智能技术应对挑战。大量新技术、新装备的应用与经验积累，为智慧物流体系的建立和研究奠定了丰富的实践基础。

本项目分为两个任务：智能立体库操作和AGV小车搬运系统操作。与本项目相关的知识为智能仓储系统的基本组成、工作原理、注意事项等。

任务一 智能立体库操作

知识目标

（1）掌握智能立体库的结构。

（2）掌握智能立体库的工作原理。

（3）掌握智能立体库的仓储特点。

技能目标

（1）能正确区分智能立体库各组成部分。

（2）能熟练操作智能立体库的存取。

（3）能解决智能立体库的简单故障。

（4）掌握智能立体库的安全操作及注意事项。

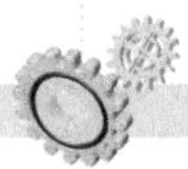

素养目标

（1）在实践过程中培养精益求精的工匠精神。

（2）消除报警和故障时，应符合规范，注意人身安全、设备安全，树立安全第一的观念。

任务引导

引导问题 1：什么是智能立体库？在生活中你都见过哪些国产品牌的智能立体库？

引导问题 2：你所见过的智能立体库包含哪些典型结构？

知识准备

随着电子商务和大规模定制化生产的快速发展，货物品种越来越多，时效要求越来越高，仓库功能已经由传统的物料存储与保管为主转变为以订单拣选和分拨作业为主。

为应对仓库内越来越多的订单拣选任务，实现越来越快的订单履行效率，各类智慧拆零拣选技术在国内外得到广泛应用。例如我国商业烟草公司大量采用自动化通道拣选线实现了接近 30000 条 /h 的卷烟分拣效率；大型电商企业唯品会采用基于多层穿梭车系统的货到人拣选系统，实现每人每小时 300 ～ 500 订单行的拣选效率。

随着我国经济融入世界经济一体化的进程加快，电子商务、物流、供应链管理是当前经济发展的必然趋势。供应链中任何一个环节都将关系到企业的正常运行，其中仓储设备的更新换代和仓储管理是非常重要的环节。传统仓库存储不仅需要大量场地，而且取货很烦琐，同时哪怕不大的仓库库存也很难统计清楚，作为现代仓储物流的重要组成部分，智能立体库主要就是解决了这些方面的问题。智能立体库能充分利用空间，在占地面积最小的情况下充分利用现有的空间高度，使仓储能力增加 60% 以上；它的自动化操作使存取物品方便，是货找人，不是人找货，存取速度快，大大节省时间；它还能对库存实时监控，实现企业的现代化管理。

智能立体库是一种集存储、管理和信息于一体的自动化密集型仓储设备。相比于自动化立体仓库，它具有占地面积小、空间利用率高、货物周转速度快、密封性和可扩展性好等优点。随着现代物流产业的升级，智能立体库已不再是辅助性的仓储设备，而是逐渐成为智能制造与无人化工厂提高生产效率的重要动力。

一、智能立体库组成

本任务以摩登纳 ML 50D 智能立体库为例进行学习，该智能立体库主要由基座、中间模块、顶罩三部分组成，如图 5-1 所示。根据需要获得的最终高度，可采用不同高度（1000mm、1600mm、2000mm）的模块进行组合。

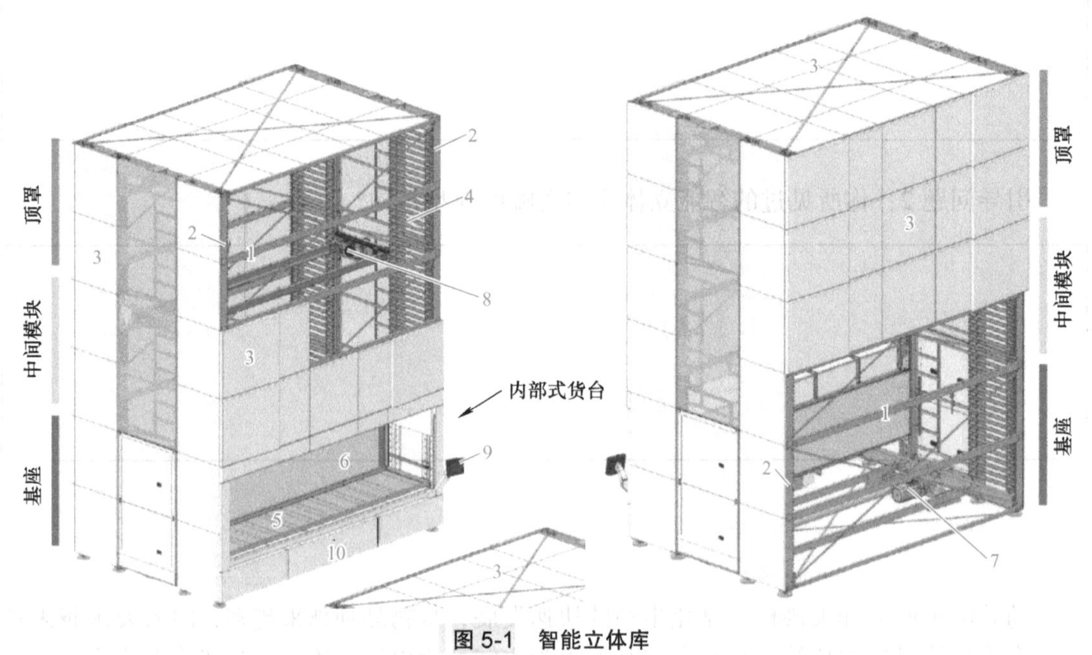

图 5-1 智能立体库

1—横梁 2—竖架 3—外罩 4—货架搁板 5—货盘 6—自动门 7—纵轴电动机
8—升降机 9—控制面板 10—配电盘

1. 中间模块

智能立体库的中间模块由竖架及固定在其上的横梁、外罩组成。在内侧装有货架搁板，其上能够插入货盘，如图 5-1 所示。

2. 顶罩

机器的顶部装有升降机空转轮单元，如图 5-2 所示。

3. 基座

机器的底部装有驱动升降机的纵轴电动机，如图 5-3 所示。

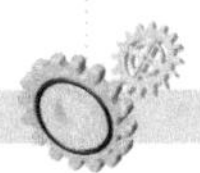

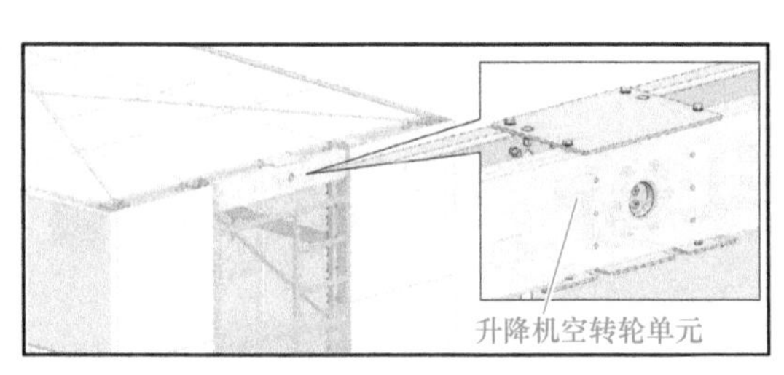

图 5-2 顶罩

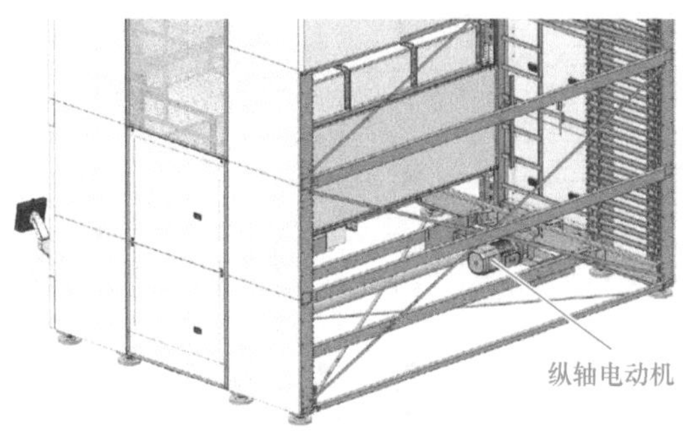

图 5-3 基座

4. 货台

智能立体库包含内部式货台、外部式货台和伸缩式货台。

（1）内部式货台

智能立体库（无论是最大容量为 750kg，还是最大容量为 990kg）最多可配备 1 ～ 3 个货台。最大容量为 750kg 的智能立体库可在同一侧配备 3 个货台，而最大容量为 990kg 的智能立体库可在一侧最多配备 2 个货台，并在相反侧配备第 3 个货台。

货台由金属框架组成，其上装有负载层的支架，用于货盘的滑动以便到达拣选区。其配有两个微动开关，后者仅设置在机器的右侧，能够检测出货盘的存在，如图 5-4 所示。

在货台的两端，位于前方设有一个安全光幕，其由一侧的投影灯和相对侧的接收器组成，若越过安全光幕则停止运行，如图 5-5 所示。

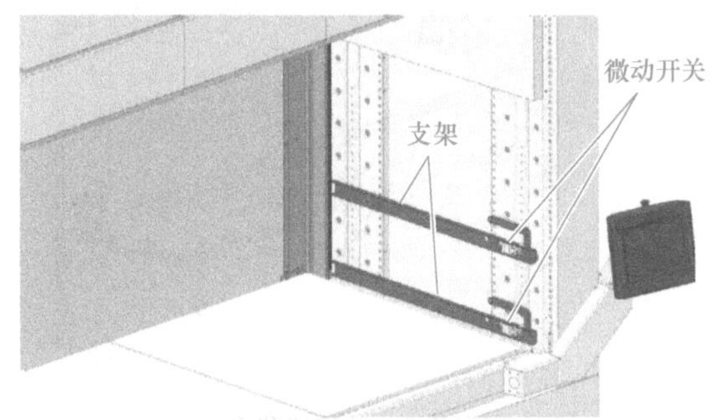

图 5-4 货台

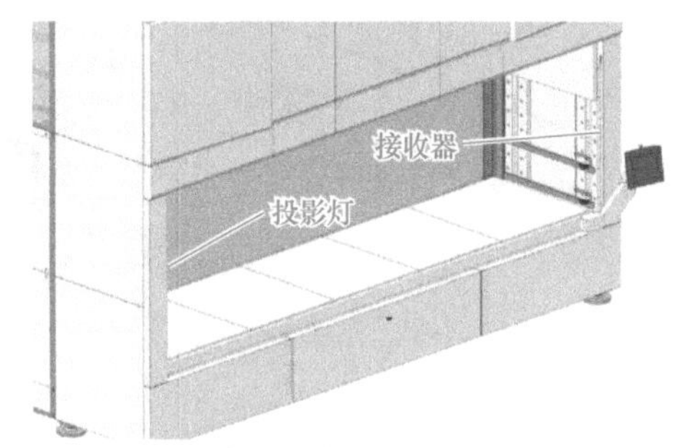

图 5-5 安全光幕安装位置

在货台的后端设有一个轮廓控制光幕，其由一侧的投影灯和相对侧的接收器组成，用于测量装在货盘中产品的高度，如图 5-6 所示。

在动态配置情况下，实现货柜内货盘的最佳放置。在静态配置情况下，检查货盘上的负载是否“超出轮廓”（货盘中所装的产品高于负载所配置的最大高度），若是则智能立体库拒绝将货盘存放在货格中，并带回货台。“Copilot”控制面板上显示错误。

（2）外部式货台

外部式货台放置在框架外部的固定位置。

如图 5-7 所示，负载层是位于货台侧面的传动带驱动装置，可从升降机上提取被存放在货台中的货盘，并将其送到拣选区。微动开关用来检测货台中货盘的存在。

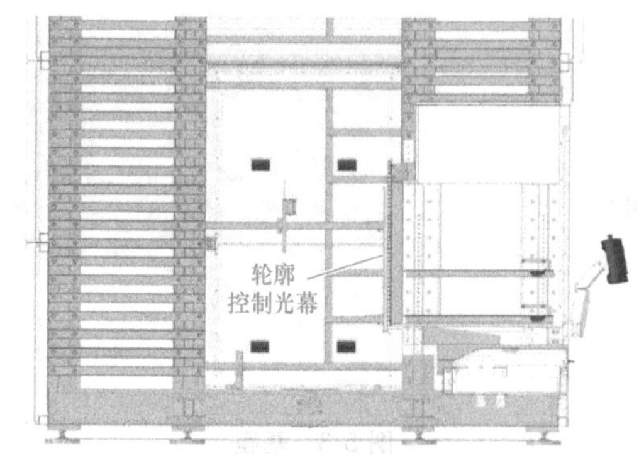

图 5-6　货盘测高装置

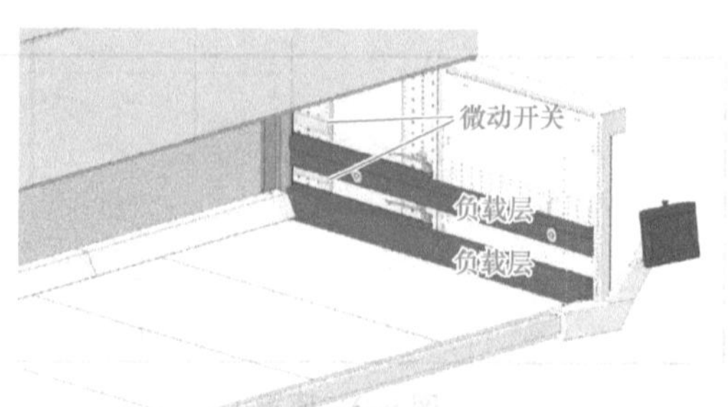

图 5-7　货盘升降和检测装置

在外部式货台上设有三套安全光幕：货台两端前方的纵向安全光幕、上部区域内的横向安全光幕和中间安全光幕，如图 5-8 所示。

所有的光幕都是由货台一侧的投影灯 a 和相对侧的接收器 b 组成。

在上部前方外罩上，可安装（可选）LED 照明设备 4。

（3）伸缩式货台

伸缩式货台由伸缩导轨组成，允许将货盘拉出到货台外，使装卸操作更为方便，如图 5-9 所示。当货盘超过 250kg 时，导轨配滑轮支架；对于最大容量为 250kg 的货盘，则不设支架。

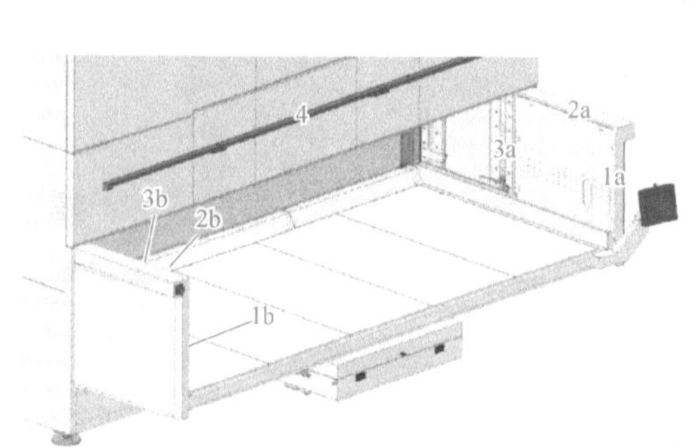

图 5-8　三套安全光幕

1—纵向安全光幕　2—横向安全光幕
3—中间安全光幕　4—LED 照明设备

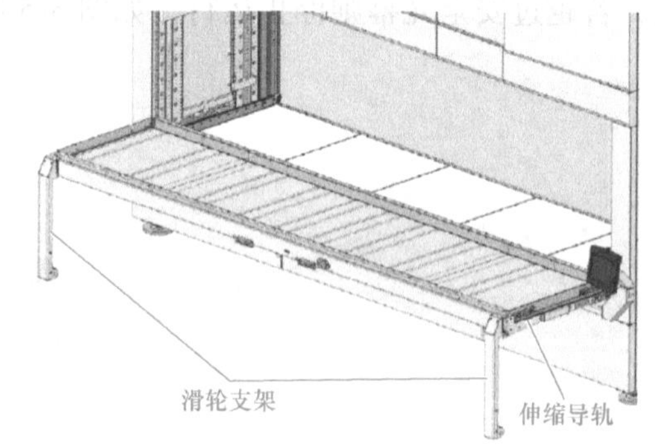

图 5-9　伸缩式货台

当伸缩式货台处于货台内部时，货盘被放置在其上面。松开机械安全锁，操作人员能够取出带货盘的伸缩式货台，如图 5-10 所示。

操作完成后，操作人员必须将伸缩式货台推入机器内，并确保将其推到行程末端以便启用机械安全锁。若安全锁未启用，则升降机无法提取货盘。

5. 自动门

自动门是位于货台后端的自动闭合装置。自动门可作为选配项，但出于安全因素，在机器的某些配置（高处货台）中自动门必须配备。

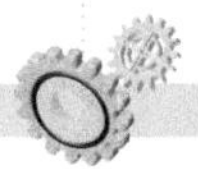

如图 5-11 所示，牵引轴通过传动带与驱动装置连接，驱动装置驱动位于自动门侧面的传动带，控制自动门打开和闭合。

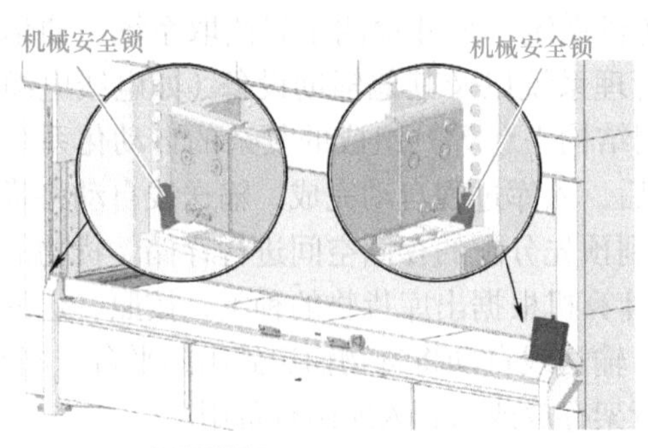

图 5-10 货台机械安全锁

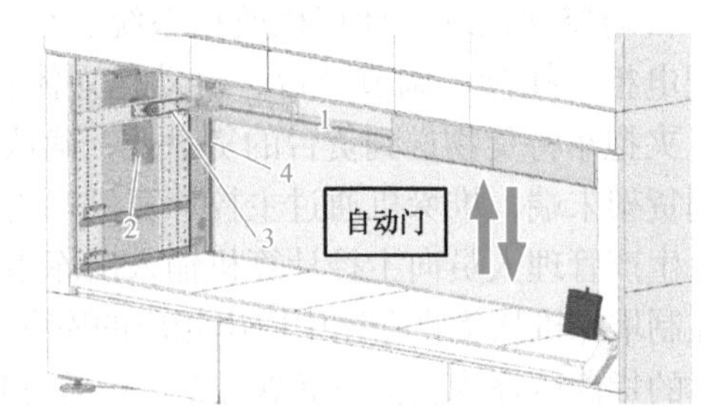

图 5-11 自动门

1—牵引轴 2—驱动装置 3—传动带 4—侧面的传动带

6. 升降机

升降机由纵轴电动机驱动，能够纵向移动到指定高度，并通过链式货盘抓取装置，从纵向拣选货台提取和存放货盘。

该单元由一台减速电动机组成，通过传动轴将运动传递给与货盘抓取装置连接的链条，如图 5-12 所示。

7. 纵轴电动机

纵轴电动机单元由一台自动减速电动机组成，能够将运动传递给机轴，而后者接合有牵引滑轮（机器的每侧各有一个）。运动被传递给两条传动带，其连接有支撑升降机的两个滑车，如图 5-13 所示。

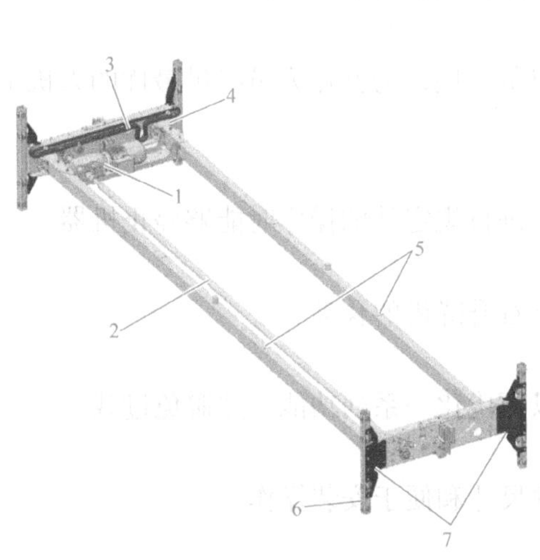

图 5-12 升降机

1—减速电动机 2—传动轴 3—链条 4—货盘抓取装置
5—横梁 6—管状轮 7—管状轮加固支架

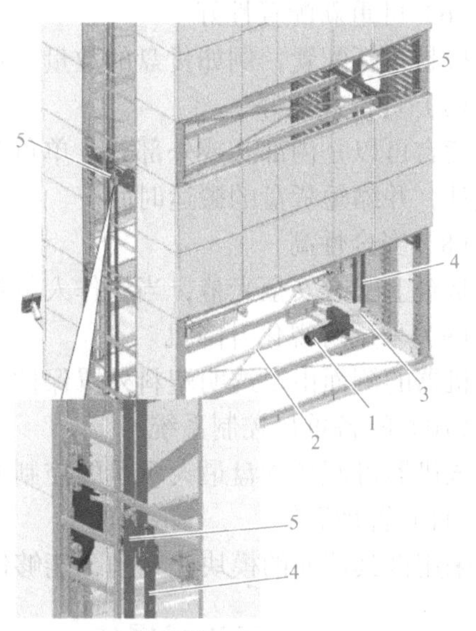

图 5-13 纵轴电动机

1—自动减速电动机 2—机轴 3—牵引滑轮
4—传动带 5—滑车

二、智能立体库工作原理

智能立体库是由立体货架、出入库托盘输送机系统、尺寸检测条码读取系统、通信系统、自动控制系统、计算机监控系统、计算机管理系统以及其他辅助设备（如电线电缆桥架配电柜、托盘、调节平台、自动化立体仓库钢结构平台等）组成的复杂的自动化系统。

夹抱车将货物送到货台的货盘上，确认货物后，入库过程自动完成。输送线自动将货盘送到货架末端，堆垛机通过主控计算机将货物送到预先分配的存储空间进行存储。货物的出库由生产管理人员向主控计算机输入出库指令，计算机根据出库货物的种类，按照一定的原则控制堆垛机从货物仓库中取出相应的库存货物。输送线自动将货物输送到出站平台。同时，出库的货盘经叠放机将空货盘五个一组叠好送到货架存放或送到入库站台备用。

三、智能立体库仓储特点

（1）纵向模块化

纵向模块化设置，每次可扩高 200mm，纵向将机器设置到所需的高度。

（2）高存储密度

能放入数量庞大的货盘，并能以静态或动态的方式分隔货盘，以便充分利用可用空间。

（3）优化货盘空间

两个货盘之间只有 25mm 的距离，优化货盘提取的空间。

（4）“Copilot”控制面板功能先进

“Copilot”控制面板除了作为普通界面使用外，还可添加多种功能，包括远程使用。

（5）拣选速度高

两个货盘可同时进行搬运，也可使用外部式货台，这都使拣选速度得到提高。

（6）可重新配置性好

极易重新配置，例如货盘的数量、货盘的间距以及最大纵向高度。

（7）货台性能好

货台可以是内部式或外部式，单负载层或双负载层，为操作人员提供最优的人机工程学设计，并缩短货盘的搬运时间。

（8）安全性高

货台上配有安全光幕，当操作人员在拣选区进行规定外的操作时能够停止机器。

（9）采用可视化升降机

机器的侧面由半透明塑料外罩保护，允许查看升降机的移动。

（10）配备重量控制系统

该机器可配备货盘最大重量的控制系统，以便优化一系列功能，并避免过载。

（11）管理简便

采用极其简便的模块化结构，能够优化运输尺寸和便于安装操作。

四、智能立体库单机操作

（1）安全操作规程

1）穿戴操作需要的合适防护装备。穿戴装备必须紧贴身体，避免穿戴会卷入或挤入

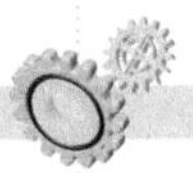

运动机构。

2）按照维护手册中规定的时限进行维护操作。所有发现的故障和缺陷必须立即修复。

3）遵守维护手册中所述的安全程序，特别是进入机器内部或进行高空作业。

4）确保机器上没有异物（螺钉旋具、扳手、螺钉等），并且经过调整或更换的部件已被牢牢固定。

5）运行期间与货台保持一手臂距离。

6）注意机器周围的通道和操作空间，必须干净、畅通并配备适当的照明。尤其需要确保操作人员的工位始终保持清洁。

7）将配电盘的钥匙交由经授权的专业人员保管。

8）确保机器运行时不漏油或出现其他液体的泄漏。确保电气部件的功能正常，并且电动机不冒烟。不要忽视可疑的气味或噪声。

9）出现影响运行安全的异常情况时停止机器。

10）对操作人员或机器造成危险时按下紧急按钮。

11）在机器故障或维护操作时，设置警告牌。

12）保持机器上图标状况良好，并确保其始终清晰可辨。

13）紧急停机后，在机器开启前，指定人员必须经过仔细检查以便确定停机的原因；在故障情况下查阅摩登纳技术手册或联系技术客服，以便获得故障修复所需的信息。

（2）智能立体库单机操作流程

开机之前的设置：

1）登录远程模式前需先以本地模式登录，根据提示继续操作，当切换成自动方式时智能立体库会自动进行初始化。

2）进入界面后切换成远程模式。

智能立体库操作

3）打开服务器上的 Modula WMS 软件并登录。本地模式账号为 ADVANCED，密码为 SYSTEM08；远程模式账号为 ADVANCED，密码为 11111111。

智能立体库单机操作流程见表 5-1。

表 5-1　智能立体库单机操作流程

序号	流程	操作说明	注意事项
1	电源开启	1）如下图所示，电源开关处于“	”位置为开，处于“O”位置为关，当两侧触摸屏亮起即表明智能立体库送电成功	（1）电源开关位于钣金加工产线一侧的出料仓内 （2）打开电源开关前确认外部电源负载正常

（续）

序号	流程	操作说明	注意事项
1	电源开启	2）将智能立体库两侧显示屏上方的急停按钮松开，如下图所示 	（1）电源开关位于钣金加工产线一侧的出料仓内 （2）打开电源开关前确认外部电源负载正常
2	账号登录	1）登录界面如下图所示，选择登录账号为ADVANCED，本地模式密码为SYSTEM08，输入后在键盘上按回车键即可登录 2）在触摸屏界面左上角有当前模式和主控与副控的提示，先登录的那个触摸屏显示为【主】 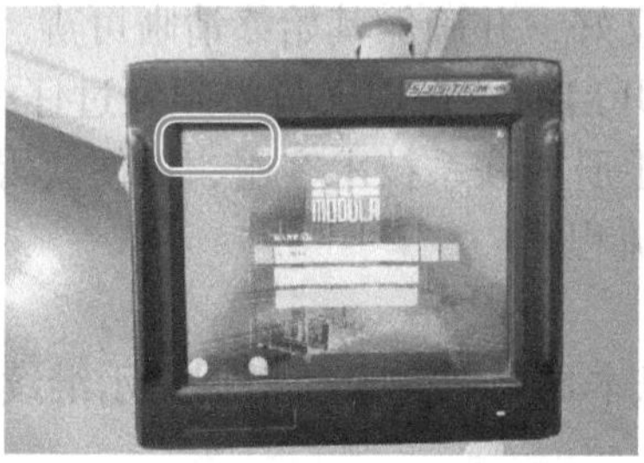	本地模式下并不要求两侧的触摸屏都登录账号，根据个人实际需求即可
3	运行模式切换	单击触摸屏【手动】按钮，如下图所示，切换到自动运行，无论本地模式或远程模式，在运行时均需切换到自动运行（按钮下方显示为“手动”字样时为手动运行，显示“自动”字样时为自动运行） 	系统登录后一般按系统指引已切换至自动模式，建议运行前再次确认，如果已是自动模式，可以跳过这一步
4	输入执行命令	1）单击图a所示【管理】按钮进入管理界面 2）在图b中的【托盘】下方的输入框中输入所要提取的托盘号（两旁的按钮亦可完成托盘号的变更），单击【提取托盘】按钮即可完成提取操作（执行多个托盘出库时，还未执行的托盘可以单击【取消选定】，即可撤销相应的提取指令） 3）在内出口（见图c）的触摸屏上执行提取命令，托盘则会从内出口出库，内出口只有一层；在外出口（见图d）的触摸屏上执行提取命令托盘，则会从外出口出库，外出口有两层	*（1）执行指令前应先开启数控机床产线和钣金加工产线的主控台电源，并确认触摸屏上报警状态解除，急停按钮处于释放状态，否则系统将提示“机械在工作区域”的报警信息

（续）

<table>
<tr><th>序号</th><th>流程</th><th>操作说明</th><th>注意事项</th></tr>
<tr><td>4</td><td>输入执行命令</td><td>a) b)
c) d)</td><td>（2）内出口仅可允许本地操作出料 1 批次托盘，外出口可允许本地操作出料 2 批次托盘，超出以上批次的提取请求将置于等待状态</td></tr>
<tr><td>5</td><td>立体库指令执行</td><td>1）本地操作模式下输入指令后，仅需等待物料完成提取指令至图 a 所示状态即可
2）对于已完成提取操作的托盘，在左侧列表中选取对应托盘的所在行后，单击【托盘退回】按钮即可完成托盘退回操作，如图 b 所示
a) b)</td><td>（1）托盘到位前，需注意不要让任何异物侵入图 a 所示的光栅范围，否则将触发系统“安全光栅受阻”报警，使得程序运行停止。如要恢复运行，可跟随屏幕指示再次切换至自动模式即可继续完成指令操作
（2）指令执行过程中遇到任何紧急状况可分别通过急停按钮、主页界面停止请求以及管理界面取消请求程序运行，以暂停应对</td></tr>
</table>

（续）

序号	流程	操作说明	注意事项
6	关闭智能立体库	1）单击图 a 触摸屏界面中红色的【关机】按键，立体库会自动完成断电前的自动复位 2）触摸屏弹出窗口提示断电时，将图 b 电源开关拨至“O”位置以关闭系统  a) 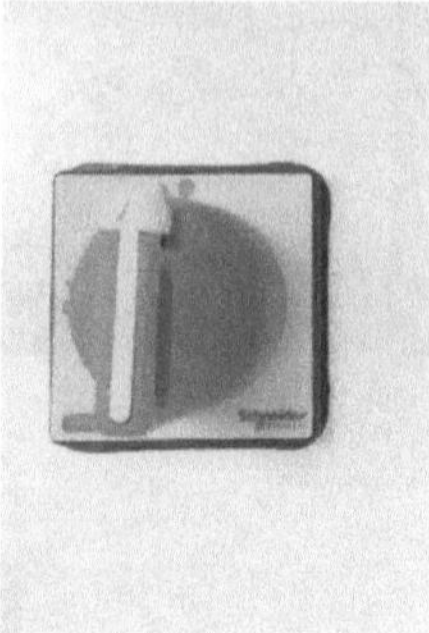　b)	切勿在立体库托盘未退回库内的情况下断电

任务实施

任务基于生产性实训数控线平台智能立体库进行，本任务要求对智能立体库进行操作，完成零件的存储和提取。任务书见表 5-2，完成后填写表 5-3。

表 5-2　任务书

<table>
<tr><td>任务名称</td><td colspan="7">智能立体库操作</td></tr>
<tr><td>班级</td><td></td><td>姓名</td><td></td><td>学号</td><td></td><td>组别</td><td></td></tr>
<tr><td>任务内容</td><td colspan="7">实操任务：
1. 智能立体库控制面板上按键的认识及操作
2. 零件的存储和提取
要求：
操作前必须熟读步骤和注意事项，操作过程中需教师监督，工作区域内只允许操作人员站立</td></tr>
<tr><td>任务目标</td><td colspan="7">1. 掌握智能立体库的工作原理
2. 掌握智能立体库各结构组成
3. 掌握智能立体库的操作方法</td></tr>
<tr><td colspan="3">资料</td><td colspan="2">工具</td><td colspan="3">设备</td></tr>
<tr><td colspan="3">智能立体库技术手册</td><td colspan="2">常用工具</td><td colspan="3">生产性实训系统</td></tr>
<tr><td colspan="3">生产性实训系统使用手册</td><td colspan="2"></td><td colspan="3"></td></tr>
</table>

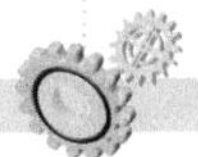

表 5-3　任务完成报告书

任务名称	智能立体库操作						
班级		姓名		学号		组别	
任务内容							

拓展思考

根据智能生产线中的智能立体库，思考该设备如何进行存储及换层？

任务评价

参考表 5-4，对本任务进行评价，并根据完成的实际情况进行总结。

表 5-4　任务完成评价表

评价项目		评价要求	评分标准	分值	得分
任务内容	智能立体库面板正确使用	规范操作	结果性评分，智能立体库面板正确使用，智能立体库动作控制正确	20 分	
	零件存取位置正确	规范操作	过程性评分，步骤正确，遵守操作规程	10 分	
		精度	结果性评分，能将零件放在正确存储位置；能准确到达存储位置取出零件	20 分	

（续）

评价项目		评价要求	评分标准	分值	得分
安全文明生产	设备安全	保证设备安全	1）设备每损坏1处扣1分 2）人为损坏设备扣10分	20分	
	人身安全	保证人身安全	否决项，发生皮肤损伤、撞伤、触电等，本任务不得分		
	文明生产	遵守各项安全操作规程，实训结束要清理现场	1）违反安全文明生产考核要求的任何一项，扣1分 2）当教师发现有重大人身事故隐患时，要立即给予制止，并扣10分 3）不穿工作服，不穿绝缘鞋，不得进入实训场地	30分	
合计				100分	

任务二 AGV小车搬运系统操作

知识目标

（1）掌握AGV小车的结构组成。
（2）掌握AGV小车的特点。
（3）掌握AGV小车的工作原理。

技能目标

（1）能熟练操作AGV小车。
（2）能解决AGV小车的简单故障。

素养目标

（1）在实践过程中培养精益求精的工匠精神。
（2）消除报警和故障时，应符合规范，注意安全，树立安全第一的观念。

任务引导

引导问题1：什么是AGV小车？ AGV小车应用在哪些场合？

引导问题 2：你所见过的 AGV 小车包含哪些典型结构？

知识准备

21 世纪制造业进入到新阶段，敏捷制造成为企业赢得竞争的有力手段。敏捷制造装备的可编程、可重组和快速响应能力使得在进行小批量生产时，可实现接近中、大批量生产的效率。AGV 小车具有自主规划、可编程、可协调作业和基于传感器控制等特点，它将成为可重组的敏捷制造装备及系统的重要组成部分，为传统制造企业向敏捷制造企业跨越发展提供重要的技术支持。

一、AGV 小车的组成

AGV 是自动导引车（Automated Guided Vehicle）的英文缩写，是指装备有电磁或光学等自动导航装置，能够沿着布置好的导航路线自动运行，且具有多级安全防护，能够以多种负载形式运输、移载、承载物料或装备的无人运输车，在工厂、车间、巡检、安防等领域有着广泛的应用前景。

AGV 小车主要由车载控制系统、磁带导引模块、全方位驱动轮、RFID 系统、AGV 充电系统等组成。AGV 小车外形如图 5-14 所示。

（1）车载控制系统

车载控制系统在收到地面控制系统的指令后，控制 AGV 小车的导航计算、导引实现、车辆行走、装卸操作等功能，如图 5-15 所示。车载控制系统是一套复杂的控制系统，加之不同项目对控制的要求不同，更增加了控制的复杂性。一般采用 PLC 和单片机作为运行平台，后期可用更改程序的方式重新定义 AGV 小车的功能，具有很好的灵活扩展性。

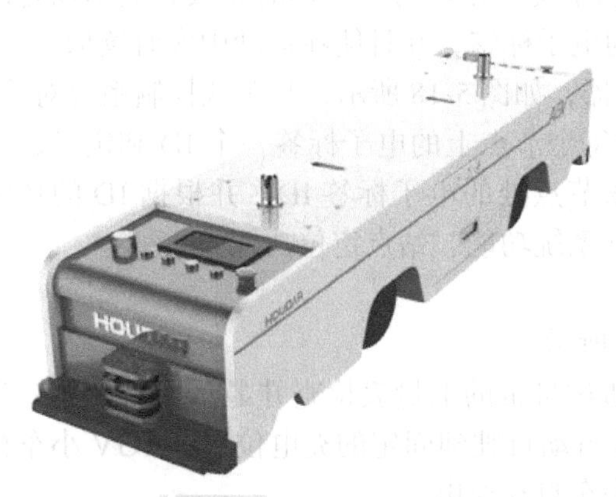

图 5-14 AGV 小车外形

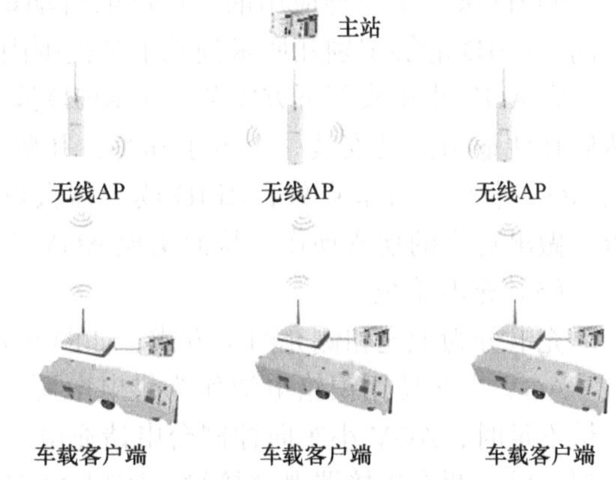

图 5-15 AGV 小车控制系统示意图

（2）磁带导引模块

AGV 小车上安装磁带导引模块，如图 5-16 所示，在地面上贴地标磁带替代在地下埋设金属线，通过磁感应信号实现导引，这种导引方式可靠、自纠偏、瞬时反应灵敏度高，如因异常引起脱离轨道会自动报警，抗振动、抗干扰性好，经久耐用，质量可靠，方便安装与维修。

①路径铺设。将橡胶材质的导航磁条粘贴在地面上导引 AGV 小车的运行轨迹。一般采用 PVC 材质的保护胶带，采用斜坡边设计，抗磨损力强，可承重叉车和卡车等重型机械碾压。

②地标设置。通过在地面粘贴 S、N 两种导航磁条的不同组合或放置 ID 卡方式对小车动作进行控制，指令更换及施工都非常方便。

③自由设定路径。根据生产实际要求，AGV 小车行驶路线可任意规划；在控制系统作用下，AGV 小车可行走丁字路口、十字交叉路口等复杂的多循环路线。

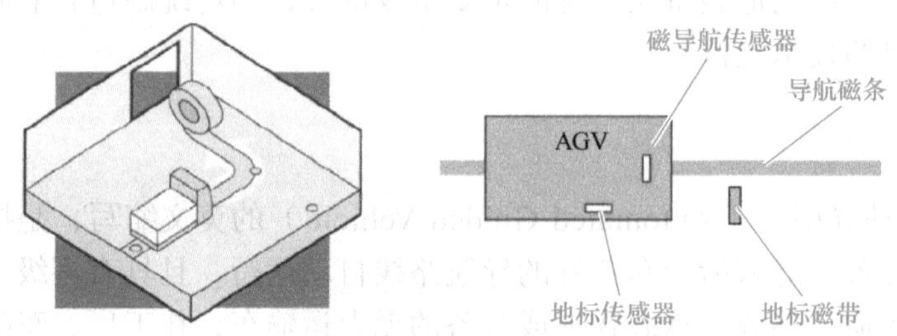

图 5-16　磁带导引模块

（3）全方位驱动轮

AGV 小车采用全方位驱动轮。在它的轮缘上斜向分布着许多小滚子，故轮子可以横向滑移。其母线很特殊，当轮子绕着固定的轮心轴转动时，各个小滚子的包络线为圆柱面，所以该轮能够连续地向前滚动，如图 5-17 所示。轮结构紧凑，运动灵活，可以实现全方位移动功能。

（4）RFID 系统

RFID 系统是一种应用前景广泛的自动识别系统。根据射频工作的频段和应用场合的不同，RFID 能够识别几厘米到几十米范围内的电子标签，并且能在运动中实时读取。

在 AGV 小车头部下方安装一个 RFID 读卡器，如图 5-18 所示，与车载控制系统对接，然后在轨道节点处安装一个电子标签，并赋予每个节点上的电子标签一个 ID 和定义，一旦 AGV 小车经过节点处，RFID 读卡器会读取节点处的电子标签 ID，并根据 ID 的特定指令做出对应的拐弯动作，从而实现 AGV 调度系统功能、站点定位功能。

（5）充电系统

充电分为地充和侧充两个方式，如图 5-19 所示。

AGV 小车使用镍铬电池作为供电电源，通过自带的电量表检查并显示剩余电量。当电量不足时，AGV 小车向控制台申请充电，并自动行驶到固定的充电位置。AGV 小车行驶到位后，两个连接器滑动接触，实现 AGV 小车自动充电。

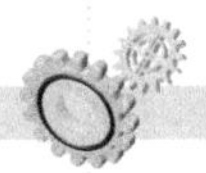

图 5-17 全方位驱动轮

图 5-18 RFID 读卡器

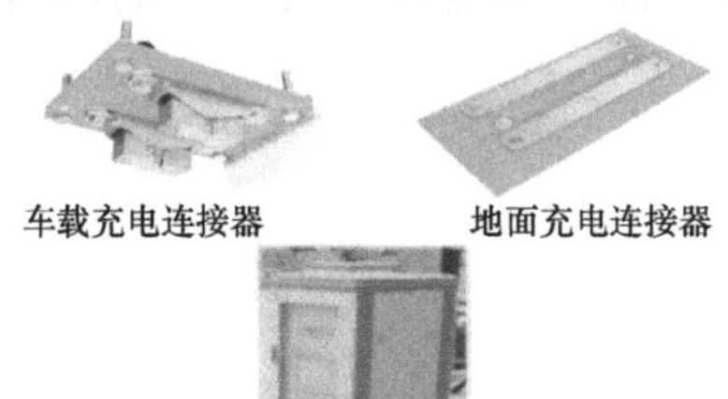

a) 地充方式

b) 侧充方式

图 5-19 充电

二、AGV 小车工作原理

AGV 小车的基本工作原理是接收到物料搬运指令，车载控制系统根据 AGV 小车的当前位置和目标位置进行行驶方向的计算，规划出最佳路线。当 AGV 小车到达目标位置并准确停靠后便可完成移载或装卸货等指定动作，并随时向系统报告自己的位置和运动状态。动作完成，AGV 小车驶向下一个目标点，完成下一个动作。若暂时无命令，AGV 小车驶向指定的待命区域，等待任务的派遣。

三、AGV 小车特点

（1）先进性

AGV 小车集光、机、电、计算机为一体，综合了先进的理论和应用技术，导引能力强，定位精度高，自动驾驶作业性能好。

（2）可靠性

在 AGV 小车工作过程中，每一步都是一系列数据和信息的通信交换过程，后台有强大的数据库支持，消除了人为因素，充分地保证 AGV 小车作业过程的可靠性、完成任务的及时性、数据信息的准确性。

（3）灵活性

AGV 小车能够快捷地与各类 RS/AS 出入口、生产线、装配线、输送线、站台、货架、作业点等有机结合。能够根据不同的需求，以不同的组合实现各种不同的功能。能最大限度地缩短物流周转周期，降低物料的周转消耗，实现来料与加工、物流与生产、成品与销售等的柔性衔接，最大限度地提高生产系统的工作效率。

（4）独立性

AGV小车能自成系统，在没有其他系统支持的条件下，可作为一个独立单元完成特定任务。

（5）兼容性

AGV小车不仅能独立工作，而且可与其他生产系统、调度系统、控制管理系统等紧密结合，具有突出的兼容性和良好的适应性。

（6）安全性

AGV小车作为无人驾驶的自动车辆，具有较完善的安全防护能力，有安全避碰、多级警示、紧急制动、故障报告等功能，能够在许多不适宜人类工作的场合发挥独特作用。

四、AGV小车操作

（1）AGV小车使用注意事项

1）发生短距避障情况时要怎样调节？

① AGV小车检测到前方障碍物，需将障碍物移开；②行驶过程中小车的红外传感器误检测到反光物体，这时需把反光物体遮挡起来；③如果小车误触停车报警，可以在遥控器上按下“防撞”按键或按下小车的急停按钮，关闭报警；④转弯时，短距避障脱轨，如果遇到敏感路线，先关闭红外传感器再分岔，过完弯道必须开启红外传感器。

2）如何适当改变避障范围？红外传感器有四个旋钮来控制避障范围，逆时针调小范围，顺时针调大范围。

3）配送过程中关闭小车电源的影响。关闭小车电源，将丢失小车当前配送路线信息而引起总路线混乱。因此禁止随意关闭小车电源或随意停车。当出现异常而需要重启小车时，在人工确保不会和其他车辆碰撞的情况下，可以按相应方向的巡线键，让小车沿磁条自动巡线运行过去，但需全程有人员跟随和保护。

4）小车配送过程中工控机为关闭状态导致的后果。会导致巡航出线及撞车。如果调度系统关闭或无线模块接头掉落，小车将会失去管控，会出线撞车、到站点不停等危险情况。调度系统突然“中断”或“关闭”小车会发出“调度失联人工处理”报警。

5）小车不按规定路线运行的影响。会导致巡航出线以及撞车。一般是人工不当操作小车所致。小车启动的5s内是不读卡、不执行卡片动作的。

6）小车突然脱轨，没有按照正常的路线执行的处理方法。检查磁条是否完好、卡片是否被损坏、小车是否能读取卡片信息。注意：不能把这两张卡片重叠在一起。

7）小车离工控机的距离比较远，信号不好的处理方法。在中途放中继放大器（中继模块）来增强小车的信号。配置中继放大器时，除了模块名称不能跟小车相同，其他参数要与小车上的模块保持一致。注意：小车天线、工控机调度系统的天线、中继模块的天线均应该朝上，严禁指向地面。

（2）安全操作规程

1）AGV小车操作人员必须具备相关从业资质，经过必要的培训，熟悉AGV小车的使用说明及相关的操作规程，严禁违章操作。

2）AGV 小车现场操作人员及相关人员应穿戴相应工作内容的劳保和护具（比如防护鞋等）。

3）AGV 小车维护、检修、运输、吊装必须遵守相关操作安全规程。

4）AGV 小车操作人员必须认真阅读 AGV 小车相关使用说明书，特别应熟悉设备安全条款及安全装置。

5）无关人员不得操作、触碰和接近 AGV 小车。

6）为保护人身及设备安全，小车上设有急停按钮，一旦出现意外情况，应优先按下急停按钮，AGV 小车会立即停机，各执行机构都会立即停止工作；避免采用阻挡 AGV 小车防撞开关等其他办法停止 AGV 小车。

7）AGV 小车操作站点和运行通道应标出明显工作区域标志，并附有相关安全提示。

8）AGV 小车运行通道、运行空间、行驶路径左右 0.5m 范围内及操作区域禁止摆放物品和站立行人，以免触发障碍物探测系统，妨碍 AGV 小车的正常行驶；AGV 小车运行空间避免高空悬物阻碍 AGV 小车。

9）行人、手拖车及其他任何车辆不得与 AGV 小车抢道，应让 AGV 小车先行，以免发生碰撞事故。

10）严禁站在 AGV 小车运行路径上试图故意触碰安全防护系统使其停止，使 AGV 小车运行效率降低，以及产生碰撞危险。

11）操作人员和车辆不要在 AGV 小车路径转向路口逗留，以免 AGV 小车转向时发生碰撞。

12）现场操作人员不要越过 AGV 小车装卸货站台和工作区，当 AGV 小车要进行装卸货动作时注意避让，尽量不要靠近站台和 AGV 小车，以免发生事故。

13）由于 AGV 小车后向、侧向障碍物探测系统灵敏度相对前向探测系统较差，在 AGV 小车倒车、侧移路段严禁任何人、物、车辆走动（行驶）或停留。

14）严禁非维护人员以任何原因挪动站台的空（满）托盘，或向站台非法摆放托盘或他物，以免因货位状态改变造成 AGV 小车动作失败，甚至发生更严重的安全事故。

15）非维护人员严禁试图站立或登上 AGV 小车。

16）AGV 小车工作时严禁任何人站立和登上 AGV，维护人员应确保 AGV 小车停止运行后才可以进行维护。

17）维护操作人员应确保系统运行安全、人身安全，长时间维护应在指定维护区作业，并做好安全标示。

18）爱护现场的反射板，严禁触摸反射板表面，撕毁反射板，触碰反射板支架，以免给 AGV 小车的导航系统带来严重的负面影响。

（3）AGV 小车单机操作

开机之前的设置：

1）打开 AGV 小车电源 1min 后，打开 AGV 小车计算机里的车载系统软件，打开后，选择手动开磁导。

2）打开 AGV 小车服务器计算机里的调度系统软件。

3）调整好位置，沿磁条运行。如果 AGV 小车前巡时一直往一边走，检查驱动是否报警。

AGV 小车单机操作流程见表 5-5。

表 5-5 AGV 小车单机操作流程

序号	流程	操作说明	注意事项
1	开机前电量检查	打开【总开关】①，AGV 小车除计算机外的电源都会开启，【电量显示表】②显示当前电量 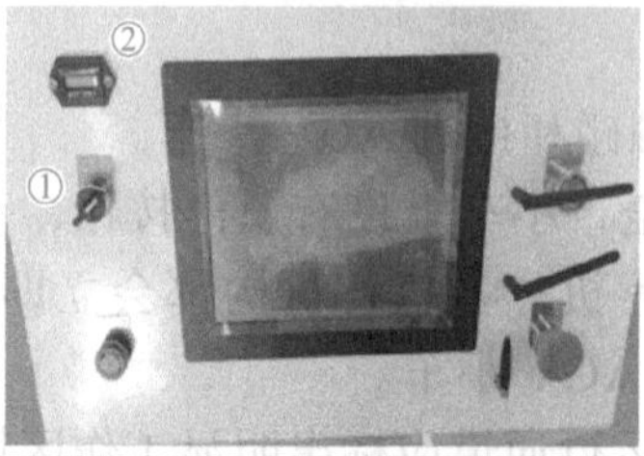	打开开关后，观察【电量显示表】②电量是否满，若电量过低需进行充电
2	AGV 小车充电操作	1）推动 AGV 小车使【插槽】③卡住，接通【电源插头】④和⑤；将【按钮】⑥拨至手动，【指示灯】⑦亮起代表正在充电 2）当【指示灯】⑧亮起，等待 1 ～ 2h 观察【显示屏】②显示是否完成充电 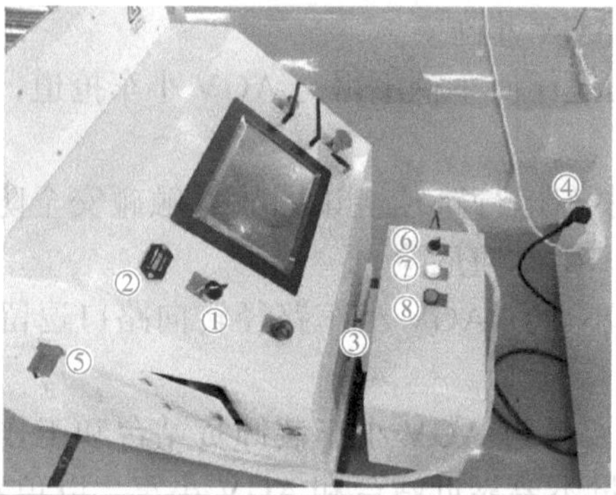	注意【电源插头】⑤电源线要放在充电桩背后，不可放在【插槽】③位置，以免发生危险
3	手动启动 AGV 小车	1）按下【电源开关】①并逆时针松开【急停按钮】②启动计算机 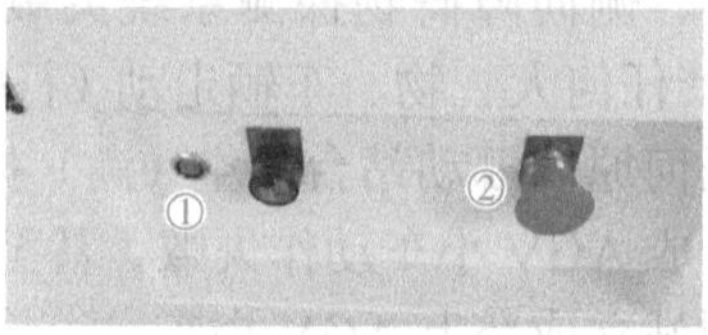 2）开机后，输入计算机密码【admin】  3）等 1min，等【车载系统】③光标显示，选择手动开磁导，打开系统进行操作 	启动计算机后需要等 1min，等车载控制系统标志显示后再打开系统，不然系统会报错

（续）

<table>
<tr><th>序号</th><th>流程</th><th>操作说明</th><th>注意事项</th></tr>
<tr><td>4</td><td>开启 AGV 小车自动模式</td><td>1）打开图 a 计算机（计算机开启密码为 1）和图 b 计算机②，计算机②搜索【远程桌面控制】，其中远程控制地址：192.168.10.151
a)　　b)
2）打开计算机① AGV 小车调度程序，程序界面如图 c 所示，进行自动操作
c)</td><td></td></tr>
</table>

任务实施

任务基于生产性实训数控线平台 AGV 小车进行。本任务要求对 AGV 小车进行操作，完成 AGV 小车搬运任务。任务书见表 5-6，完成后填写表 5-7。

表 5-6　任务书

<table>
<tr><td>任务名称</td><td colspan="7">AGV 小车搬运系统操作</td></tr>
<tr><td>班级</td><td></td><td>姓名</td><td></td><td>学号</td><td></td><td>组别</td><td></td></tr>
<tr><td>任务内容</td><td colspan="7">实操任务：
1. AGV 小车控制面板上按键的认识及操作
2. 利用 AGV 小车将工件搬运到指点位置
要求：
操作前必须熟读步骤和注意事项，过程中需教师监督，工作区域内只允许操作人员站立</td></tr>
<tr><td>任务目标</td><td colspan="7">1. 掌握 AGV 小车的工作原理
2. 掌握 AGV 小车各结构组成
3. 掌握 AGV 小车操作方法</td></tr>
<tr><td colspan="3">资料</td><td colspan="2">工具</td><td colspan="3">设备</td></tr>
<tr><td colspan="3">AGV 小车安全操作规程</td><td colspan="2">常用工具</td><td colspan="3">生产性实训系统</td></tr>
<tr><td colspan="3">生产性实训系统使用手册</td><td colspan="2"></td><td colspan="3"></td></tr>
<tr><td colspan="3">AGV 小车说明书</td><td colspan="2"></td><td colspan="3"></td></tr>
</table>

表 5-7　任务完成报告书

任务名称	AGV 小车搬运系统操作						
班级		姓名		学号		组别	
任务内容							

拓展思考

根据智能生产线中的 AGV 小车，思考该设备有几种运行方式？

任务评价

参考表 5-8，对本任务进行评价，并根据完成的实际情况进行总结。

表 5-8　任务完成评价表

评价项目		评价要求	评分标准	分值	得分
任务内容	AGV 小车控制面板准确使用	规范操作	结果性评分，AGV 小车面板的使用、动作控制正确	20 分	
	零件运行到准确位置	规范操作	过程性评分，步骤正确，动作规范	10 分	
		精度	结果性评分，能完成零件搬运	20 分	
安全文明生产	设备	保证设备安全	1）设备每损坏 1 处扣 1 分 2）人为损坏设备扣 10 分	20 分	
	人身	保证人身安全	否决项，发生皮肤损伤、撞伤、触电等，本任务不得分		
	文明生产	遵守各项安全操作规程，实训结束要清理现场	1）违反安全文明生产考核要求的任何一项，扣 1 分 2）当教师发现有重大人身事故隐患时，要立即给予制止，并扣 10 分 3）不穿工作服，不穿绝缘鞋，不得进入实训场地	30 分	
合计				100 分	

项目六

生产线设备数据交互

项目说明

生产线设备系统集成的关键是构建设备间的数据交互。通过计算机搭建服务器，组建工业互联网，中央控制系统主控 PLC 通过 TCP/IP 接入工业互联网，与 MES、工业机器人搬运机构、料库机构、机床加工机构等模块共同组成智能化生产体系。本项目主要针对机器人与 PLC 间通信进行介绍，逐层深入讲解生产线设备间数据交互方法和操作步骤。

任务 PLC 与 FANUC 机器人通信

知识目标

（1）掌握 Modbus TCP 通信协议相关指令参数含义。

（2）掌握 FANUC 工业机器人与西门子 PLC 通信建立的方法。

技能目标

（1）能正确使用软件完成 MB_CLIENT 指令相关参数设置。

（2）能正确完成 FANUC 工业机器人与西门子 PLC 通信建立。

素养目标

（1）培养学生在复杂难懂的知识面前刻苦钻研的求知精神。

（2）培养学生在实践中重视细节、一丝不苟的学习态度。

（3）通过实践操作验证、信号调试，学会以理论指导实际，用实际验证理论。

任务引导

引导问题：熟悉使用博途软件完成新建项目、添加硬件、添加指令等基本操作，并简单记录操作步骤。

知识准备

自动化系统包括多种通信协议，它们是可以应用于工业控制器上的通用语言。通过多种协议，控制器之间可以经由网络（例如以太网）和其他设备进行通信。其中部分协议已经成为工业标准，不同厂商生产的控制设备可以通过协议互连成工业网络，进行集中监控。

常见的通信协议包括三菱 PLC 常用的 CC-LINK，西门子常用的 Profibus 和 PROFINET I/O 通信方式，施耐德公司常用的 Modbus 等。

西门子 S7-1200 PLC CPU 可以使用 Modbus TCP 通信方式，结合了 Modbus 通信方式和 PROFINET 通信方式，可以使用 PROFINET 通信来连接 Modbus 客户端或服务器。下面将介绍如何使用 Modbus TCP 通信方式进行 PLC 和工业机器人通信建立。

一、Modbus 协议介绍

Modbus 协议是应用于工业控制器的一种通用语言。协议定义了一个工业控制器能认识使用的消息结构，而不管它们是经过何种网络进行通信的。工业控制器可以联网进行 Modbus 通信，它服从工业控制器网络协议，是公开发表的，对外开放，易于操作，是工业控制设备之间比较常用的通信方式。

当在 Modbus 网络上通信时，此协议决定了每个控制器需要知道的设备地址，识别各地址发来的消息，决定要产生何种行动。如果需要回应，控制器将生成反馈信息并用 Modbus 协议发出。在其他网络上，包含了 Modbus 协议的消息转换为在其他网络上使用的帧或包结构。

标准的 Modbus 网络通信能设置为两种传输模式（ASCII 或 RTU）中的任何一种，Modbus TCP 采用 RTU 传输模式。当控制器设为在 Modbus 网络上以 RTU（远程终端单元）模式通信，在消息中的每 8bit（即 1 字节）包含两个 4bit 的十六进制字符。这种方式的主要优点是在同样的波特率下，可比 ASCII 传输模式传送更多的数据。

针对西门子 S7-1200 PLC 的 Modbus TCP 通信方式，主要使用 MB_CLIENT 指令，作为 Modbus TCP 客户端，通过 S7-1200 PLC CPU 的 Profinet 连接工业机器人。使用

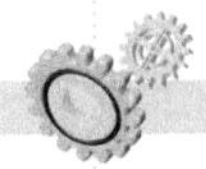

MB_CLIENT 指令可以在客户端和服务器之间建立连接、发送 Modbus 请求、接收响应并控制 Modbus TCP 客户端的连接终端。

MB_CLIENT 指令如图 6-1 所示。指令参数说明详见表 6-1。

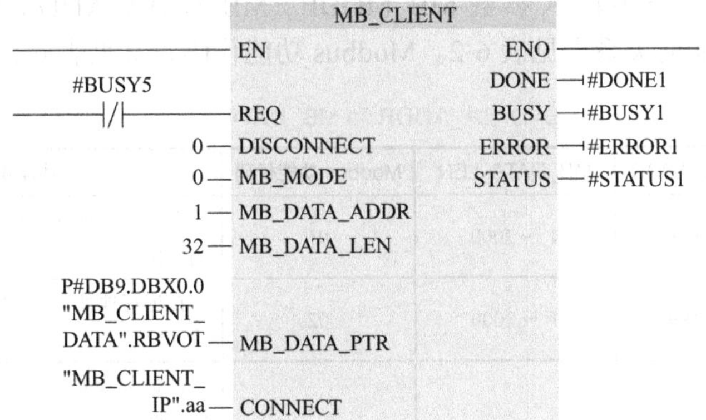

图 6-1 MB_CLIENT 指令

表 6-1 MB_CLIENT 指令参数说明

参数	声明	数据类型	说明
REQ	Input	BOOL	对 Modbus TCP 服务的 Modbus 查询 REQ 参数受到等级控制。这意味着只要设置了输入（REQ=true），指令就会发送通信请求 1）Modbus 查询开始后，背景数据块将锁定，其他客户端无法使用 2）在服务器进行响应或输出错误消息之前，对输入参数的更改不会生效 如果在请求期间再次设置了参数 REQ，此后将不会进行任何其他传输
DISCONNECT	Input	BOOL	通过该参数，可以控制与 Modbus 服务器建立和终止连接 为 0：与通过 CONNECT 参数组态的连接伙伴（参见 CONNECT 参数）建立通信连接 为 1：断开通信连接。在终止连接的过程中，不执行任何其他功能。成功终止连接后，STATUS 参数将输出值 0003 如果在建立连接的过程中设置了参数 REQ，将立即发送 Modbus 请求
MB_MODE	Input	USINT	选择 Modbus 的请求模式（读取、写入或诊断）或直接选择 Modbus 功能
MB_DATA_ADDR	Input	UDINT	取决于 MB_MODE
MB_DATA_LEN	Input	UINT	数据长度：数据访问的位数或字数
MB_DATA_PTR	InOut	VARIANT	指向将从 Modbus 服务器接收数据的数据缓冲区或指向待发送到 Modbus 服务器的数据所在数据缓冲区的指针
CONNECT	InOut	VARIANT	指向连接描述结构的指针 可以使用以下结构（系统数据类型）： 1）TCON_IP_v4：包括建立指定连接时所需的所有地址参数。使用 TCON_IP_v4 时，可通过调用 MB_CLIENT 指令建立连接 2）TCON_Configured：包括所组态连接的地址参数。使用 TCON_Configured 时，将使用下载硬件配置后由 CPU 创建的已有连接

针对表中部分参数详细说明如下。

1. MB_MODE、MB_DATA_ADDR 和 MB_DATA_LEN 说明

参数MB_MODE、MB_DATA_ADDR和MB_DATA_LEN共同作用决定Modbus功能，在设置时要根据所需功能综合考虑。同时，要求 PLC 与机器人所适用的代码编号保持一致。MB_CLIENT 指令中输入参数 MB_MODE、MB_DATA_ADDR 和 MB_DATA_LEN 与相关 Modbus 功能的关系表见表 6-2。Modbus 功能代码含义见表 6-3。

表 6-2　参数 MB_MODE、MB_DATA_ADDR 和 MB_DATA_LEN 与相关 Modbus 功能的关系表

MB_MODE	MB_DATA_ADDR	MB_DATA_LEN	Modbus 功能代码	功能和数据类型
0	1 ～ 9999	1 ～ 2000	01	在远程地址 0 ～ 9998 处，读取 1 ～ 2000 个输出位
0	10001 ～ 19999	1 ～ 2000	02	在远程地址 0 ～ 9998 处，读取 1 ～ 2000 个输入位
0	40001 ～ 49999 400001 ～ 465535	1 ～ 125	03	在远程地址 0 ～ 9998 处，读取 1 ～ 125 个保持性寄存器 在远程地址 0 ～ 65534 处，读取 1 ～ 125 个保持性寄存器
0	30001 ～ 39999	1 ～ 125	04	在远程地址 0 ～ 9998 处，读取 1 ～ 125 个输入字
1	1 ～ 9999	1	05	在远程地址 0 ～ 9998 处，写入 1 个输出位
1	40001 ～ 49999 400001 ～ 465535	1	06	在远程地址 0 ～ 9998 处，写入 1 个保持性寄存器 在远程地址 0 ～ 65534 处，写入 1 个保持性寄存器
1	40001 ～ 49999 400001 ～ 465535	2 ～ 123	16	在远程地址 0 ～ 9998 处，写入 2 ～ 123 个保持性寄存器 在远程地址 0 ～ 65534 处，写入 2 ～ 123 个保持性寄存器
1	1 ～ 9999	2 ～ 1968	15	在远程地址 0 ～ 9998 处，写入 2 ～ 1968 个输出位

表 6-3　Modbus 功能代码含义

代码编号	功能代码	含义
01h	Read Coils	读取线圈状态，读取一组逻辑线圈的当前状态（ON/OFF）
02h	Read Discrete Inputs	读取输入状态，读取一组开关输入的当前状态（ON/OFF）
03h	Read Holding Registers	读取保持寄存器，在一个或多个保持寄存器中取得当前二进制值
04h	Read Input Registers	读取输入寄存器，在一个或多个输入寄存器中取得当前二进制值
05h	Write Single Coil	强制（写）单线，强制（写）一个逻辑线的通断状态（ON/OFF）
06h	Write Single Register	预置（写）单寄存器，把具体二进制值写入一个保持寄存器
0Fh	Write Multiple Coils	强制（写）多线，强制（写）一串连续逻辑线圈的通断状态（ON/OFF）
10h	Write Multiple Registers	预置（写）多寄存器，把具体二进制值写入一串连续的保持寄存器

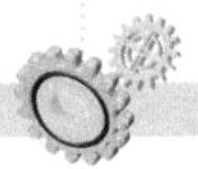

需要注意的是，代码编号采用的是十六进制数，如表 6-3 中 0Fh 对应表 6-2 中的 Modbus 功能代码 15。功能代码设置举例如下：

1）设置 MB_MODE=0、MB_DATA_ADDR=30001、MB_DATA_LEN=16，即指定 Modbus 功能代码为 04，从机器人地址读入 16 个位。

2）设置 MB_MODE=1、MB_DATA_ADDR=1、MB_DATA_LEN=1，即指定 Modbus 功能代码为 05，将从远程地址 0 开始写 1 个输出位。

3）设置 MB_MODE=1、MB_DATA_ADDR=1、MB_DATA_LEN=2，即指定 Modbus 功能代码为 15，将从远程地址 0 开始写 2 个输出位。

2. MB_DATA_PTR 说明

MB_DATA_PTR 指向待从 Modbus 服务器接收数据的数据缓冲区或指向待发送到 Modbus 服务器数据所在数据缓冲区的指针。

作为数据缓冲区，可使用全局数据块或存储区域（M）。对于存储区域（M）中的缓冲区，可通过以下方式使用 ANY 格式的指针：P# 位地址 数据类型 长度”（例如：P#M1000.0 WORD 500）。数据块可以为优化的数据块，也可以为标准的数据块结构。若为优化的数据块结构，编程时需要以符号寻址的方式填写该引脚；若为标准的数据块结构（右键单击 DB 块，在“属性”中取消勾选“优化的快访问”），需要以绝对地址的方式填写该引脚。MB-CLIENT-DATA 数据块（DB）建立可参考图 6-2，建立数组分别用于读取机器人 DO 数据、写入机器人 DI 数据，数据类型采用 Bool（布尔）型，数组长度为 64。

MB-CLIENT-DATA

	名称	数据类型	偏移量
1	▼ Static		
2	▶ RBVOT	Array[0..64] of Bool	0.0
3	▶ RBVIN	Array[0..64] of Bool	10.0

图 6-2 MB-CLIENT-DATA 数据块

3. CONNECT 说明

对于 CONNECT 参数，MB_CLIENT 指令可使用两种不同的连接描述：

1）TCON_IP_v4：包括建立指定连接时所需的所有地址参数。使用 TCON_IP_v4 时，可通过调用 MB_CLIENT 指令建立连接。

2）TCON_Configured：包括所组态连接的地址参数。使用 TCON_Configured 时，将使用下载硬件配置后由 CPU 创建的已有连接。

本任务主要针对 TCON_IP_v4 结构的设定连接进行说明。连接时，需要确认。

1）确保仅在 TCON_IP_v4 结构中指定了 TCP 类型的连接。

2）该连接不能使用下列 TCP 端口号：20、21、25、80、102、123、5001、34962、34963 和 34964。

CONNECT 设置界面如图 6-3 所示。其中 TCON_IP_v4 连接参数说明见表 6-4。

MB_CLIENT_IP

	名称	数据类型	偏移量	起始值	保持
1	▼ Static				
2	▼ AA	TCON_IP_v4	...		
3	InterfaceId	HW_ANY	...	16#40	
4	ID	CONN_OUC	...	16#1	
5	ConnectionType	Byte	...	16#0B	
6	ActiveEstablished	Bool	...	1	
7	▶ RemoteAddress	IP_V4	...		
8	RemotePort	UInt	...	5000	
9	LocalPort	UInt	...	0	

图 6-3 CONNECT 设置界面

表 6-4 TCON_IP_v4 连接参数说明

字节	参数	数据类型	起始值	说明
0...1	InterfaceId	HW_ANY	—	本地接口的硬件标识符（值范围：0 ~ 65535）
2...3	ID	CONN_OUC	—	引用该连接（1 ~ 4095） 该参数将唯一确定 CPU 中的连接。MB_CLIENT 指令的每个实例都必须使用唯一的 ID
4	ConnectionType	BYTE	11	连接类型 对于 TCP，选择 11（十进制）。不允许使用其他连接类型。如果使用了其他连接类型（如 UDP），该指令的 STATUS 参数将输出相应的错误消息
5	ActiveEstablished	Bool	TRUE	建立连接的方式所对应的 ID 对于主动连接建立，应选择 TRUE
6...9	RemoteAddress	ARRAY [1..4] of BYTE	—	连接伙伴（Modbus 服务器）的 IP 地址，例如，192.168.0.1： addr[1]=192 addr[2]=168 addr[3]=0 addr[4]=1
10...11	RemotePort	UInt	502	远程连接伙伴的端口号（1 ~ 49151） 客户端通过 TCP/IP 与其建立连接并最终通信的服务器的 IP 端口号（默认值 502）
12...13	LocalPort	UInt	0	本地连接伙伴的端口号： 1）端口号：1 ~ 49151 2）任意端口：0

4. DONE、BUSY、ERROR 和 STATUS 说明

DONE、BUSY、ERROR 和 STATUS 作为输出参数，可根据信号状态进行通信调试，参数说明见表 6-5。其中，DONE 为完成标志位，只要最后一个作业成功完成，立即将 DONE 置位为“1”；BUSY 为繁忙标志位，根据置位状态可判断 Modbus 是否在进行请求；ERROR 为错误标志位，0 表示无错误，1 表示出错，出错原因由参数 STATUS 指示。STATUS 的常规状态信息参考如下：

表 6-5 Modbus 输出参数说明

参数	声明	数据类型	说明
DONE	Out	Bool	如果最后一个 Modbus 作业成功完成，则输出参数 DONE 中的该位将立即置位为“1”
BUSY	Out	Bool	• 0：无 Modbus 请求在进行中 • 1：正在处理 Modbus 请求 在建立和终止连接期间，不会设置输出参数 BUSY

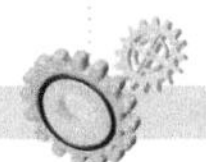

（续）

参数	声明	数据类型	说明
ERROR	Out	Bool	• 0：无错误 • 1：出错 出错原因由参数 STATUS 指示
STATUS	Out	Word	指令的详细状态信息

1）7001：已触发连接建立操作。

2）7002：中间调用，正在建立连接。

3）7003：正在终止连接。

4）7004：连接已建立且处于受监视状态。未激活任何作业执行。

5）7005：正在发送数据。

6）7006：正在接收数据。

需要注意的是，Modbus TCP 通信需要用分时控制各 MB_CLIENT 功能块。在同一时间只能有一个 MB_CLIENT 功能块的 DISCONNECT 处于 OFF（即建立连接），否则会出现通信异常。所以在建立 MB_CLIENT 功能块时候常常使用 DONE 和 BUSY 信号作为连接建立的分断信号，以确保一个时段只有一个 MB_CLIENT 功能块建立连接。根据所需功能块数量的不同需要做相应增减。DONE 和 BUSY 信号编程如图 6-4 所示。

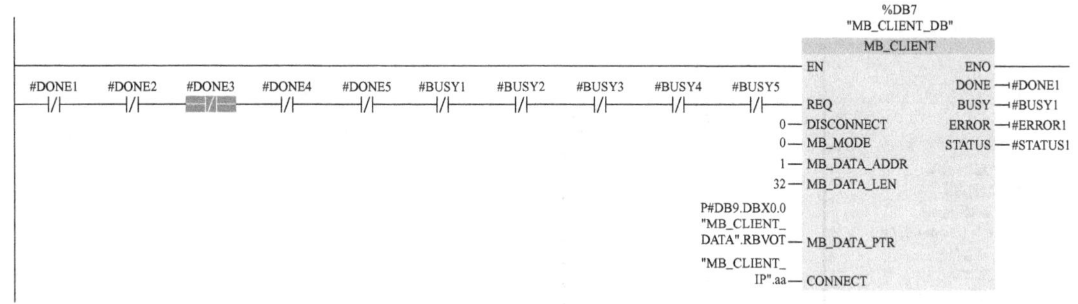

图 6-4 DONE、BUSY 信号编程

二、机器人与 PLC 通信操作

1. PLC 侧设置

机器人与 PLC 通信通过博途（TIA Portal）V15 软件编程实现。详细步骤如下：

1）打开博途 V15 软件，单击【创建新项目】，在右侧填写相应信息创建项目，单击左下角【项目视图】，如图 6-5 所示。

2）双击左侧项目树中的【添加新设备】，弹出对话框，选择 PLC 型号为 SIMATIC S7-1200。如果可以使用计算机在线连接 S7-1200 CPU，且 CPU 的外展模板已经接插完毕，则可以自动检测完成设备硬件配置，如图 6-6 所示。如果已知 CPU 订货号，也可根据订货号对应选择。

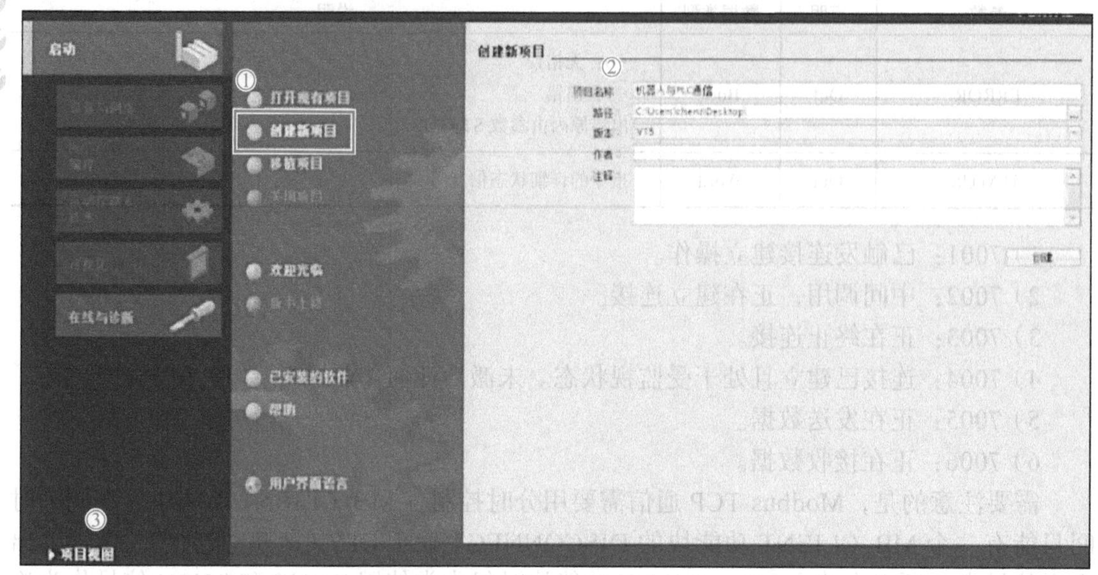

图 6-5　创建新项目

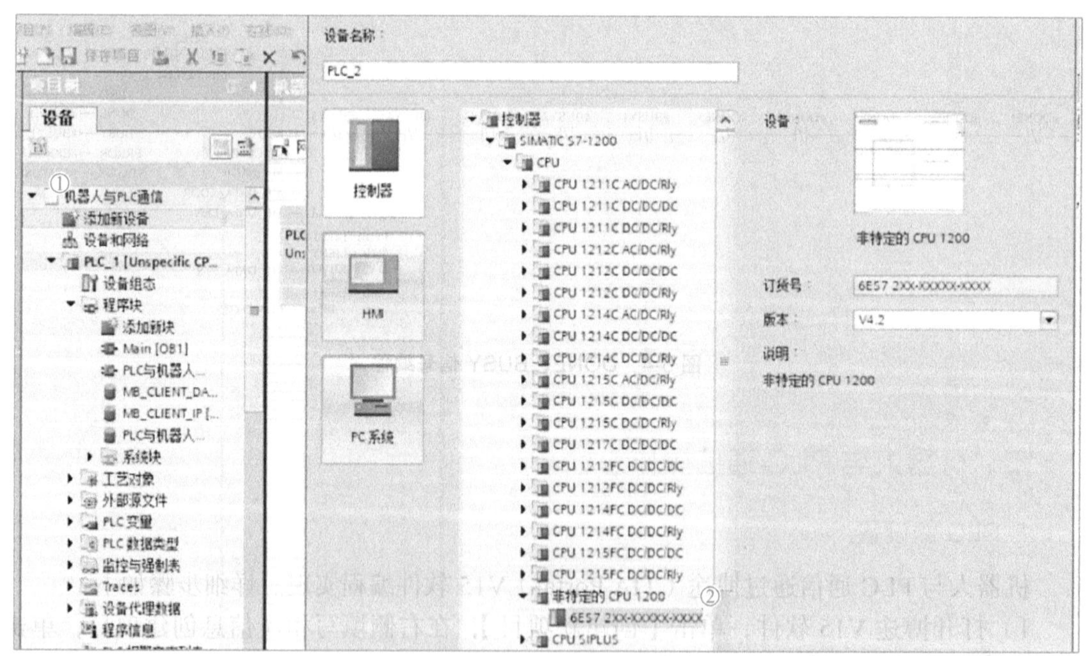

图 6-6　添加新设备

3）单击左侧项目树中【程序块】-【添加新块】，选择函数块（FB）进行添加。为了后续便于区分，名称可命名为“PLC 与机器人间通信”，如图 6-7 所示。

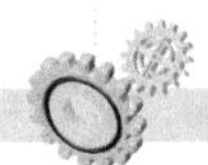

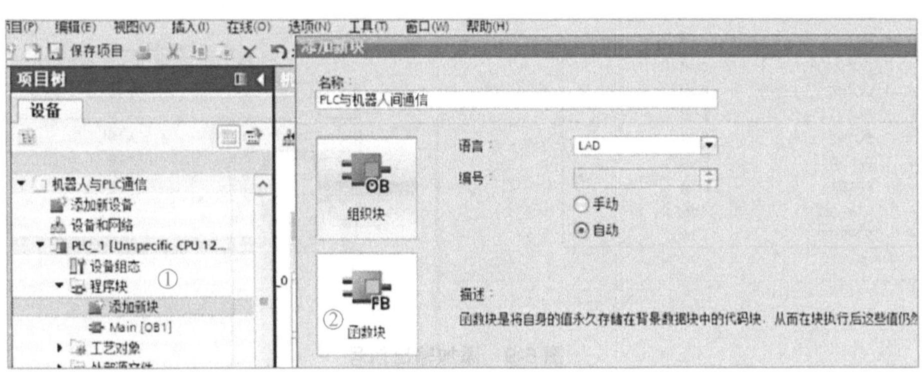

图 6-7　添加函数块

4）如图 6-8 所示，在“PLC 与机器人间通信”函数块中，单击右侧垂直项目栏【指令】→【通信】，在下拉菜单中选择【其他】→【Modbus TCP】，双击【MB_CLIENT】指令，添加 MB_CLIENT 功能块。如需具体了解该功能指令详细信息，可将鼠标置于功能块上方，按【F1】键进入信息系统查询相关参数含义。

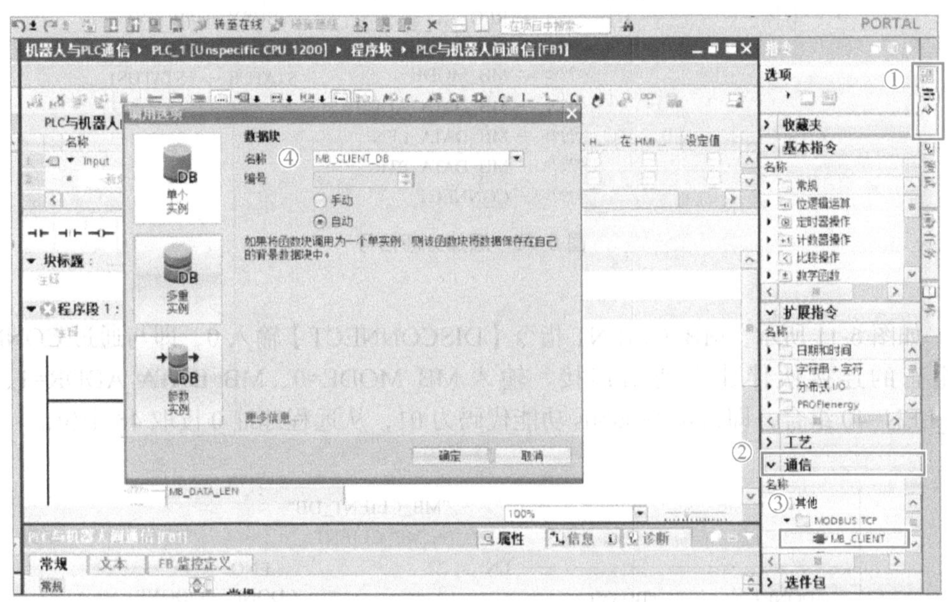

图 6-8　添加 MB_CLIENT 功能指令

5）添加功能块信号。如图 6-9a 所示，在【Static】下创建 DONE、BUSY、ERROR 和 STATUS 信号各两组（添加个数与 MB_CLIENT 个数相对应）。STATUS 信号数据类型设置为【Word】，其余均为【Bool】。如图 6-9b 所示，单击 MB_CLIENT 功能块【DONE】处，在弹出的列表框中选择【#DONE1】，其余信号同理设置。

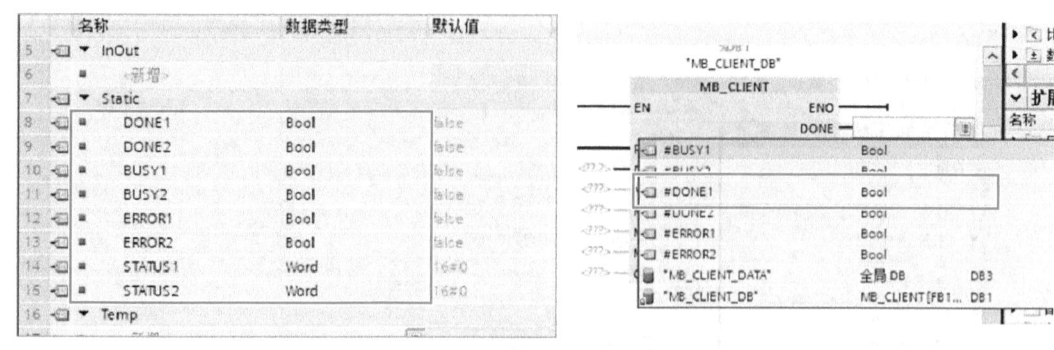

a) 创建信号　　b) 添加信号

图 6-9　添加输出信号

为保证同一时间只有一个 MB_CLIENT 功能块的 DISCONNECT 处于 OFF，在 REQ 参数前添加 DONE 和 BUSY 的常闭开关作为分断信号，如图 6-10 所示。

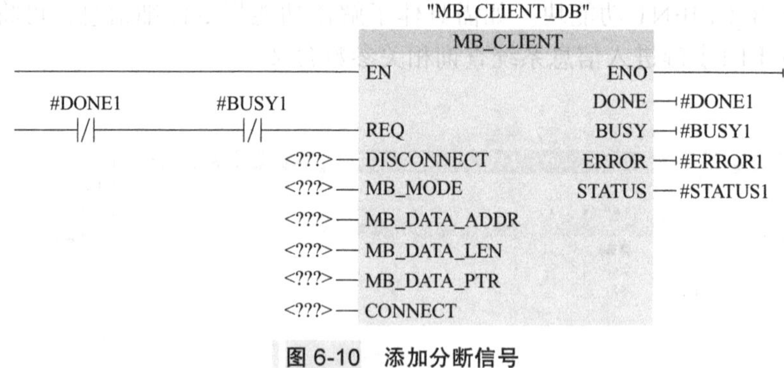

图 6-10　添加分断信号

6）如图 6-11 所示，MB_CLIENT 指令【DISCONNECT】输入 0，即与通过 CONNECT 参数组态的连接伙伴建立通信连接。输入 MB_MODE=0、MB_DATA_ADDR=1、MB_DATA_LEN=40 组合，即指定 Modbus 功能代码为 01，从远程地址 0 读取 40 个位。

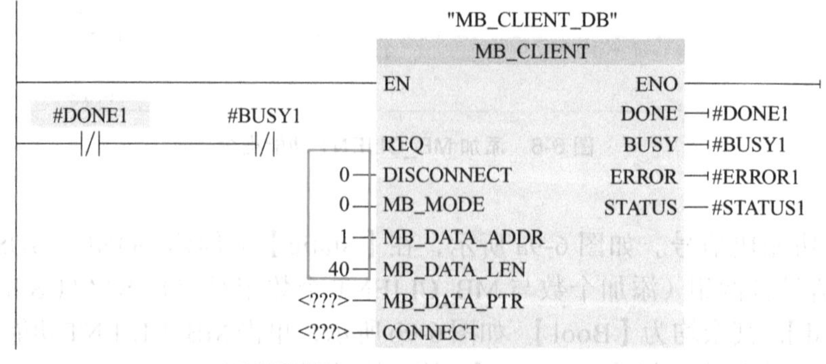

图 6-11　Modbus 相关参数输入

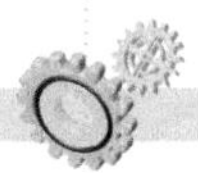

7）添加 MB_DATA_PTR 数据缓存区。单击左侧【项目树】→【添加新块】，添加数据块（DB），可命名为“MB_CLIENT_DATA”。右击新建的块，选择【属性】，在新弹出的窗口中单击【属性】，取消勾选【优化的块访问】，如图 6-12 所示。

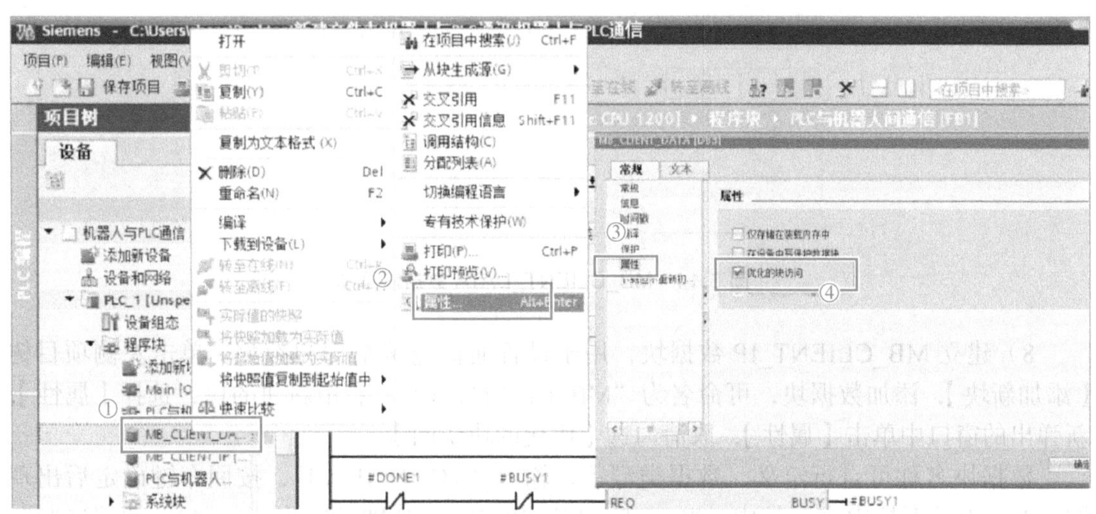

图 6-12 取消勾选“优化的块访问”

在 MB_CLIENT_DATA 数据块中添加 DO 和 DI 信号数组，分别用于读取机器人 DO 数据和写入机器人 DI 数据，数据类型选择 Bool，数组长度设置为 0..64，如图 6-13 所示。

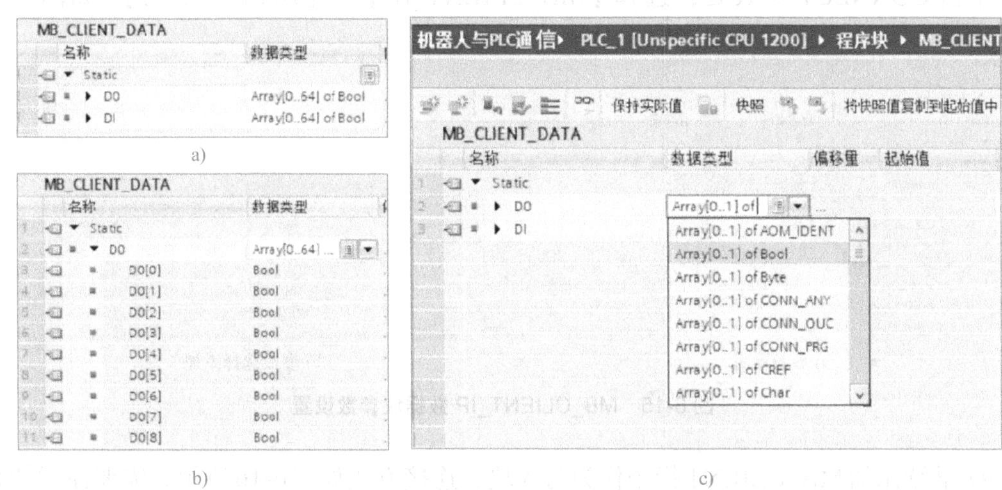

图 6-13 数据缓存区

单击 MB_DATA_PTR 参数处，选择【MB_CLIENT_DATA】→【DO[]】→【无】，其中选择“无”即选择对应数组内的所有信号地址，如图 6-14 所示。

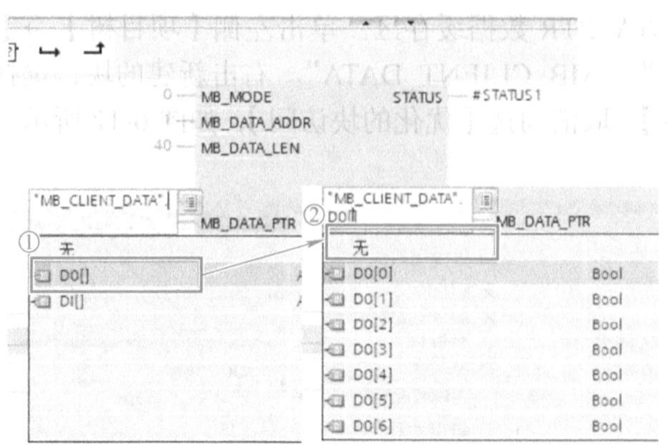

图 6-14　MB_CLIENT_DATA 数据块添加

8）建立 MB_CLIENT_IP 数据块，用于设置通信连接结构和参数。单击左侧项目树【添加新块】，添加数据块，可命名为“MB_CLIENT_IP”。右击新建的块，选择【属性】，新弹出的窗口中单击【属性】，取消勾选【优化的块访问】。

数据块名称可自行定义，数据类型手动输入“TCON_IP_v4”，按回车键确定后出现图 6-15a 所示下拉内容。其中，“InterfaceId”和“ID”分别设置为“16#40”和“16#2”。“ActiveEstablished”需要主动连接建立，选择 True 或输入 1。“ADDR”下拉为 IP 地址设置，需与机器人的主机通信 IP 一致，以 192.168.8.13 为例，由于此处设置为十六进制，因此分别输入 16#CO、16#A8、16#8、16#OD。“RemotePort”端口号设置为 502，此处设置的值要和机器人变量中设置的值保持一致，变量查询方法见机器人侧具体操作步骤。

单击 CONNECT 参数处，选择【MB_CLIENT_IP】→【AA】→【无】，如图 6-15b 所示。

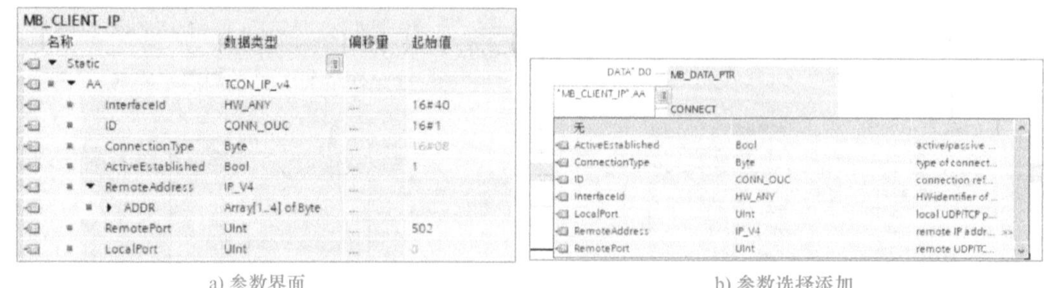

a) 参数界面　　b) 参数选择添加

图 6-15　MB_CLIENT_IP 数据块参数设置

9）继续添加 MB_CLIENT 指令作为写入块，连接方式如图 6-16 所示，需要注意的是：写入块命名需要和前一个读取块名称保持一致。

参数设置具体步骤方法同上。不同设置点如下：

① REQ 参数前添加“#DONE1”信号，当上一个指令完成后再启动。

② 输入 MB_MODE=1、MB_DATA_ADDR=40041、MB_DATA_LEN=3，即指定 Modbus 功能代码为 16，从远程地址 100 写入 3 个保持型寄存器。

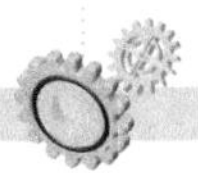

③ MB_DATA_PTR 参数选择“MB_CLIENT_DATA.DI”信号。

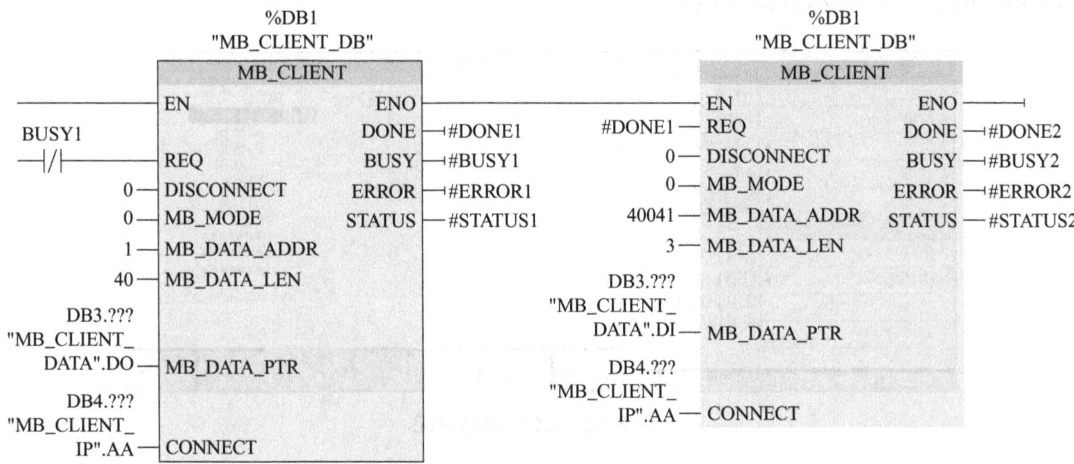

图 6-16 MB_CLIENT 写入块参数设置

10）调用功能块。在 Main 主程序中添加调用“PLC 与机器人间通信 _DB”功能块，如图 6-17 所示。

图 6-17 PLC 与机器人间通信 _DB 功能块调用

2. 机器人侧设置

1）机器人 IP 设置。单击示教器【MENU】选项，选择【主机通信】进入，如图 6-18a 所示。进入界面后，光标移到 TCP/IP 上，单击【详细】，设置 IP 地址。此处设为 192.168.8.13，子网掩码设为 255.255.255.0，路由器 IP 地址设置为 192.168.8.1（可以不设）。此处 IP 地址需与 PLC 侧【MB_CLIENT_DATA】中的 IP 地址一致，如图 6-18b 所示。

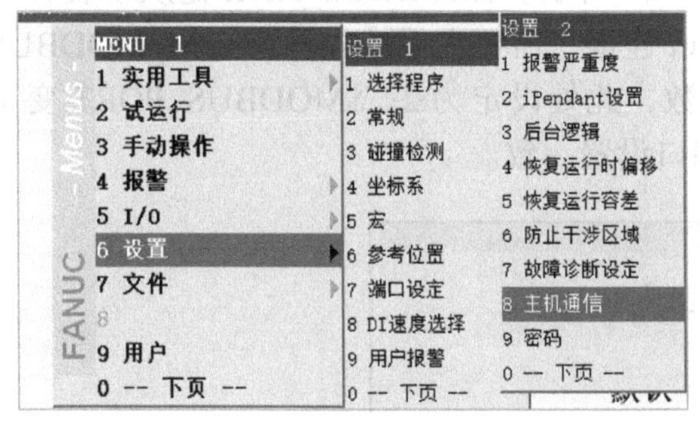

a) 通信界面选择步骤

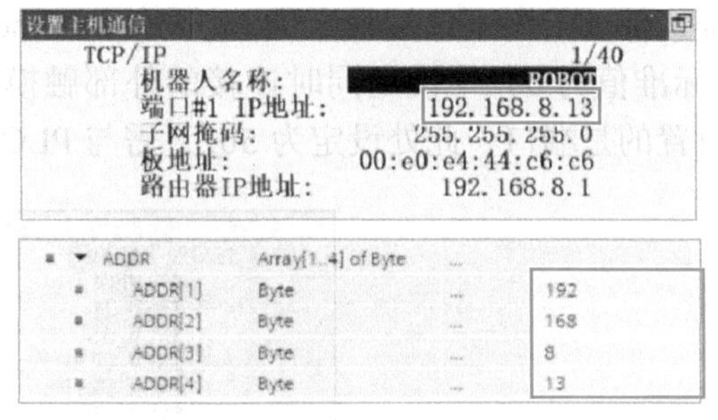

b) IP地址设置界面

图 6-18 FANUC 工业机器人 IP 地址设置

2）机器人侧 I/O 地址分配。单击示教器【MENU】→【系统】→【配置】选项，将光标移至第 44 项【UOP 自动分配】下，单击【选择】→【全部】选项，如图 6-19 所示。

确定后出现“清楚所有 I/O 分配，应用该设置”，单击【是】。当提示“重新启动，应用新的 UOP 分配？”，将示教器断电重启。

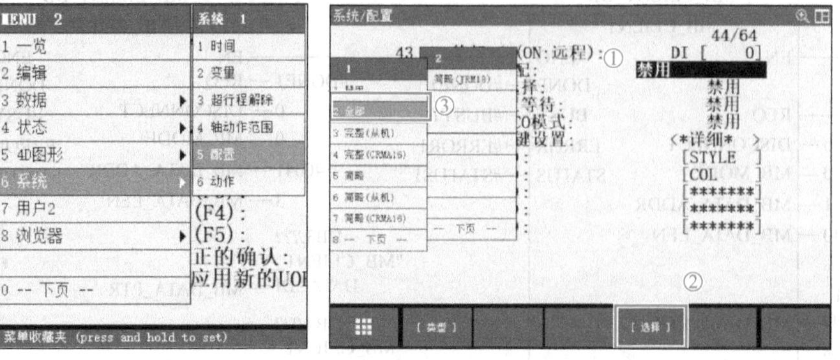

图 6-19 UOP 自动分配

单击示教器【MENU】→【IO】→【数字】选项，进入 I/O 数字信号地址界面，单击【IN/OUT】可进行 DI 信号和 DO 信号的切换。选择【分配】，设置 DO 地址开始点为 41，DI 地址开始点为 1。注意 DO 和 DI 信号地址不要有重叠，需要错开使用，如上设置使用的信号地址为 DI[1] ~ DI[40] 及 DO[41] 以后。设置完成后重新启动，如图 6-20 所示，状态为 ACTIV，说明设置生效。

图 6-20 数字信号地址分配

3）机器人侧变量设置。

① $SNPX_PARAM 设置。单击示教器【MENU】→【系统】→【变量】选项，找到系统变量 641$SNPX_PARAM。注意：不同版本型号机器人变量序号可能不同。

单击【详细】，进入系统变量画面，如图 6-21 所示。$MODBUS_ADR 是从动装置地址，标准情况下已被设定为 1。要使用 Ethernet 连接，需要在系统变量 $NUM_MODBUS（标准值为 0）中设定同时连接的外部触摸屏数，此处设定为 2。$MODBUS_PORT 变量设置的是端口，此处设定为 502，需与 PLC 端口设置一致。

系统变量

$SNPX_PARAM 11/11

#	变量	值
1	$TIMEOUT	5000
2	$SNP_ID	*uninit*
3	$NUM_ASG	80
4	$NUM_CIMP	0
5	$NUM_FRIF	4
6	$VERSION	2
7	$STATUS	0
8	$DISP_INFO	0
9	$MODBUS_ADR	1
10	$NUM_MODBUS	2
11	$MODBUS_PORT	502

图 6-21 系统变量画面设置

② $SNPX_ASG 设置。单击示教器【MENU】→【系统】→【变量】，找到系统变量 640$SNPX_ASG。注意：不同版本型号机器人变量序号可能不同。

单击【详细】进入画面，系统变量 $SNPX_ASG 是 $SNPX_ASG[1] ～ [80] 的 80 个排列变量。变量说明见表 6-6。通过设定这些变量，即可将各种各样的数据分配给保持寄存器。

表 6-6 $SNPX_ASG 变量说明

$SNPX_ASG 的变量	说明
$ADDRESS	含义：要分配的保持寄存器的开始地址 范围：1 ～ 16384
$SIZE	含义：要分配的保持寄存器的地址数 范围：1 ～ 16384
$VAR_NAME	含义：要分配的数据的字符串 通过字符串，指定数据的种类和编号。设定内容随要分配的数据而不同 例：R[1] ：R[1]　　POS[1]：组 1 的现在位置 PR[1]：PR[1]
$MULTIPLY	含义：乘数 指定将实际的数据值反映到保持寄存器时的形式。设定内容随要分配的数而不同 例：实际值为 123.45 时的保持寄存器的值如下所示 $MULTIPLY 为 1 时，123　　$MULTIPLY 为 10 时，1235 $MULTIPLY 为 0.1 时，12

DI 地址 $SNPX_ASG[1] 设置如图 6-22 所示。$ADDRESS 设为 41，$SIZE 设为 3，$VAR_NAME 设为 DI[41]，$MULTIPLY 设为 0，即不做乘数变化。

DO 地址 $SNPX_ASG[2] 设置如图 6-23 所示。设置内容同 DI 地址变量，其中 $ADDRESS 设为 1，$SIZE 设为 2，$VAR_NAME 设为 DO[1]，$MULTIPLY 设为 0，即不做乘数变化。

需要注意的是，$ADDRESS 的开始地址定义需要和 MB_CLIENT 指令中的 MB_DATA_ADDR 参数尾数保持一致，且要求各信号的 $ADDRESS 地址不能重复。

```
系统变量
      $SNPX_ASG[1]                 1/4
        1 $ADDRESS            41
        2 $SIZE               3
        3 $VAR_NAME           'DI[41]'
        4 $MULTIPLY           0.000
```

图 6-22 DI 地址 $SNPX_ASG[1] 设置

图 6-23 DO 地址 $SNPX_ASG[2] 设置

3. PLC 侧与机器人侧信号关系对应

1）DO 信号转换。使用移动值（MOVE）指令，将输入端 IN 操作数中的内容传送至输出端 OUT1 操作数中。PLC 程序如图 6-24 所示，定义 PLC 信号 M200.0 对应机器人 DO[1] 信号，对应 PLC 中数据 DO[0] 信号，以此类推对应关系。

例：若 DO[2] 值为 1，对应 M200.2 信号会被接通，可利用该信号进行相关 PLC 程序编写。

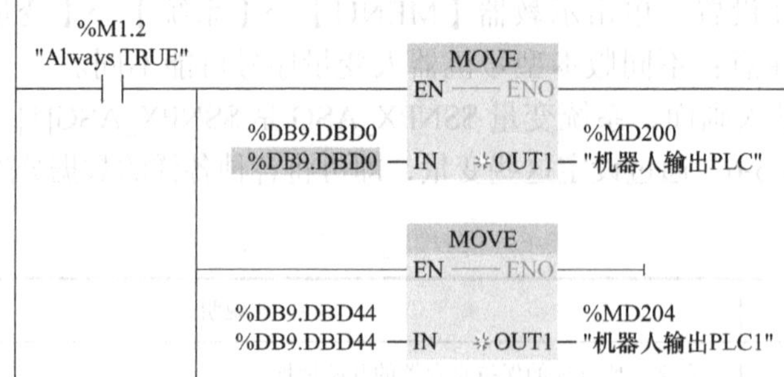

图 6-24　DO 信号转换程序

2）DI 信号转换。使用交换（SWAP）指令更改输入端 IN 中字节的顺序，并在输出端 OUT 中查询结果。PLC 程序如图 6-25 所示，PLC 信号 M100.0 对应机器人 DI[40] 信号，对应 PLC 中数据 DI[0]，以此类推对应关系。

例：若 DI[2] 值为 1，对应 M100.2 信号会被接通，可利用该信号进行相关 PLC 程序编写。

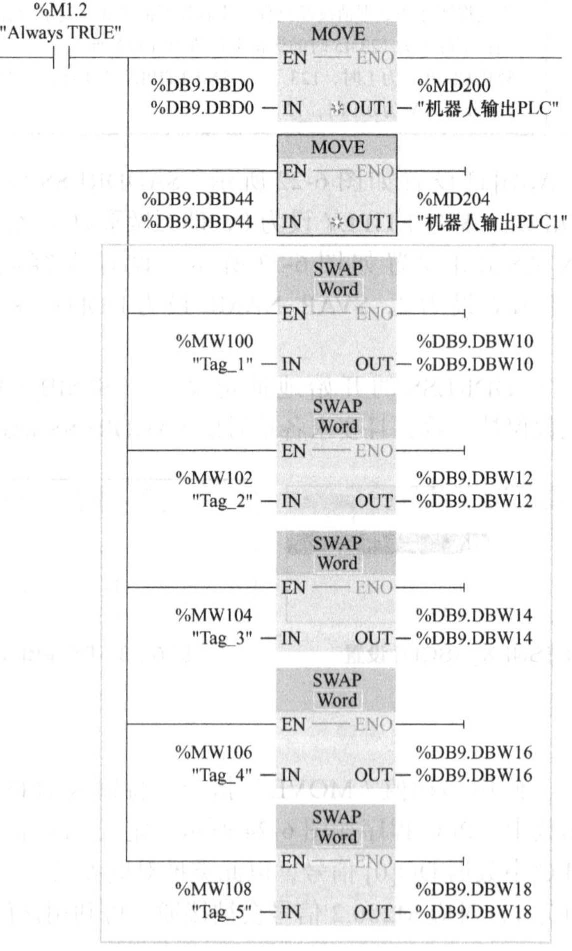

图 6-25　DI 信号转换程序

任务实施

本任务要求实现生产线设备数据交互，即 PLC 与 FANUC 工业机器人建立通信。任务书见表 6-7，完成后填写表 6-8。

表 6-7 任务书

<table>
<tr><td>任务名称</td><td colspan="6">PLC 与 FANUC 机器人通信</td></tr>
<tr><td>班级</td><td></td><td>姓名</td><td></td><td>学号</td><td></td><td>组别</td></tr>
<tr><td>任务内容</td><td colspan="6">实操任务：
1. 博途新建项目
2. MB_CLIENT_DB 读取功能块参数设置
3. MB_CLIENT_DB 写入功能块参数设置
4. 工业机器人 I/O 地址分配
5. 工业机器人 IP 地址设置
6. 工业机器人系统变量设置
7. PLC 侧与工业机器人侧信号关系对应
注意：通信建立完毕后，需进行检验调试。编译程序，对信号地址进行监控。工业机器人侧在示教器上将 DO[1] 置为 ON，观察 PLC 侧 MB_CLIENT_DATA 块中 DO[0] 是否置为 “True”。若是，即表示 PLC 与 FANUC 工业机器人间通信建立成功</td></tr>
<tr><td>任务目标</td><td colspan="6">1. 了解 Modbus 通信协议
2. 掌握 MB_CLIENT 指令相关参数设置方法
3. 掌握 FANUC 工业机器人侧相关参数设置方法
4. 掌握 FANUC 工业机器人 I/O 地址分配方法
5. 掌握 PLC 侧与工业机器人侧信号关系建立方法
6. 能正确完成 FANUC 工业机器人与西门子 PLC 通信的建立</td></tr>
<tr><td colspan="3">资料</td><td colspan="2">工具</td><td colspan="2">设备</td></tr>
<tr><td colspan="3">工业机器人安全操作规程</td><td colspan="2">常用工具</td><td colspan="2">生产性实训系统</td></tr>
<tr><td colspan="3">生产性实训系统使用手册</td><td colspan="2"></td><td colspan="2"></td></tr>
</table>

表 6-8 任务完成报告书

<table>
<tr><td>任务名称</td><td colspan="6">PLC 与 FANUC 机器人通信</td></tr>
<tr><td>班级</td><td></td><td>姓名</td><td></td><td>学号</td><td></td><td>组别</td></tr>
<tr><td>任务内容</td><td colspan="6"></td></tr>
</table>

拓展思考

对照表 6-2 和表 6-3，更改 MB_CLIENT 参数中的 MB_MODE、MB_DATA_ADDR 和 MB_DATA_LEN 参数，即更改 Modbus 的功能代码选项，并进行相关参数的更改，思考并记录不同功能代码下的指令设置差异。

任务评价

参考表 6-9 对本任务进行评价，并根据完成的实际情况进行总结。

表 6-9　任务完成评价表

评价项目		评价要求	评分标准	分值	得分
任务内容	PLC 侧 MB_CLIENT 功能指令设置	规范操作	结果性评分，MB_MODE、MB_DATA_ADDR、DATA_LEN、CONNECT、DISCONNECT、MB_DATA_PTR 设置正确	25 分	
	工业机器人侧参数设置	规范操作	结果性评分，工业机器人示教器 I/O 地址分配、IP 设置和系统变量设置正确	25 分	
	PLC 侧与工业机器人侧信号对应关系建立	规范操作	结果性评分：MOVE 和 SWAP 指令使用正确	15 分	
	PLC 与 FANUC 工业机器人通信调试	结果检验	结果性评分，编译程序，改变工业机器人示教器 DO 信号，PLC 侧对应 DO 信号状态发生改变	15 分	
安全文明生产	设备	保证设备安全	1）设备每损坏 1 处扣 1 分 2）人为损坏设备扣 10 分	10 分	
	人身	保证人身安全	否决项，发生皮肤损伤、撞伤、触电等，本任务不得分		
	文明生产	遵守各项安全操作规程，实训结束要清理现场	1）违反安全文明生产考核要求的任何一项，扣 1 分 2）当教师发现有重大人身事故隐患时，要立即给予制止，并扣 10 分 3）不穿工作服，不穿绝缘鞋，不得进入实训场地	10 分	
合计				100 分	

项目七 智能制造生产线联调

项目说明

生产性实训系统平台包含工业机器人单元、智能仓储系统、数控加工单元、工具单元、分拣单元、总控单元、设备平台单元、激光切割单元等，可适应多种零件的生产，具有较高的柔性。产线按照其加工特点分为数控加工产线和钣金加工产线，如图 7-1 和图 7-2 所示。

图 7-1　数控加工产线

图 7-2　钣金加工产线

为实现产线的全自动化加工，需要对产线各单元进行相关设置，以确保信号的互联互通，最终完成每个步骤的连线作业。

本项目分为两个任务：数控加工产线联调和钣金加工产线联调。与本项目相关的知识为工业机器人示教、数控机床的基本操作、激光切割机的基本设置、立体库操作等。通过本项目的学习，可以独立完成数控加工产线和钣金加工产线两条产线的运行调试。

任务一　数控加工产线联调

知识目标

（1）掌握数控加工产线产品工艺流程。

（2）掌握数控加工产线运行调试步骤和方法。

技能目标

（1）能正确完成数控加工产线各单元参数设置。
（2）能正确独立运行整条数控加工产线。

素养目标

（1）在数控加工产线联调过程中培养精益求精、做事扎实的职业态度。
（2）培养绿色环保和安全用电意识。
（3）通过动手联调，学会以理论指导实际，用实际验证理论。

任务引导

引导问题：根据数控加工产线的组成单元，要实现产线自动运行，需要做哪些准备？

知识准备

一、数控加工产线产品工艺流程

数控加工产线包含仓储系统、数控车（车铣一体）、数控铣（立加加工）、激光打标等单元，可实现多种产品组合加工。以组合 A（笔筒）为例，包含笔筒的罐身、罐盖加工，产线动作流程需经历立体库取料，数控车、数控铣，激光打标，立体库放料等步骤。产品结构图样如图 7-3 所示。

二、数控加工产线联调

联调设置

数控加工产线要实现自动化运行，需要提前做好各单元的参数设置。以主控柜为信号处理核心，分别对工业机器人、数控车、数控铣和立体柜进行调试，保证信号互联互通。数控加工产线信号逻辑如图 7-4 所示。

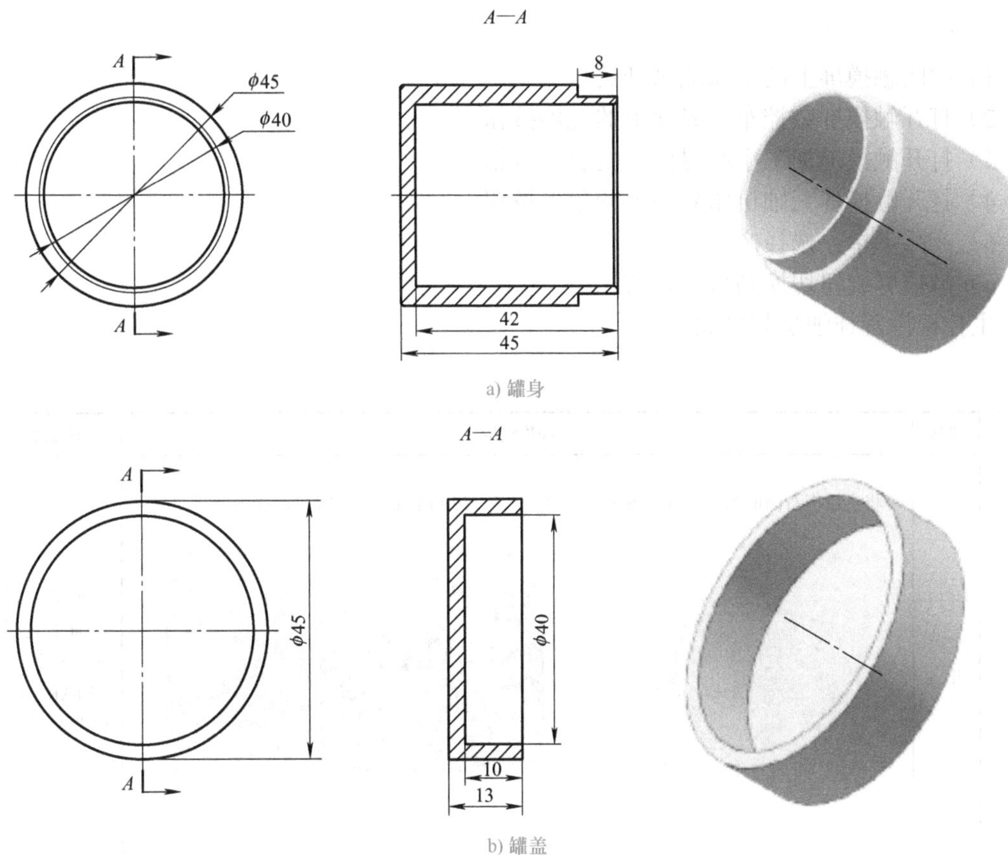

图 7-3 数控加工产线组合 A（笔筒）产品结构图样

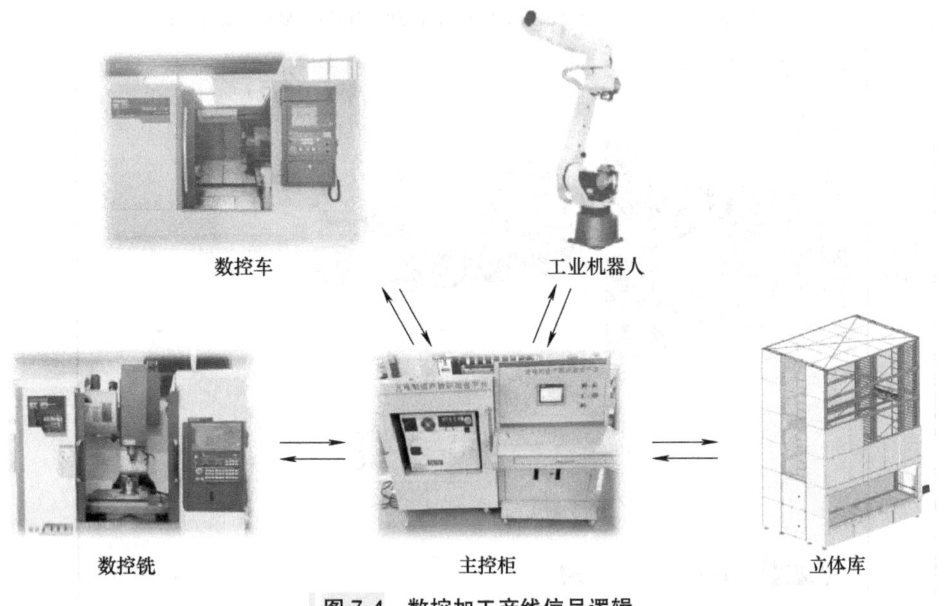

图 7-4 数控加工产线信号逻辑

1. 主控柜设置

1）关闭触摸屏上的手动测试开关。

2）打开触摸屏数控车床界面上的急停按钮。

3）打开触摸屏加工中心界面上的急停按钮。

4）打开触摸屏五轴机床界面上的急停按钮。

5）产品下单，选择产品。

6）触摸屏旋钮切换到自动模式。

主控柜设置详细步骤见表 7-1。

表 7-1　主控柜设置详细步骤

序号	流程	操作说明	注意事项
1	电源开启	将主控柜右侧电源开关置于图 a 所示 ON 位置。开机后显示屏界面如图 b 所示  a) 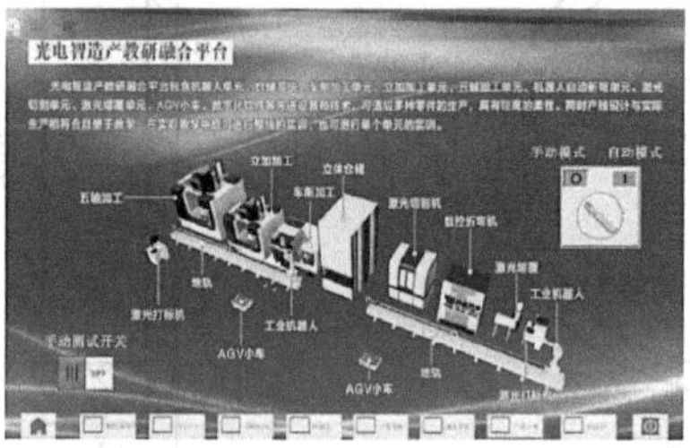　　b)	如果未进入界面中且弹出选项框，按【START】即可进入
2	松开急停	按下数控车床按钮①，将界面切换至数控车床界面。单击急停按钮④，松开急停。返回主屏幕，分别单击加工中心②和五轴机床③，至对应界面松开急停按钮 注：急停被按下时，显示“急停被按下！”；松开急停按钮后，显示“急停按钮” 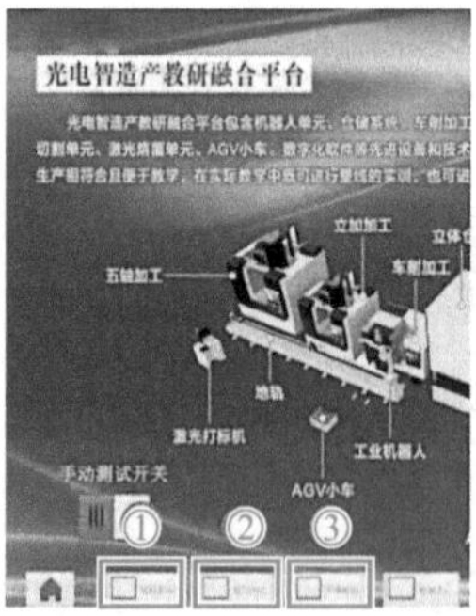 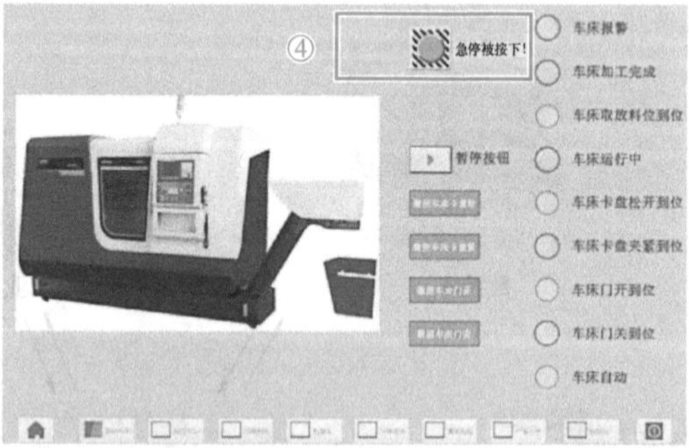 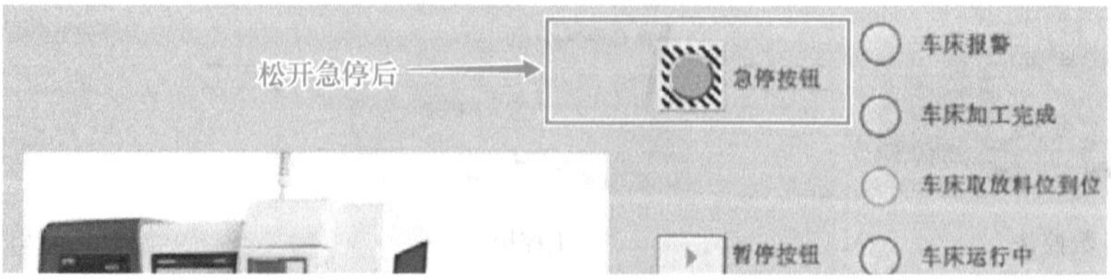 松开急停后	

（续）

序号	流程	操作说明	注意事项
3	产品下单	返回主界面按下产品下单按钮①，将界面切换至产品下单界面。根据需要加工的组合类型单击对应零件组合按钮，一般演示时单击零件组合 A ②，零件组合的内容如下 零件组合 A：笔筒、法兰盘、叶轮 零件组合 B：罐盖、小猪佩奇、叶轮 零件组合 C：罐身、油缸套筒、叶轮 零件组合 D：笔筒	零件组合选择需在手动模式下进行
4	切换自动模式	1）单击主屏幕中手动测试开关①，将其状态调整至 OFF 2）单击主屏幕中模式选择旋钮②，使其处在自动模式	
5	联机启动	按下主控柜右侧绿色启动按钮，产线程序开始运行，启动后运行中指示灯亮起 注：运行前先看注意事项	这一步必须在数控机床产线侧所有设备准备工作都完成后才执行

2. 数控车设置

1）打开机床电源总开关并启动数控系统，启动后打开急停开关。

2）检查机床无报警且信号灯为黄色，液压尾座位置后移到位。

3）数控车床需要执行 G30U0W0，使车床回到第二参考点（参数 1241 X=0，Z=0）。

4）数控车床在自动模式下，按【F3】键，排屑器正反转灯交替闪烁时，表示联机模式生效。

5）数控车床当前运行的程序为 O0808。

6）数控系统紧贴机床，不然运行产线时会有撞击风险。

详细操作步骤见表 7-2。

表 7-2　数控车设置详细操作步骤

序号	步骤	操作说明	注意事项
1	电源开启	1）启动机床后面的总电源开关 2）按下机床正面操作面板上的启动开关 3）等待数控系统界面正常显示后，逆时针打开急停开关	
2	检查	1）检查机床状态是否正常，有无报警提示（开机且松开急停后信号灯正常为黄色，如图 a 所示） 2）机床卡盘中应无任何零件 3）液压尾座位置后移到位（见图 b），防止回零时与刀架发生碰撞，以及产线运行时与工业机器人产生碰撞  a) 　b) 4）检查系统参数 1241 中 X=0，Z=0，如果为其他数值在产线运行时会与工业机器人碰撞	
3	回第二参考点	1）按下进入 MDI 模式，按进入程序界面输入程序 G30 U0 W0，如下图所示 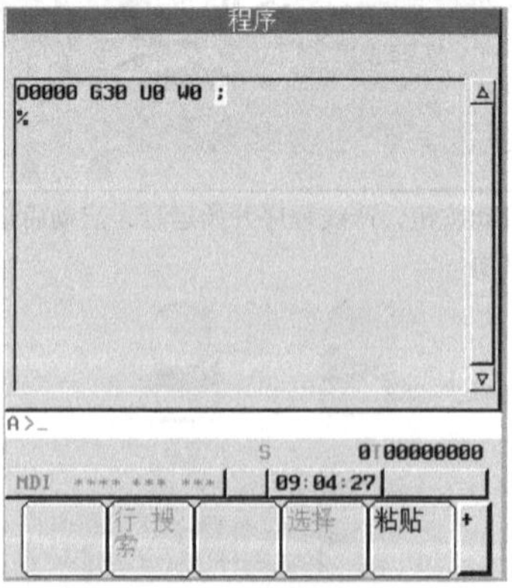 程序 O0000 G30 U0 W0 ; % A>_ S 0 T00000000 MDI **** *** *** 09:04:27 行搜索 选择 粘贴 + 2）按下循环启动按钮，使车床回到第二参考点	机床在回到参考点后切勿移动

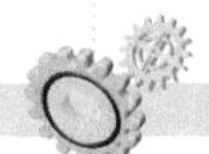

（续）

序号	步骤	操作说明	注意事项
4	选择程序	按[图标]进入编辑模式，输入 O0808，单击【检索程序】即可进行程序选择，如下图所示 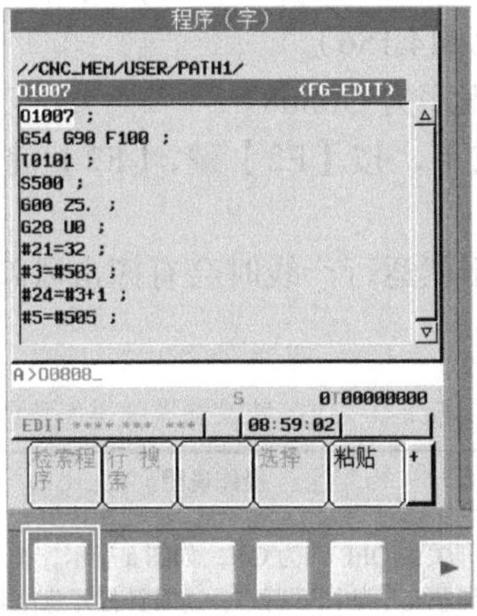	注意程序所在目录
5	进入联机模式	1）数控车床在自动模式[图标]，按下【F3】，排屑器正反转灯交替闪烁时，表示联机模式生效 2）进入联机模式后，触摸屏上【车床取放料位到位】等一系列指示灯都会亮起，如下图所示 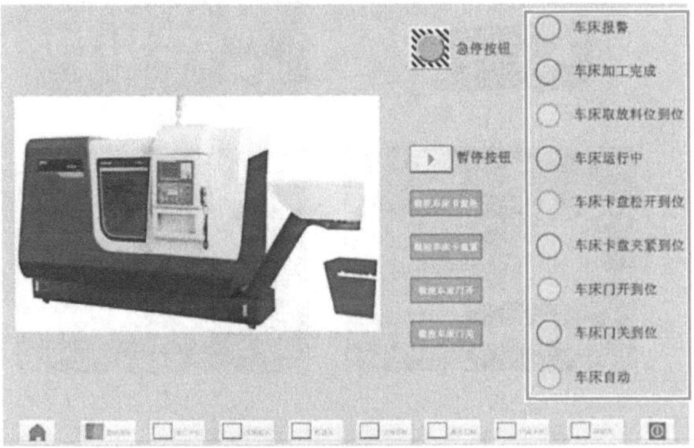	
6	面板归位	数控系统紧贴机床，不然运行产线时会有撞击风险，如下图所示 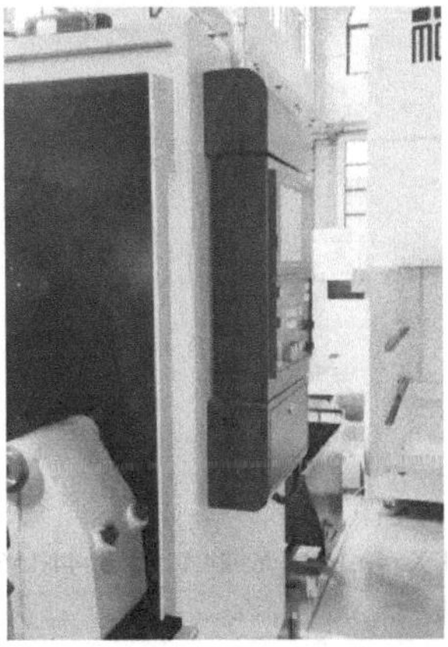	

3. 数控铣设置

1）打开机床电源总开关并启动数控系统，启动后打开急停开关。

2）检查机床无报警且信号灯为黄色。

3）加工中心需要执行“G91 G30 X0 Y0 Z0；”，使加工中心回到第二参考点（参数1241 X=40.148，Y=24.110，Z=44.156）。

4）加工中心当前运行的程序为O0808。

5）加工中心在自动模式下，按【F2】键，【F2】键指示灯常亮时，表示联机模式生效。

6）数控系统紧贴机床，不然运行产线时会有撞击风险。

详细操作步骤见表7-3。

表7-3 数控铣设置详细操作步骤

序号	流程	操作说明	注意事项
1	电源开启	加工中心背面的总开关由OFF转为ON，如图a所示，按下操作面板上白色开关按钮，如图b所示，待加载完毕如图c所示，逆时针打开急停开关，如图d所示  a) 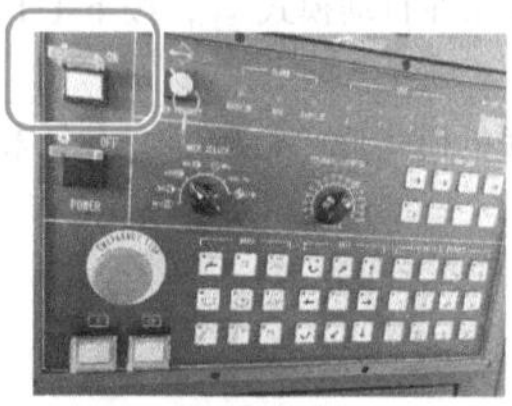　b) 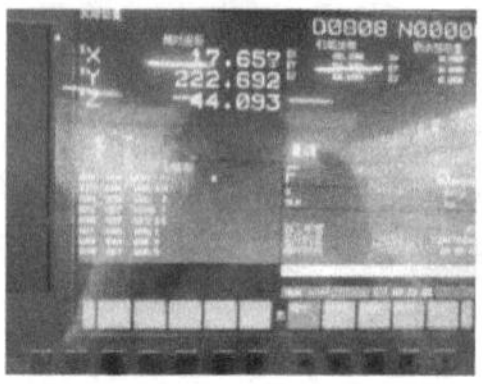 c) 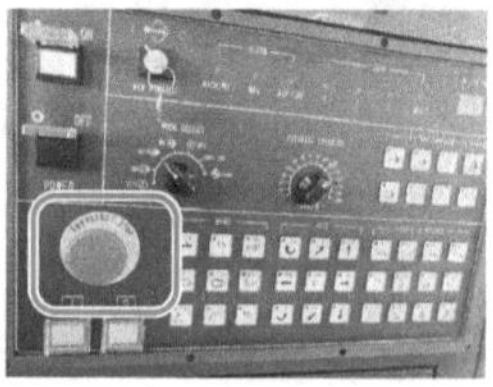　d)	
2	检查	1）检查机床状态是否正常，有无报警提示（开机且松开急停按钮后信号灯正常为黄色，如下图所示）  2）机床卡盘中应无任何零件 3）检查系统参数1241 X=40.148，Y=24.110，Z=44.156，如果为其他数值在产线运行时会与工业机器人碰撞	

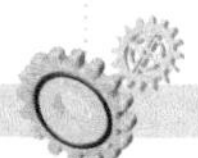

（续）

序号	流程	操作说明	注意事项
3	回第二参考点	1）将 MODE SELECT 旋至【 MDI 】进入 MDI 模式，如下图所示 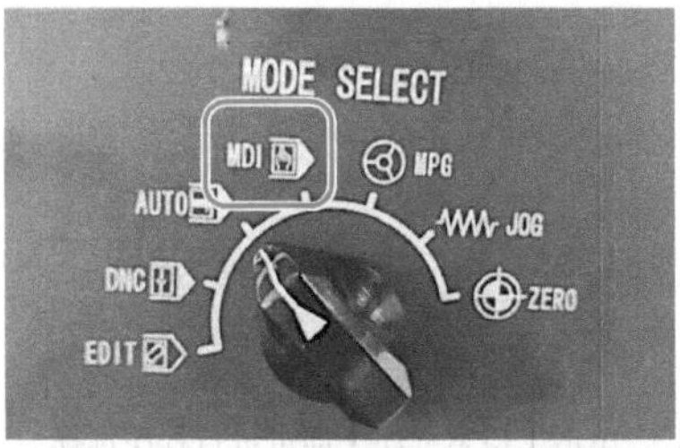 2）单击面板上的【 PROG 】键，进入程序界面，如下图所示 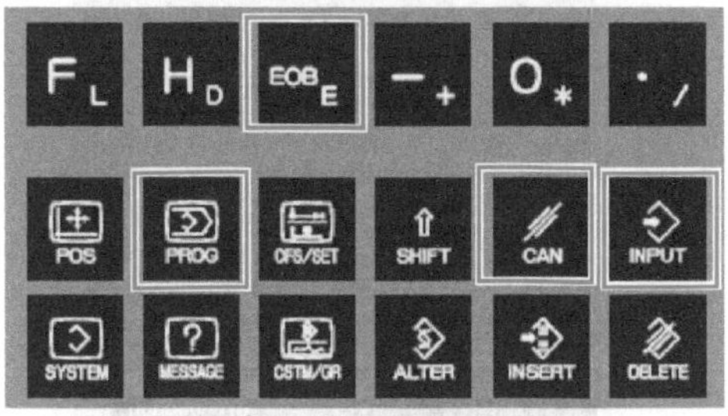 3）输入“ G91 G30 X0 Y0 Z0 ; ”，如下图所示（注意“ ; ”不能少，单击【 EOB 】即可输入），然后单击【 INPUT 】（如果中途输入错误，可单击【 CAN 】进行清除） 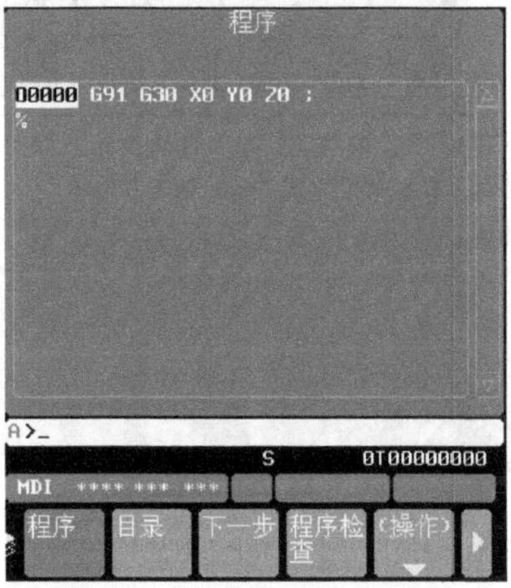 4）按下绿色循环启动按钮即可回第二参考点，如下图所示 	机床在回到参考点后切勿移动

（续）

序号	流程	操作说明	注意事项
4	选择程序	1）MODE SELECT 旋至【 EDIT 】进入编辑模式，如下图所示  2）输入“O0808”，单击【检索程序】即可进行程序选择 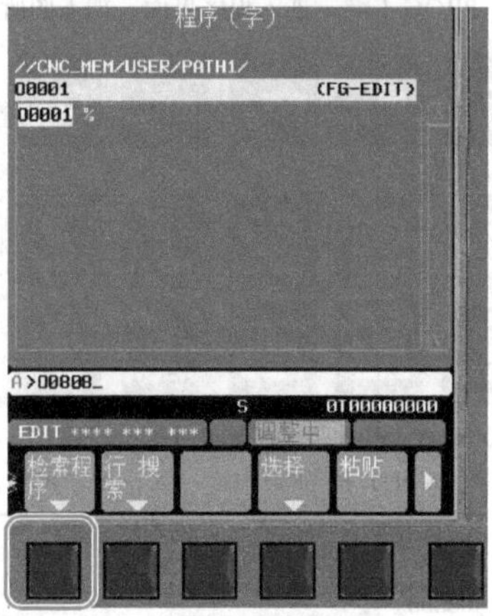	注意程序所在目录
5	进入联机模式	1）MODE SELECT 旋至【 AUTO 】进入自动模式，如图 a 所示，按【 F2 】键，【 F2 】键指示灯常亮时，表示联机模式生效，如图 b 所示 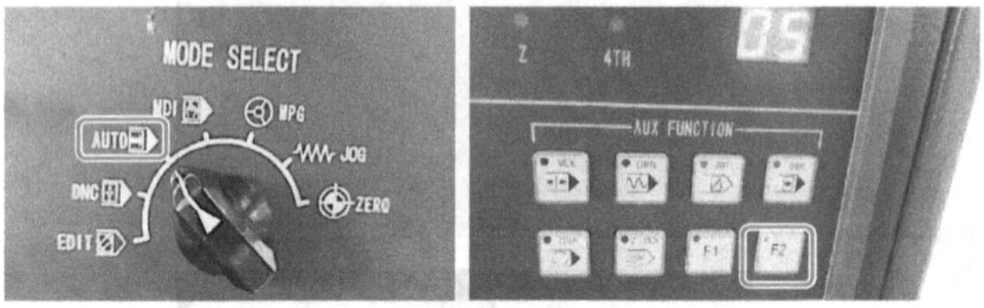 a）　b） 2）进入联机模式后，触摸屏上【加工中心取放料位到位】等一系列指示灯都会亮起，如下图所示 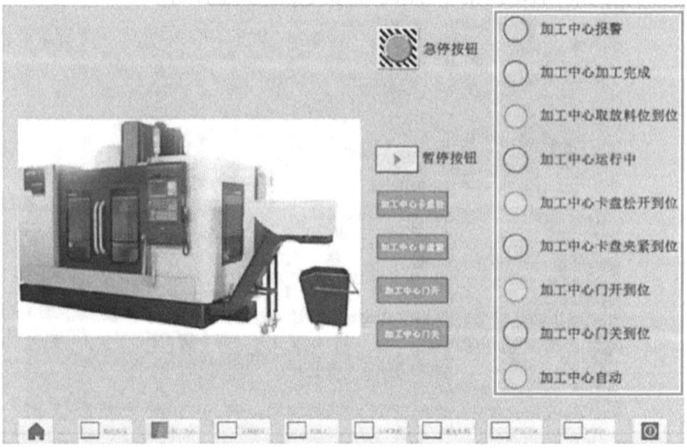	

（续）

序号	流程	操作说明	注意事项
6	面板归位	数控系统紧贴机床，不然运行产线时会有撞击风险，如下图所示	

4. 工业机器人设置

1）联机运行前，工业机器人上无夹具。

2）初始运行时，工业机器人需要处于中止中状态（示教器【FCTN】键，中止程序）。

3）当前运行程序为 PNS0001。

详细操作步骤见表 7-4。

表 7-4 工业机器人设置详细操作步骤

序号	流程	内容	注意事项
1	电源开启	将电源开关旋至 ON，如下图 1 处所示	
2	检查夹具	1）检查工业机器人是否持有夹具，如果有先取下 2）检查夹具摆放顺序，快换夹具台上贴有标签，从左到右依次为五轴夹具、三轴夹具、车床夹具，夹具上也贴有夹具的名称，需一一对应 3）应检查快换夹具台上传感器是否感应到夹具	如果快换夹具台标签与夹具不符合，会有意外发生
3	登录账户	方法 1：开机自动弹出密码登录界面，输入密码“1230”，按【ENTER】键，确定登录，如下图所示 密码登录 选择用户名：YL 输入密码： 取消	如果只运行程序，不对工业机器人做任何修改，可不执行这一步

（续）

序号	流程	内容	注意事项
3	登录账户	方法 2：单击【MENU】→【设置】→【密码】选项，如下图所示，按【ENTER】键，光标移至用户名，输入【YL】，单击【登录】，输入密码“1230”，按【ENTER】键，确定登录 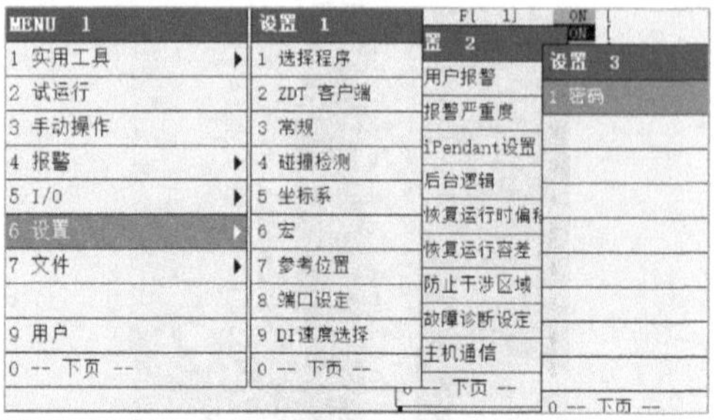	如果只运行程序，不对工业机器人做任何修改，可不执行这一步
4	程序选择	如果菜单栏中当前程序不是 PNS0001，则需要手动选择，按示教器上【SELECT】键进入程序管理器，移动光标找到【PNS0001】，该程序备注为主程序，按【ENTER】键进入即可，如下图所示 	进入程序后请不要移动光标
5	中止程序	如果菜单栏中当前程序的指针不为【行 0】，在启动前需要中止程序：按下示教器上的【FCTN】键，选择【中止程序】，如下图所示，按下【ENTER】键，菜单栏出现中止字样即可 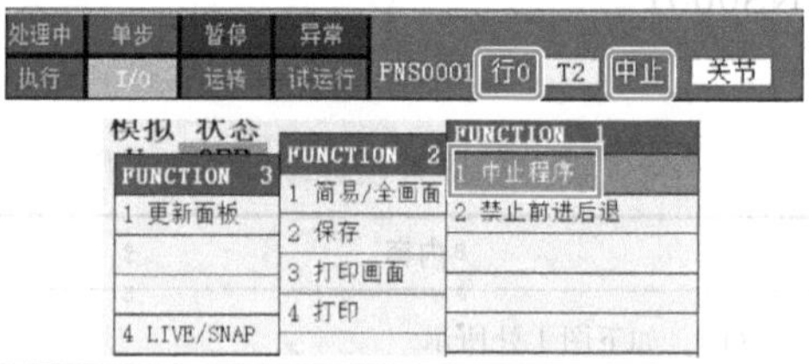	程序指针不为行 0 时，必须执行这一步
6	修改配置	单击【MENU】→【下页】→【系统】→【配置】选项，第 7 项【专用外部信号】改为【启用】，如下图所示，此时如果出现 IMSTP 输入（Group：1）或暂停报警，是正常现象 	
7	自动运行	1）控制柜上的钥匙旋至【AUTO】，如下图所示 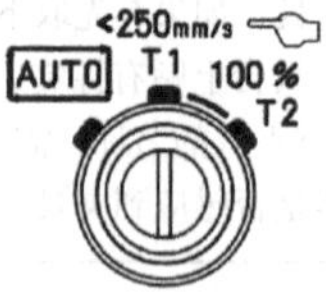 2）示教器有效开关旋至【OFF】，如下图所示，表示工业机器人已进入准备状态 	

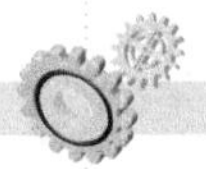

5. 立体库设置

1）登录远程模式前需先以本地模式登录，根据提示继续操作，切换至自动模式时立体库会自动进行初始化。

2）进入界面后切换为远程模式。

3）打开服务器上的 Modula WMS 软件并登录。

详细操作步骤见表 7-5。

表 7-5　立体库设置详细操作步骤

序号	步骤	操作说明	注意事项
1	电源开启	1）如下图所示，将电源开关旋至“|”位置，两侧触摸屏亮起即表明立体库送电成功 2）将立体库两侧的显示屏上方的急停按钮松开，如下图所示	（1）电源开关位于数控加工产线一侧的出料仓内 （2）打开电源开关前确认外部电源负载正常
2	账号登录	1）登录界面如下图所示，选择登录账号【ADVANCED】，本地模式密码为【SYSTEM08】，输入后在键盘上单击回车键即可登录 2）在触摸屏界面左上角有当前模式和主控与副控的提示，先登录的触摸屏显示为【主】	本地模式下并不要求两侧的触摸屏都登录账户，根据个人实际需求即可

（续）

序号	步骤	操作说明	注意事项
3	运行模式切换	操作说明： 单击触摸屏【手动】按钮，如下图所示，切换至自动运行，不论是本地模式或是远程模式，在运行时均需切换到自动运行（按钮下方显示为“手动”字样时为手动运行，显示“自动”字样时为自动运行） 	系统登录后一般按系统指引已切换至自动模式，建议运行前再次确认，如果已是自动模式，可以跳过这一步
4	模式切换	1）选择触摸屏左上角显示为【主】的一侧进行远程模式切换 2）单击触摸屏【自动】按钮，如下图所示，切换至手动运行  3）切换到第二个界面，单击触摸屏【模式选择】按钮，选择【远程模式】 	
5	账号登录	1）模式切换后，会自动注销本地模式的账号，跳转到登录界面，屏幕左上角会显示当前模式为【遥控】，如下图所示 2）选择登录账号【ADVANCED】，远程模式密码为【11111111】（8个1），输入后在键盘上单击回车键即可登录 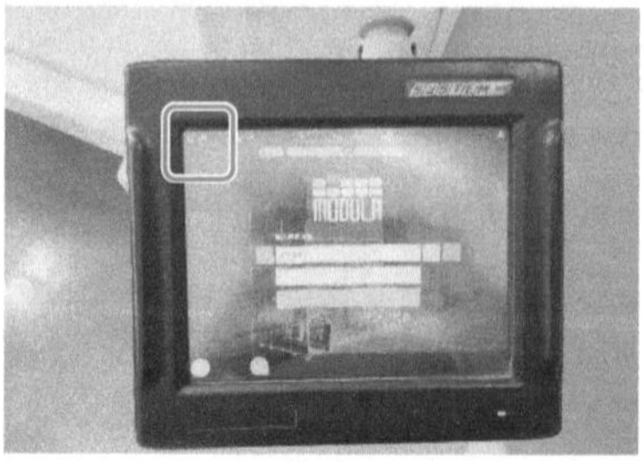	在本地操作模式下，可在触摸屏“应用程序”标签下执行“注销”命令，然后重新登录

（续）

序号	步骤	操作说明	注意事项
6	打开服务器	1）打开服务器计算机上的【Modula WMS】软件，如下图所示 2）进入登录界面，登录账号为【ADVANCED】，本地模式密码为【11111111】（8个1），输入完成在键盘界面单击回车键即可登录 	如遇软件与立体库连接异常，可尝试重启计算机操作
7	确认立体库与服务器连接状态	登录成功后，单击软件界面【诊断】选项，在其显示的导航页下选择【机器手诊断】，出现下图所示界面，分别确认ROBOT_1、ROBOT_2图标变为绿色，【链接状态】为线上即可 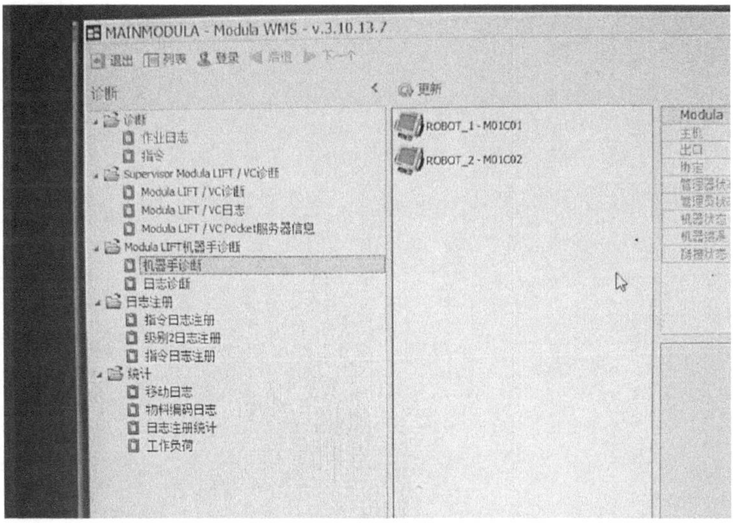	确认前需确保立体库已经登录远程模式的账户 完成此步操作，产线联机的立体库准备已就绪

任务实施

本任务基于生产性实训数控加工产线平台进行，要求对数控加工产线各单元进行联调设置，完成数控加工产线全自动化运行。任务书见表7-6，完成后填写表7-7。

表 7-6　任务书

任务名称	数控加工产线联调						
班级		姓名		学号		组别	
任务内容	1. 主控柜联调设置 2. 工业机器人联调设置 3. 数控车床和加工中心联调设置 4. 立体柜联调设置 要求：各单元模块设置完成后数控加工产线能全自动化运行						
任务目标	1. 掌握主控柜联调设置方法 2. 掌握工业机器人联调设置方法 3. 掌握数控车床和加工中心联调设置方法 4. 掌握立体库联调设置方法 5. 掌握数控加工产线自动运行方法						

资料	工具	设备
安全操作规程	常用工具	生产性实训系统
生产性实训系统使用手册		

表 7-7　任务完成报告书

任务名称	数控加工产线联调						
班级		姓名		学号		组别	
任务内容							

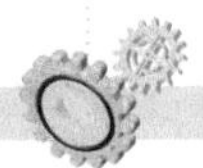

拓展思考

根据数控加工产线的工步组合，思考基于该数控加工产线可生产哪类零件（注：可调整工步顺序）？对于产线联调需要做哪些修改？请写出新产品对应数控加工产线的加工步骤。

任务评价

参考表7-8，对本任务进行评价，并根据完成的实际情况进行总结。

表7-8 任务完成评价表

评价项目		评价要求	评分标准	分值	得分
任务内容	数控机床模块设置准确	规范操作	结果性评分，数控车、数控铣机床第二参考点定点到位；机床与工业机器人互联互通正确	25分	
	主控机器人模块设置准确	规范操作	结果性评分，急停解除，产品下单，工业机器人自动化运行设置正确	25分	
	立体库设置准确	规范操作	结果性评分，立体库与工业机器人互联互通正确	10分	
	产线自动化运行	规范操作	过程性评分，主控柜按下启动按钮，产线可顺利运行	10分	
		问题处理	过程性评分，产线自动运行过程中如果出现异常能够及时停止，并排查问题	10分	
安全文明生产	设备	保证设备安全	1）设备每损坏1处扣1分 2）人为损坏设备扣10分	10分	
	人身	保证人身安全	否决项，发生皮肤损伤、撞伤、触电等，本任务不得分		
	文明生产	遵守各项安全操作规程，实训结束要清理现场	1）违反安全文明生产考核要求的任何一项，扣1分 2）当教师发现有重大人身事故隐患时，要立即给予制止，并扣10分 3）不穿工作服，不穿绝缘鞋，不得进入实训场地	10分	
合计				100分	

任务二 钣金加工产线联调

知识目标

（1）掌握钣金加工产线产品工艺流程。

（2）掌握钣金加工产线运行调试步骤和方法。

技能目标

（1）能正确完成钣金加工产线各单元参数设置。

（2）能正确独立运行整条钣金加工产线。

素养目标

（1）在钣金加工产线联调过程中培养精益求精、做事扎实的职业态度。

（2）培养以智能制造助力制造强国建设的使命感和责任感。

（3）通过实践动手联调，学会以理论指导实际，用实际验证理论。

任务引导

引导问题：根据钣金加工产线的组成单元，要实现产线自动运行，需要做哪些准备？

知识准备

一、钣金加工产线产品工艺流程

钣金加工产线包含仓储系统、激光切割机、数控折弯机、激光打标等模块单元，可实现多种产品组合加工。产线动作流程需经历立体库取料、激光切割、金属折弯、激光打标、立体库放料等步骤。产品结构图样如图 7-5 所示。

二、钣金加工产线联调

钣金加工产线要实现自动化运行，需要提前做好各单元的参数设置。以主控柜为信号处理核心，分别对机器人、激光切割机、折弯机和激光打标设备进行调试，保证信号互联互通。钣金加工产线信号逻辑如图 7-6 所示。

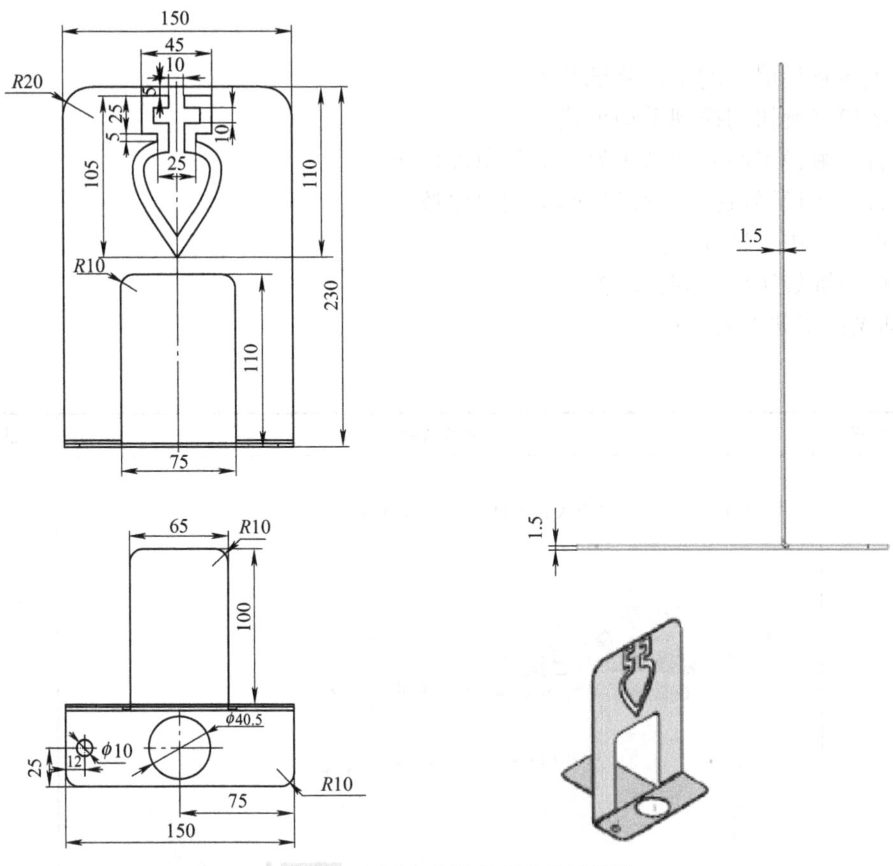

图 7-5 钣金加工产线产品结构图样

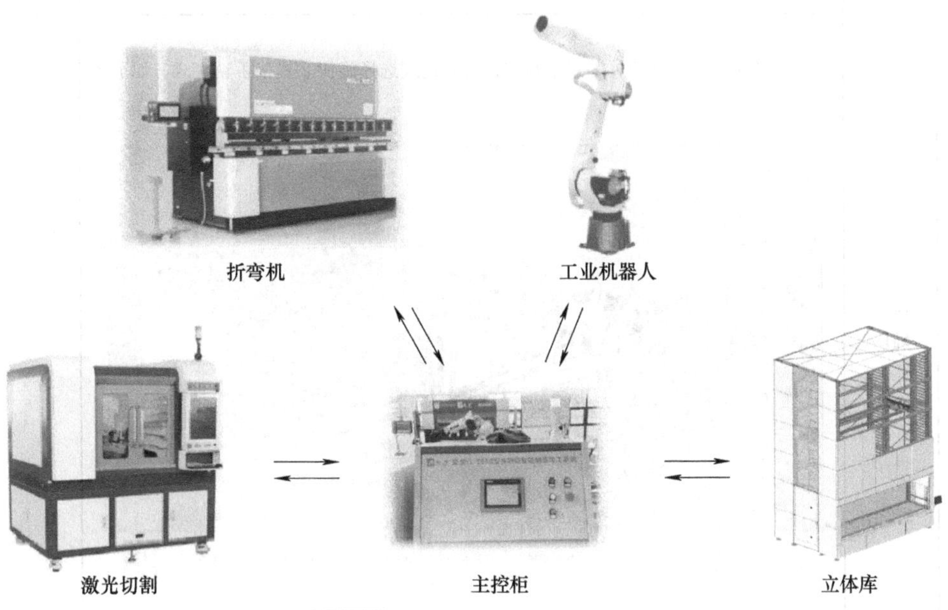

图 7-6 钣金加工产线信号逻辑

1. 主控柜设置

1）关闭触摸屏上的手动测试开关。
2）触摸屏旋钮切换到手动模式。
3）打开触摸屏激光切割机界面上的急停按钮。
4）打开触摸屏数控折弯机界面上的急停按钮。
5）产品下单，选择产品。
6）触摸屏旋钮切换到自动模式。

详细操作步骤见表 7-9。

表 7-9　主控柜设置详细操作步骤

序号	流程	操作说明	注意事项
1	电源开启	将主控柜右侧红色电源开关置于 ON 状态，如下图所示  	
2	模式确认	将主界面手动测试开关①置于 OFF，右侧模式选择旋钮②置于手动模式，如下图所示 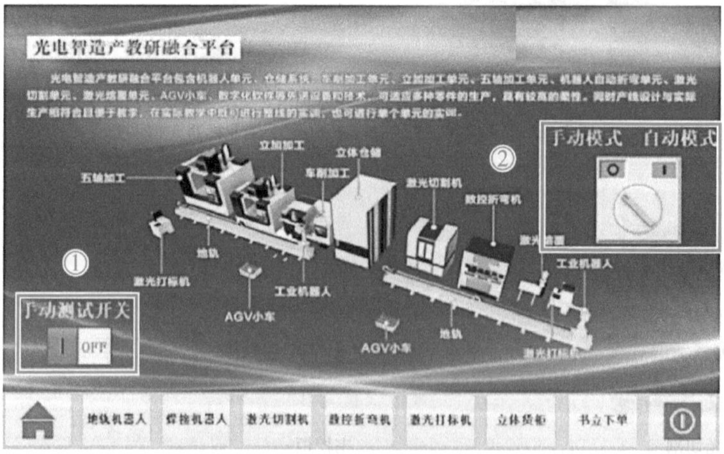	

（续）

序号	流程	操作说明	注意事项
3	松开急停按钮	进入【激光切割机】界面，单击【急停按钮】，将急停按钮松开，如图 a 所示，再进入【数控折弯机】界面进行同样操作，如图 b 所示 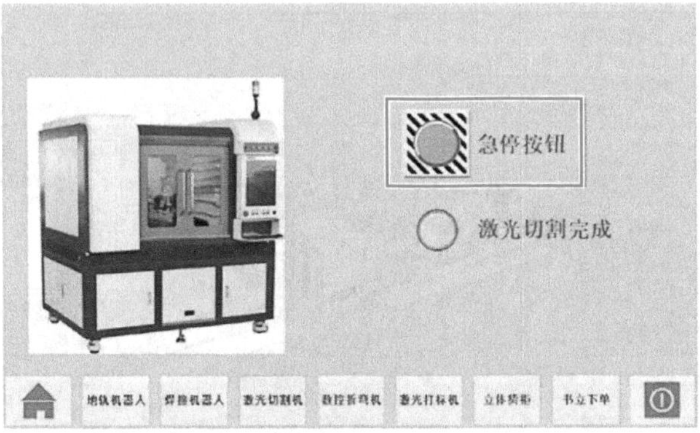 a) 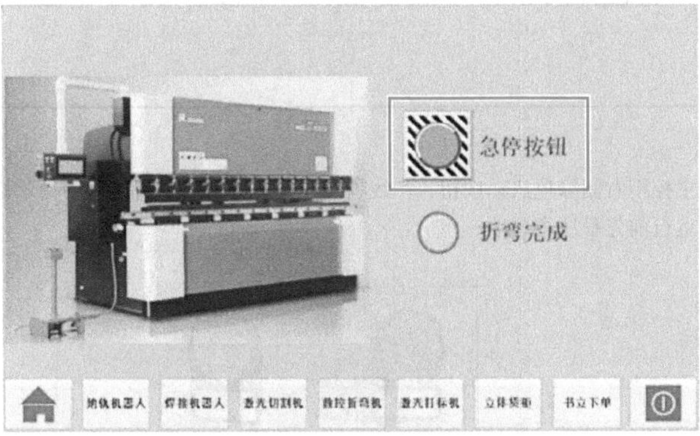 b)	急停如果不松开，在进入联机运行时将无法控制外围设备
4	产品下单	返回主界面，按下【书立下单】按钮，将界面切换至书立下单界面。根据需要加工的组合类型单击对应零件组合按钮，一般演示时选择【书立 1】，如下图所示 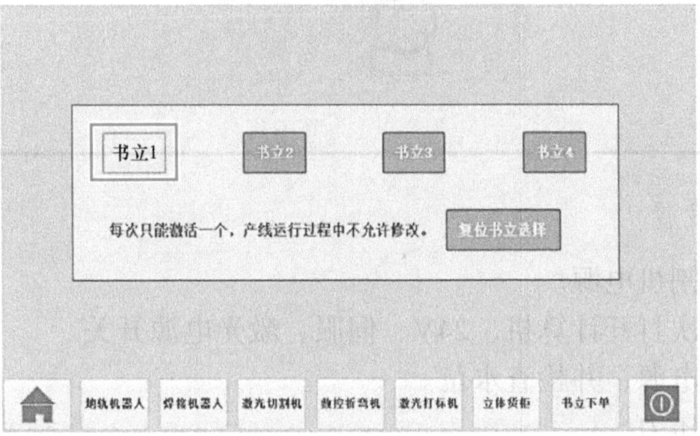	

（续）

序号	流程	操作说明	注意事项
5	模式切换	切换至主界面，模式选择旋钮置于自动模式 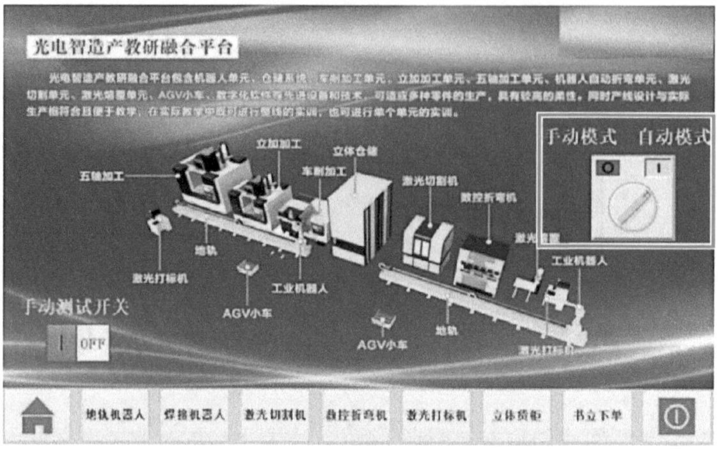	
6	联机启动	按下主控柜右侧绿色启动按钮，产线程序开始运行，启动后运行中指示灯亮起 注：运行前先看注意事项 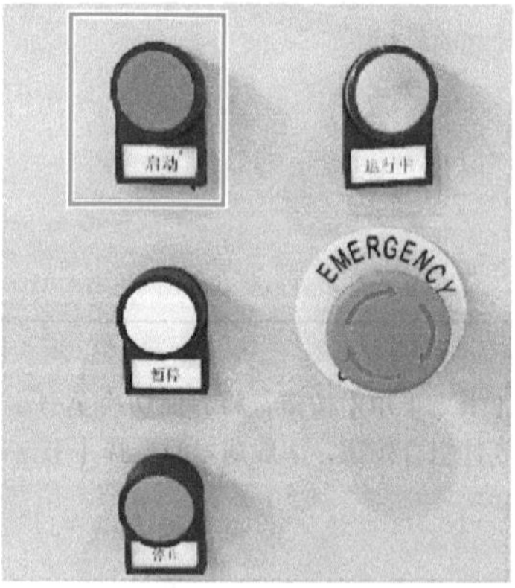	这一步必须在钣金加工产线侧所有设备准备工作都完成后才执行

2. 激光切割机设置

1）开启激光切割机电源。

2）从右到左依次打开计算机、24V、伺服、激光电源开关。

3）开启冷水机电源，并检查水位。

4）检查氮气瓶压力。

详细操作步骤见表 7-10。

表 7-10 激光切割机设置详细操作步骤

序号	流程	操作说明	注意事项
1	电源开启	开启设备电源，开关位于激光切割设备的背部，如下图所示 	
2	开启激光切割机	依次打开计算机①、24V ③、伺服④、激光⑤，电源开关，如下图所示，绿色指示灯亮起即为正常工作 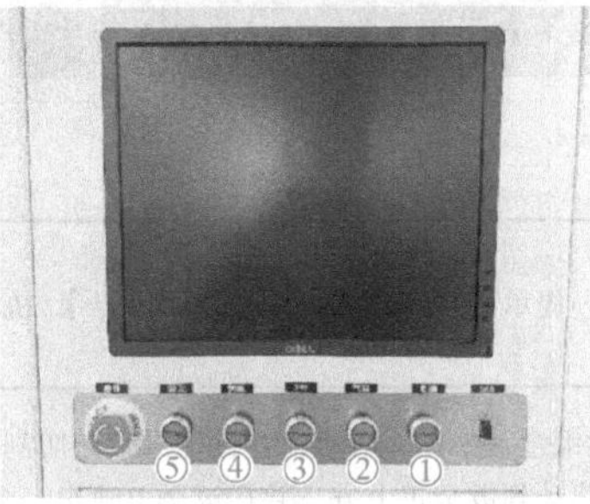	激光切割机在联机运行时，不要将【气缸】按钮②按下，否则会导致 PLC 无法控制气缸
3	依次开启辅助设备	1）打开图中冷水机的电源开关，并检查冷水机水箱内部水位，如果过低需加入常温的蒸馏水  2）氮气瓶上有两个阀门，先将瓶身上的阀门打开，压力表会显示氮气瓶内的压力，然后再将压力表上的阀门打开，压力表会显示氮气瓶出气的压力，最后观察切割机背面安装的压力表，确保压力稳定在 1.3 ～ 1.5MPa，如下图所示 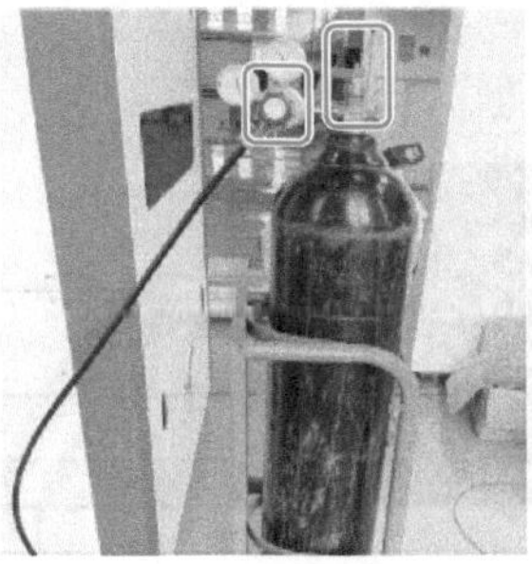 	（1）如果长期不使用，建议将冷水机内部的水通过排污孔全部排空 （2）影响金属切割作业的外部因素包括辅助气体种类、气体流量充裕情况、焦点位置（自动调焦）等

（续）

序号	流程	操作说明	注意事项
4	打开 软件	打开桌面上的 CypOne6.1 软件 界面正中央黑底区域为【绘图板】，界面正上方从上到下依次是【标题栏】【菜单栏】和【工具栏】，界面左侧是【绘图工具栏】，绘图区右侧是【工艺工具栏】 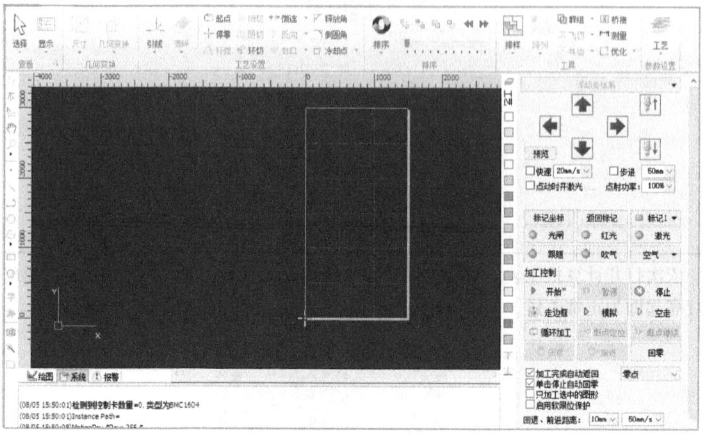	
5	机床 回零	软件打开后会弹窗，提示回零点，选择【机床回零点】，机床自动找到零点	
6	一键 标定	1）在工作台上放置钣金，如图 a 所示，并且确保激光切割头通过手持遥控器或图 b 控制台上的方向键先移动到钣金正上方，并在钣金上映出一个红色光点  a） 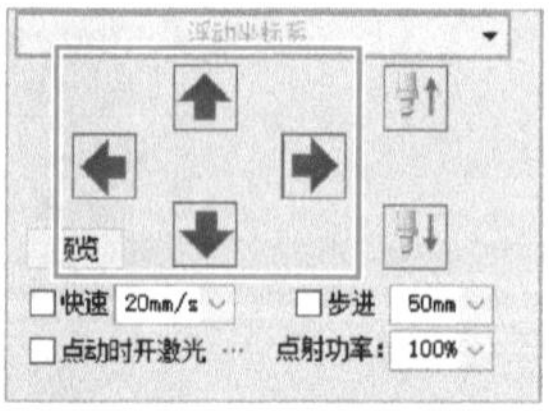　　　　b） 2）选择【数控】→【调高器】→【一键标定】命令，如下图所示，等待设备自动标定好，待提示标定完成后，单击【确定】 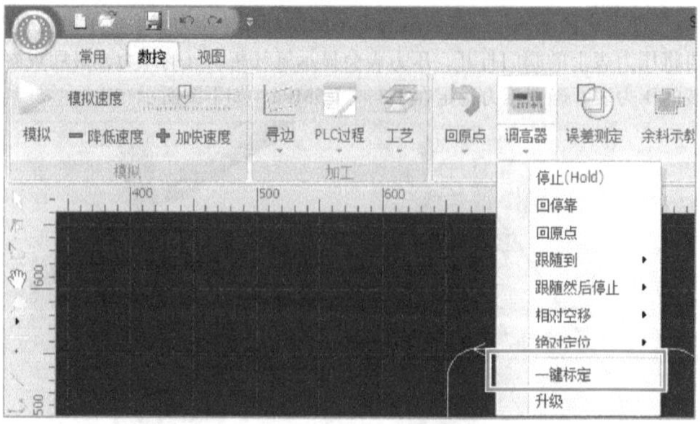	如果工作台上没有钣金，激光切割头会直接撞向工作台

（续）

序号	流程	操作说明	注意事项
7	打开图形	如图a所示，选择【菜单】→【打开】命令，弹出打开文件对话框，如图b所示，选择【SL1.lxds】项目文件，单击【打开】 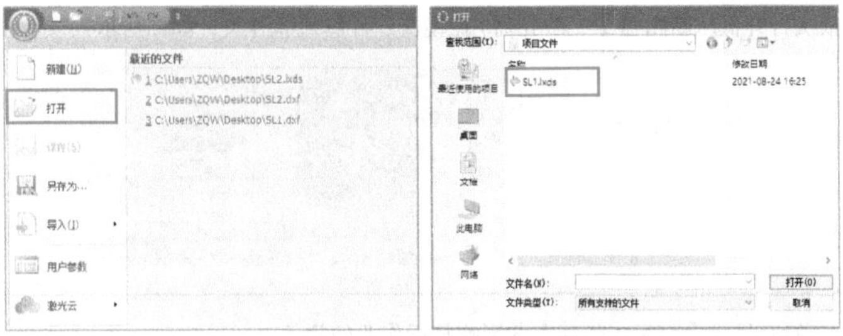 a)　b)	项目文件中保存了书立1的图形、参数、加工工艺等信息，不同的项目文件中保存了不同的图形
8	选择坐标系	在软件控制台中，单击【浮动坐标系】，将坐标系改成【工件坐标系1】，如下图所示 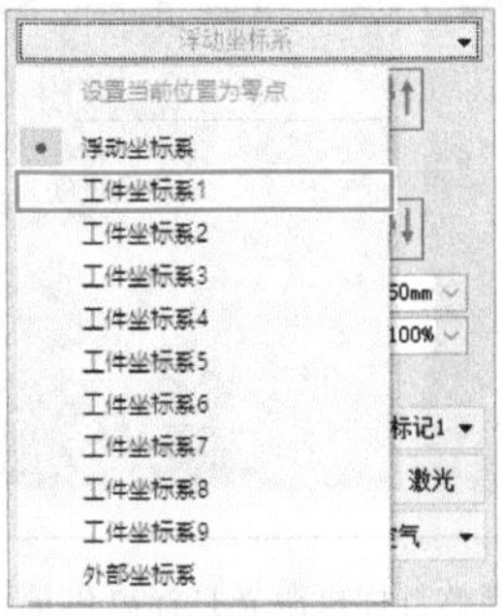	【工件坐标系1】事先设定好了位置，这样可以始终在一个固定位置切割，便于工业机器人的自动化操作
9	设定加工完成自动返回	1）在软件控制台中，确认【加工完成自动返回】已勾选，且右侧返回的位置为【标记1】 2）确认【只加工选中的图形】不勾选 如下图所示 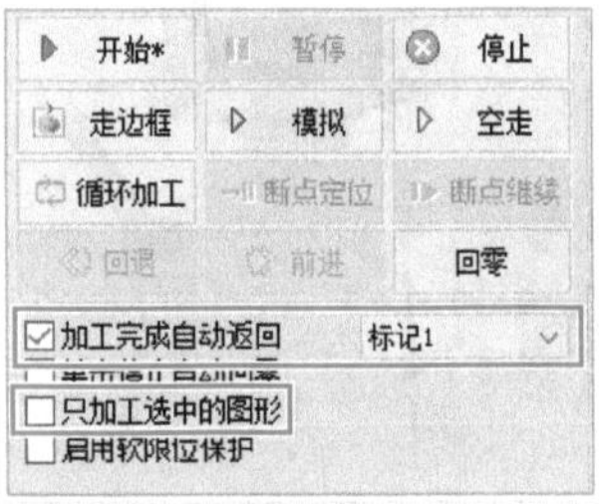	返回标记1是为了避免在钣金加工完成时激光切割头等部件与工业机器人在下料时产生碰撞，因此必须设置
10	返回标记	在软件控制台中，选择【标记1】，单击【返回标记】，如下图所示，机床自动移动到标记1 	产线联机运行前必须先将机床移动到标记1，避免工业机器人上料时发生碰撞

3. 激光打标机设置

1）打开计算机桌面上的 EzCad2.7.6 软件。

2）打开计算机桌面上的 Keycmp 软件。

详细操作步骤见表 7-11。

表 7-11　激光打标机设置详细操作步骤

序号	流程	操作说明	注意事项
1	开启激光打标机	依次打开低压断路器①、激光器 / 振镜②、计算机③开关，如图所示 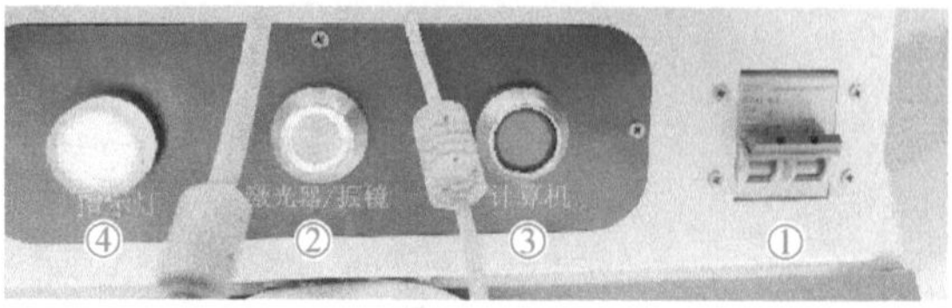	打开开关后，观察界面绿色指示灯④是否亮起，绿色代表打标机电源已开启
2	检查打标环境	1）检查排除【打标工作区】⑤影响打标作业的物件 2）检查【振镜保护盖】⑥是否处于打开状态 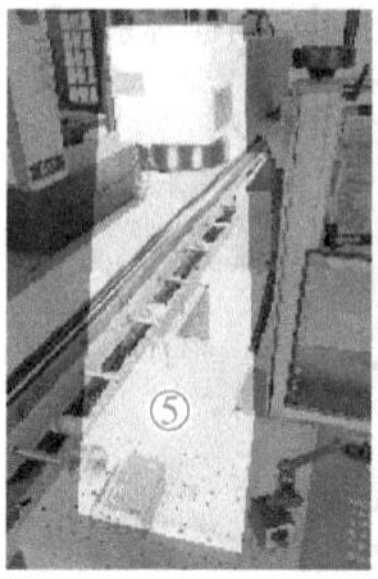 	影响打标作业的物件包括机械臂运行障碍物、高激光反射率物件等
3	调整激光打标机	1）通过【手轮】⑦，调整打标机激光打标离焦量使【离焦量刻度】⑧位于 485mm（48.5cm）处 2）调整【固定螺钉】⑨固定打标机离焦量 	不准确的离焦量会导致工业机器人碰撞或激光打标印记模糊，打标效果不理想。一般不锈钢、碳钢离焦量为 0（即 485mm 处）
4	打开打标软件	依次打开控制软件 keymoni ⑩、打标软件 EzCad2 ⑪ 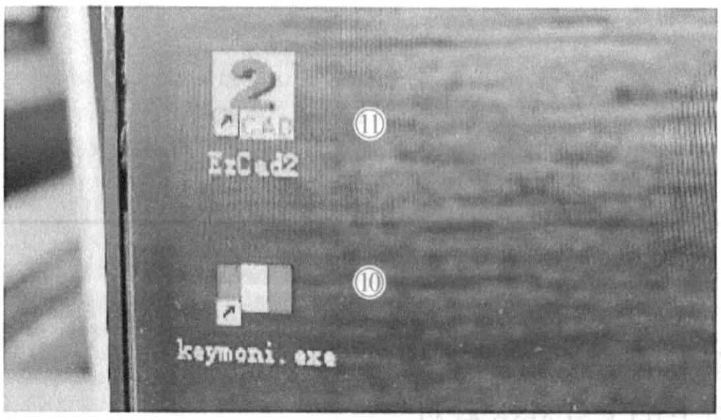	EzCad 软件可以预先绘制需要打标的图案，通过控制软件进行打标

（续）

序号	流程	操作说明	注意事项
5	设置打标文件	1）在 EzCad2 打标软件中选择【文件】→【打开】命令⑫，在文件选择界面选中 zjitc 文件夹⑬并打开选择 test1.ezd 文件 2）EzCad2 软件需要一直保持在前台，且使用鼠标选中软件	1）注意打标软件 EzCad2 默认打开文件夹为 zjitc 文件夹，且存在 test1.ezd、test2.ezd、test3.ezd、test4.ezd 四个文件，见图中⑭，否则程序调用打标文件会失败 2）打标文件可以重新编辑并替换 3）打标运行过程中不可关闭控制软件 keymoni
6	关闭激光打标机	1）依次关闭打标软件 EzCad2、控制软件 keymoni，并且关闭计算机 Windows 系统 2）依次关闭计算机、激光器 / 振镜、断路器开关	关闭激光打标机后，注意观察电源指示灯是否熄灭，激光打标机是否有异响，确认无误后方可离开

4. 机器人设置

1）初始运行时，工业机器人需要处于中止状态（示教器按【FCTN】键，中止程序）。

2）当前运行程序为 PNS0001。

3）确认工业机器人输入的气压不低于 0.5MPa。

详细操作步骤见表 7-12。

表 7-12 机器人设置详细操作步骤

序号	流程	内容	注意事项
1	电源开启	将电源开关旋至 ON，如下图所示	

（续）

序号	流程	内容	注意事项
2	检查气压	检查机器人底座上安装的油水分离器的压力表，气压应≥0.5MPa 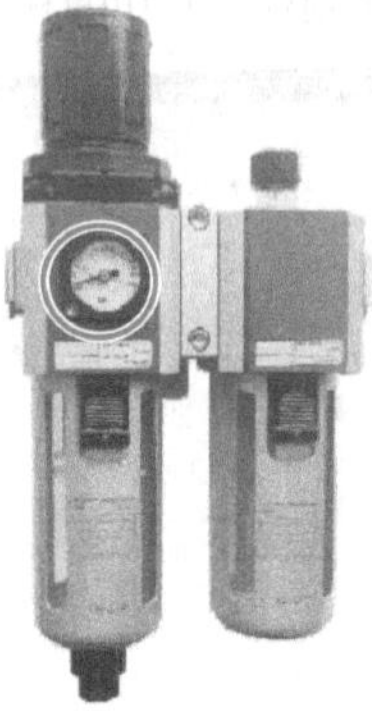	气压不足会导致机器人吸盘无法将钣金吸起
3	登录账号	方法1：开机自动弹出密码登录界面，输入密码“1230”，按【ENTER】键确定登录，如下图所示  方法2：单击【MENU】→【设置】→【密码】选项，如下图所示，按【ENTER】键光标移至用户名，输入【YL】，选择【登录】，输入密码“1230”按【ENTER】键，确定登录 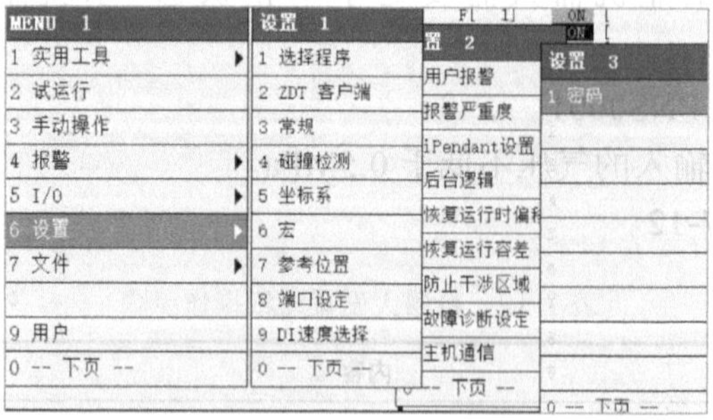	如果只运行程序，不对机器人做任何修改，可不执行这一步
4	程序选择	如果菜单栏中当前程序不是PNS0001，则需要手动选择，按示教器上【SELECT】键进入程序管理器，移动光标找到【PNS0001】，如图所示，该程序备注为主程序，按【ENTER】键进入即可 	进入程序后请不要移动光标

（续）

序号	流程	内容	注意事项
5	中止程序	如果菜单栏中当前程序的指针不为【行 0】，在启动前需要中止程序：按下示教器上的【 FCTN 】键，选择【中止程序】，如图所示，按下【 ENTER 】键，菜单栏出现中止字样即可 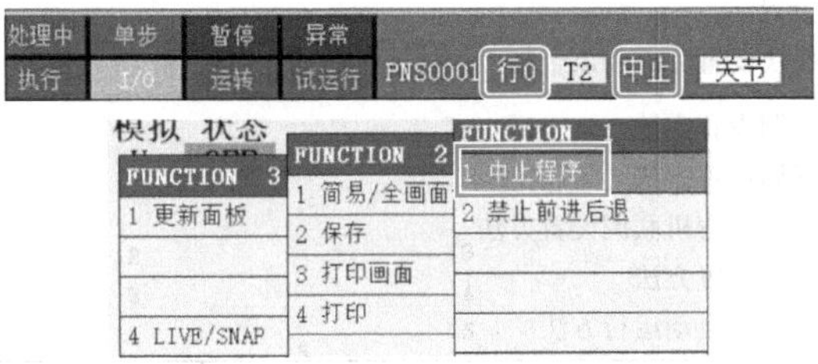	程序指针不为行 0 时必须执行这一步
6	修改配置	单击【 MENU 】→【下页】→【系统】→【配置】选项，第 7 项【专用外部信号】改为【启用】，如下图所示，此时如果出现 IMSTP 输入（Group：1）或暂停报警是正常现象 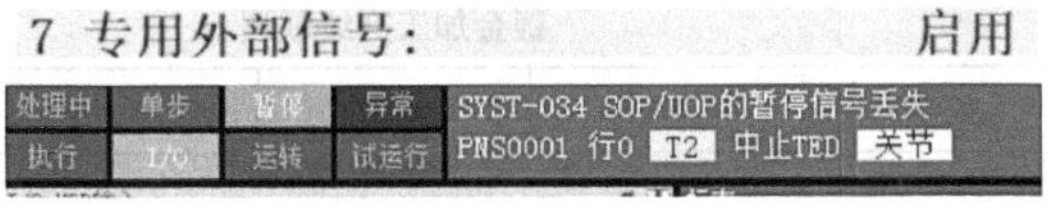	
7	自动运行	1）控制柜上的钥匙旋至【 AUTO 】模式，如图所示  2）示教器有效开关旋至【 OFF 】，如下图所示，表示机器人已进入准备状态 	

任务实施

任务基于生产性实训数控产线平台进行。本任务要求对钣金加工产线各单元进行联调设置，完成钣金加工产线全自动化运行。任务书见表 7-13，完成后填写表 7-14。

表 7-13 任务书

<table>
<tr><td>任务名称</td><td colspan="6">钣金加工产线联调</td></tr>
<tr><td>班级</td><td></td><td>姓名</td><td></td><td>学号</td><td></td><td>组别</td><td></td></tr>
<tr><td>任务内容</td><td colspan="7">1. 主控柜联调设置
2. 机器人联调设置
3. 激光切割和折弯机联调设置
4. 立体柜联调设置
要求：各单元模块设置完成后钣金加工产线能全自动化运行</td></tr>
<tr><td>任务目标</td><td colspan="7">1. 掌握主控柜联调设置方法
2. 掌握机器人联调设置方法
3. 掌握激光切割和折弯机联调设置方法
4. 掌握立体柜联调设置方法
5. 掌握钣金加工产线自动运行方法</td></tr>
<tr><td colspan="3">资料</td><td colspan="2">工具</td><td colspan="3">设备</td></tr>
<tr><td colspan="3">生产性实训系统使用手册</td><td colspan="2">常用工具</td><td colspan="3">生产性实训系统</td></tr>
</table>

表 7-14 任务完成报告书

<table>
<tr><td>任务名称</td><td colspan="7">钣金加工产线联调</td></tr>
<tr><td>班级</td><td></td><td>姓名</td><td></td><td>学号</td><td></td><td>组别</td><td></td></tr>
<tr><td>任务内容</td><td colspan="7"></td></tr>
</table>

拓展思考

根据钣金加工产线的工步组合，思考基于该钣金加工产线可生产哪类零件（注：可调整工步顺序）？对于产线联调需要做哪些修改？请写出新产品对应钣金加工产线的加工步骤。

任务评价

参考表 7-15，对本任务进行评价，并根据完成的实际情况进行总结。

表 7-15 任务完成评价表

评价项目		评价要求	评分标准	分值	得分
任务内容	激光切割、折弯机设置准确	规范操作	结果性评分，激光切割、折弯机参考点定点到位，互联互通正确	25 分	
	主控机器人模块设置准确	规范操作	结果性评分，急停解除，产品下单，机器人自动化运行设置正确	25 分	
	立体库设置准确	规范操作	结果性评分，立体库与机器人互联互通正确	10 分	
	产线自动化运行	规范操作	过程性评分，主控柜按下启动按钮，产线可顺利运行	10 分	
		问题处理	过程性评分，产线自动运行过程中如果出现异常能够及时停止，并排查问题	10 分	
安全文明生产	设备	保证设备安全	1）设备每损坏 1 处扣 1 分 2）人为损坏设备扣 10 分	10 分	
	人身	保证人身安全	否决项，发生皮肤损伤、撞伤、触电等，本任务不得分		
	文明生产	遵守各项安全操作规程，实训结束要清理现场	1）违反安全文明生产考核要求的任何一项，扣 1 分 2）当教师发现有重大人身事故隐患时，要立即给予制止，并扣 10 分 3）不穿工作服，不穿绝缘鞋，不得进入实训场地	10 分	
合计				100 分	

项目八 生产线信息化管理

项目说明

智能制造是工业 4.0 的主题之一，让生产线具有“智慧制造”属性不仅需要通过网络串联众多的控制器、传感器，还需要结合物联网技术将数据传输给上层的制造执行系统（MES），从而提升产线的整体智慧水平。

通过计算机技术来加快生产过程中的智能化和信息化来提高生产效率，已经成为很多企业关注的重点。制造执行系统（MES）是用于制造生产过程的计算机在线管理系统。它是企业资源计划系统（ERP）和设备控制系统之间的桥梁和链接，是企业实现全局优化的关键系统。其主要通过对车间生产情况进行实时监控与协调以及优化与控制，从而提高生产的速度和产品的质量，同时起到降低能耗的作用。目前制造执行系统已经成为我国制造企业关注的重点环节，在机械、钢铁冶金、石油化工、造纸、纺织、汽车等众多领域都有应用。

本项目分为两个任务：了解 MES 及 MES 操作。与本项目相关的知识主要为软件操作。

任务一 了解 MES

知识目标

（1）掌握 MES 功能结构的组成。

（2）了解 MES 在传统车间的应用。

（3）了解 MES 各模块的基础知识。

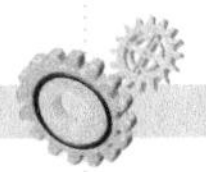

技能目标

（1）能够描述 MES 的意义。
（2）能够熟练使用 MES 各模块的功能。

素养目标

（1）在实践过程中培养责任感、使命感。
（2）学习制造领域的 MES，了解行业的发展。

任务引导

引导问题 1：现代企业中应用哪些管理类软件，其作用是什么？

引导问题 2：简述 ERP 与 MES 的区别。

知识准备

随着技术的快速发展，企业的生产模式由原来的面向库存模式转变为面向订单模式，客户的需求越来越多样化，订单也逐步向小规模、多种类甚至定制化的方向发展，因此，单纯的自动化产线已无法应对多样化的需求。此外企业在生产过程中也存在生产调度信息化程度较低的问题。为提升企业信息化水平，引入 MES 具有极为重要意义：①通过引入 MES，能够提高生产管理决策的时效性；② MES 的应用能够保证生产数据的精准性；③通过引入 MES，能够提升管理流程的便捷性。

1. MES 的概念

制造执行系统（Manufacturing Execution Solution，MES）是面向生产制造车间的生产管理技术与实时信息同步系统，它介于企业上层生产计划系统和底层工业控制层之间。

国际制造执行系统协会（MESA）将 MES 定义为：在车间现场除了 ERP、CAD/

CAM 和工业控制之外的所有功能的集合。MES 主要是在 ERP 系统和企业的底层车间过程控制系统之间构建起一道桥梁。如果没有 MES，那么企业底层车间过程控制系统的实时动态信息就无法准确地反馈给上层管理和决策层。MES 可以对车间产品的生产状态和加工过程进行实时监控，这个过程通过软硬件结合来实现，并将这些信息进行汇总和整理，再传输给企业管理层进行生产管理的决策。同时将企业管理层的决策信息传达给下层车间。

MES 可以通过信息传递来优化从销售订单接收到生产计划发布到产品处理以及完成存储的整个产品过程。当车间发生紧急情况时，MES 能够根据情况可能造成的影响并结合当前的数据信息迅速做出工作分析和响应。这种应对生产现场变化的响应能力使 MES 能够减少企业内部无效的活动，更好地指导车间生产的运作管理，从而提高车间及时交货能力和生产回报率。

2. MES 的功能结构

MES 在 1990 年由 ARM 提出并使用，是将制造业管理系统（如 MRP Ⅱ、ERP、SCM 等）和控制系统（如 DCS、SCADA、PLC 等）集成在一起的中间层，是位于管理层和控制层之间的执行系统。根据标准化、功能组件化和模块化的原则，MESA 于 1997 年提出了著名的 MES 功能组件和集成模型。该模型主要包括 11 个功能模块：①生产资源分配与监控；②作业计划和排产；③工艺规格标准管理；④数据采集；⑤作业员工管理；⑥产品质量管理；⑦过程管理；⑧设备维护；⑨绩效分析；⑩生产单元调度；⑪ 产品跟踪。AMR 把遵照这 11 个功能模块的整体解决方案称为 MES Ⅱ。

MES 是一个庞大的系统，在实施过程中难度大，成本高，成功率低，没有成熟的基本理论支持。主要表现在：没有统一的管控系统集成技术术语、信息对象模型、活动模型和信息流的基本使用方法，用户、设备供应商、系统集成商三者间的需求交流困难，不同的硬件、软件系统集成困难，集成后的维护困难。针对这些问题，还需要在 MESA 功能模型即 MES Ⅱ的基础上，研究和开发相应的 MES 应用技术标准，用于描述和标准化这类软件系统。

1997 年，美国仪表学会启动编制 ISA-95 标准《企业控制系统集成》，于 2000 年开始发布。该标准后来被采纳为国际标准（ISO/IEC 62264），在我国被采纳为 GB/T 20720 系列标准，ISO/IEC 62264 定义了公认的 MES 标准基本框架，国际上主流的 MES 产品基本都遵循 ISO/IEC 62264 标准。

在 ISO/IEC 62264 标准中，制造运行管理被描述成四大范畴：生产运行管理、库存运行管理、质量运行管理和维护运行管理。图 8-1 所示为这四大范畴之间及其与车间外部的交互全景，构成了整个工厂的制造运行管理模型。可以看出，制造运行管理以生产运行管理为主线展开，其他三个范畴以及车间外的管理模块（如订单处理、成本核算、研究开发等）都是为生产运行管理提供支持的。

针对生产运行管理的八大活动：生产资源管理、产品定义管理、详细生产调度、生产分派、生产执行管理、生产数据采集、生产绩效分析和生产跟踪，如图 8-2 所示。

1）生产资源管理：提供关于制造系统资源的一切信息，包括人员、物料、设备和过程段；向业务管理系统（如 ERP）报告当前有哪些资源可用。

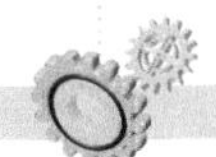

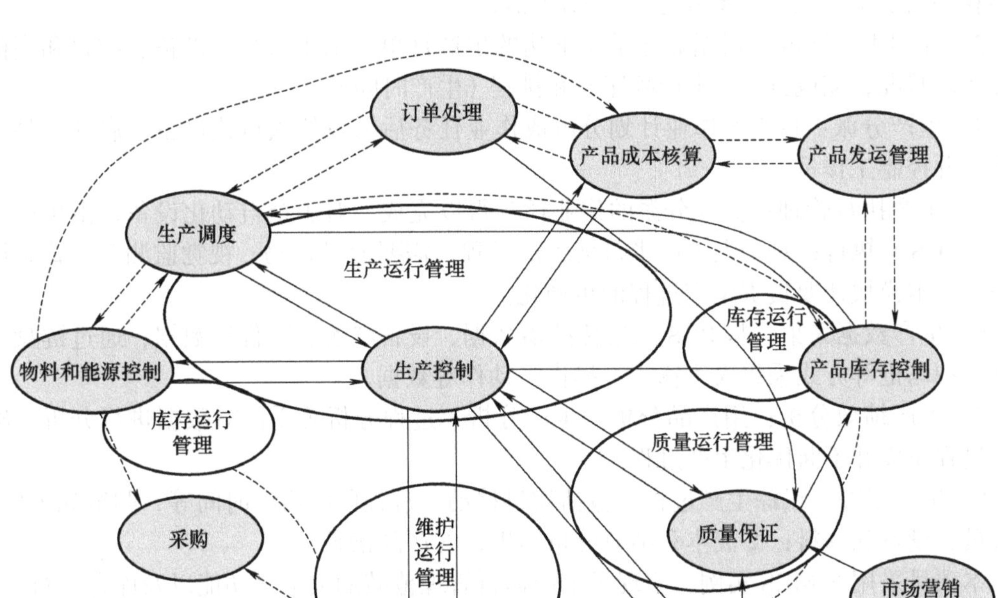

图 8-1 制造运行管理模型

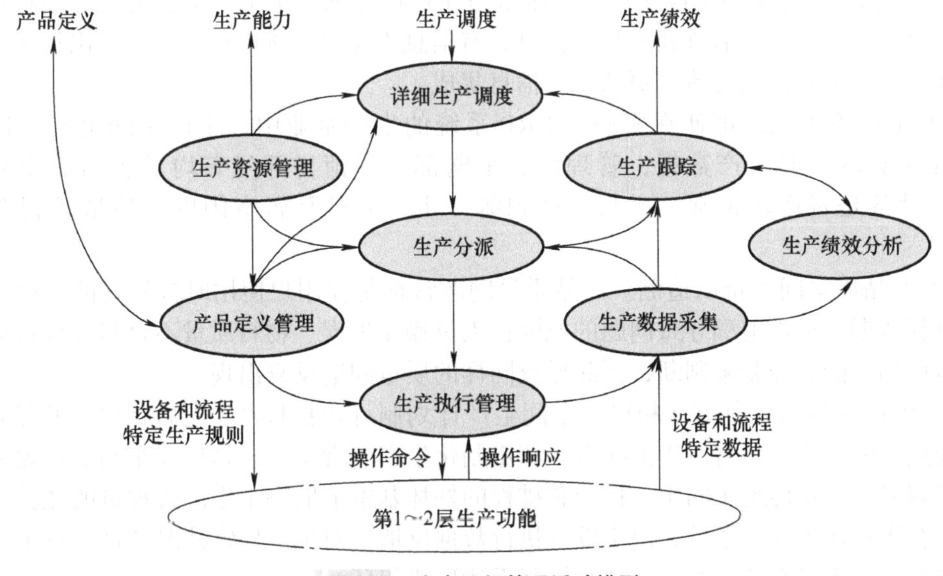

图 8-2 生产运行管理活动模型

2）产品定义管理：从ERP获取产品定义信息及关于如何生产产品的信息。管理与新产品相关的活动，包括一系列定义好的产品段。

3）详细生产调度：根据业务系统下达的生产订单，基于人员、设备、物料和当前生产任务的状况，完成排产（生产顺序）和排程（生产时间）。

4）生产分派：将生产作业计划分解成作业任务后派发给人员或设备，启动产品生产过程，并控制工作量。

5）生产执行管理：保证分派的作业任务得以完成。对于全自动化设备，由生产控制系统（PCS）执行；对于人工或半自动生产过程，需要通过扫码、视觉监测等方式确认任务完成。本模块还要负责生产过程的可视化。

6）生产数据采集：从PCS采集传感器数据、设备状态、事件等数据；通过键盘、触摸屏、扫码枪等方式采集人工输入、操作工动作等数据。

7）生产绩效分析：用产品分析、生产分析、过程分析等手段对数据进行分析，确认生产过程完成并不断优化生产过程。

8）生产跟踪：跟踪生产过程，包括物料移动、过程段的启停时间等，归纳如下信息：①人员、设备和物料；②成本和绩效分析结果；③产品谱系。

本项目采用的MES实例，实现了生产运行管理范畴的大部分功能以及库存运行管理、质量运行管理和设备运行管理范畴的主要功能。

3. MES的意义

在传统车间中，主要生产要素是“人、机、料”，即由人以手工方式或控制机器将物料变成产品。在相同的设备条件下，人的知识、技能和经验起主导作用，生产效率主要取决于车间管理者的能力和执行者的效率，对于离散型制造行业更是如此。具体来讲，传统车间有如下明显的基本问题：

1）信息记录与交换手段落后。采用纸质作业指导书、工单、工艺资料和领料单等载体来记录任务、签字、名称及数量等信息，有信息不完整、难以检索、容易出错等明显缺陷，无法形成完整的信息流，更谈不上信息集成。

2）生产不可见。即使在实施了ERP系统的生产企业中，生产车间也有“盲区”。由于无法获取实时生产数据，管理层、采购部门、销售部门等均无法知道物料是否缺少、设备是否运转正常、产品生产到哪一步、人员是否空闲以及质量是否合格等信息。

3）产品质量问题难以追溯。产品质量问题常常是在用户使用时被发现的，由于没有生产过程数据，很难追溯导致问题的原因：人员操作失误、物料质量不合格或设备运行异常。这些都只能靠经验来判断，因此导致同样的质量问题反复出现。

4）生产计划与控制方法粗糙。车间生产计划制订包括排产（先后顺序）和排程（精确时间点）两个步骤，这对于混线生产和定制化生产非常重要，是提高车间生产效率最关键的步骤之一。在传统车间中，排产和排程的好坏基本上取决于生产管理员的经验，无法精确。在作业任务被分派后，由于没有执行数据反馈，对生产异常情况处理、订单变更和绩效分析等都难以有效应对，计划和控制无法形成闭环。

显然，在传统车间中要实现精益管理很困难，更谈不上智能化。于是，人们就想，如

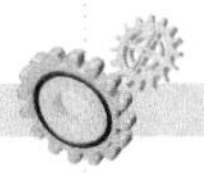

果机器、物料等实体具有人的智能，就可以将人类从繁重的体力或脑力劳动中解放出来，而且生产效率、产品质量等都会极大提升。计算机尤其是软件技术的发展提供了这种可能性。

MES 的意义主要表现为：

1）提升设备利用率，从而实现降本提效。

①可以提高设备的利用率，合理安排生产，减少空闲等待，避免设备超负荷和不饱合的状况出现。

②提高设备的完好率，提升设备的时间稼动率和性能稼动率，扩充设备的实际加工时间，可以减少每单位产品固定资产的折旧费用，从而降低生产成本。

2）提升人员效率，从而降低人力成本。

①对人员进行合理定岗定编，实行标准化作业，加强用人管理，控制人员投入、合理精减人员并安排到可产生价值的岗位上，来实现降低人力成本。

②将责任落实到部门或个人，完善收入分配制度，加强组织激励，加强个人激励，实行奖惩兑现，调动全体员工的积极性。

3）通过优化原材料采购到产品出货整个生产流程，实现降本提效。

①合理制定原材料、辅料、水电气等物资费用的标准定额，定期进行检讨，纠偏改善，从而降低成本。

②严格执行计量、检验和材料收发领退制度。

任务实施

任务基于生产性实训数控产线平台 MES 进行。本任务要求理解 MES 功能、结构、意义。任务书见表 8-1，完成后填写表 8-2。

表 8-1　任务书

<table>
<tr><td>任务名称</td><td colspan="8">了解 MES</td></tr>
<tr><td>班级</td><td></td><td>姓名</td><td></td><td>学号</td><td></td><td>组别</td><td colspan="2"></td></tr>
<tr><td>任务内容</td><td colspan="8">实操任务：
1. 讲述 MES 功能
2. 理解 MES 对企业的作用
要求：
操作前必须熟读步骤和注意事项，过程中需教师监督，工作区域内只允许操作人员站立</td></tr>
<tr><td>任务目标</td><td colspan="8">1. 了解 MES 的结构
2. 了解 MES 的意义</td></tr>
<tr><td colspan="3">资料</td><td colspan="2">工具</td><td colspan="4">设备</td></tr>
<tr><td colspan="3">MES 说明书</td><td colspan="2"></td><td colspan="4"></td></tr>
<tr><td colspan="3">生产性实训系统使用手册</td><td colspan="2"></td><td colspan="4"></td></tr>
</table>

表 8-2　任务完成报告书

任务名称	了解 MES						
班级		姓名		学号		组别	
任务内容							

拓展思考

根据 MES 在智能智造中的应用，思考 MES 与 ERP 之间的关系。

任务评价

参考表 8-3，对本任务进行评价，并根据完成的实际情况进行总结。

表 8-3　任务完成评价表

评价项目		评价要求	评分标准	分值	得分
任务内容	MES 结构	了解	结果性评分，了解 MES 构成模块	30 分	
	MES 应用	了解	结果性评分，了解 MES 适合的企业类型	30 分	
	MES 意义	熟悉	结果性评分，了解 MES 对企业的影响	40 分	
合计				100 分	

任务二 MES 操作

知识目标

（1）掌握 MES 各模块的组成。
（2）了解 MES 各模块下子模块的组成。

技能目标

（1）能够描述 MES 模块的名称。
（2）能够熟练完成 MES 各模块的操作。

素养目标

（1）在实践过程中培养责任感、使命感。
（2）学习制造领域的 MES，了解行业的发展。

任务引导

引导问题 1：MES 与其他工业软件系统的不同之处是什么？

引导问题 2：现在市面上主流 MES 厂家有哪些？

知识准备

MES通过计划编制、制定、执行、资源管理、数据采集等环节集成为一个高效的信息管理系统。整个系统由基础数据管理、物品管理、工艺管理、生产管理、质量管理、设备监控、系统管理、集成接口等模块组成。

1. 基础数据管理

基础数据包括部门资料、职工资料、站点资料、生产线，基础数据管理见表8-4。

表8-4　基础数据管理

部门资料			
序号	步骤	操作说明	注意事项
1	进入部门界面	在主界面上单击【基础数据】的子菜单【部门资料】或双击【基础数据】的子节点【部门资料】进入部门资料界面，如下图所示	
2	添加记录	添加记录是指添加部门信息，单击界面顶部工具栏中的【添加记录】或在表格中单击鼠标右键选择【添加记录】菜单，弹出添加部门信息的界面，如下图所示 分别录入编号、部门、备注，然后单击【确定】按钮实现添加功能	
3	修改记录	修改记录是指修改部门信息，选择要修改的部门记录，单击界面顶部工具栏中的【修改记录】或在表格中单击鼠标右键选择【修改记录】菜单，弹出修改部门信息的界面，修改数据即可	
4	删除记录	在表格中选中要删除的部门，单击界面顶部工具栏中的【删除记录】或在表格中单击鼠标右键选择【删除记录】菜单，即可删除记录	

（续）

职工资料			
序号	步骤	操作说明	注意事项
1	进入职工资料	在主界面上单击【基础数据】的子菜单【职工资料】或双击【基础数据】的子节点【职工资料】，进入职工资料界面，如下图所示 添加记录 修改记录 删除记录 编号 姓名 性别 所在部门 职位 001 张三 男 生产部 002 李四 男 生产部	
2	添加记录	添加记录是指添加职工信息，单击界面顶部工具栏中的【添加记录】或在表格中单击鼠标右键选择【添加记录】菜单，弹出添加职工信息界面，如下图所示 添加职工 编号 姓名 性别 男 部门 职务 确定(O) 取消(C) 分别录入编号、姓名、性别、部门、职务，然后单击【确定】按钮完成添加职工记录	
3	修改记录	修改记录是指修改员工信息，选择要修改的职工记录，单击界面顶部工具栏中的【修改记录】或在表格中单击鼠标右键选择【修改记录】菜单，弹出修改职工信息的界面，修改数据即可	
4	删除记录	在表格中选中要删除的职工，单击界面顶部工具栏中的【删除记录】或在表格中单击鼠标右键选择【删除记录】菜单，即可删除记录	

站点资料			
序号	步骤	操作说明	注意事项
1	进入站点资料	在主界面上单击【基础数据】的子菜单【站点资料】或双击【基础数据】的子节点【站点资料】，进入站点资料界面，如下图所示 添加记录 修改记录 删除记录 编号 名称 备注 WS000001 下料 下料 WS000002 白色杯身加工 对白色杯子的杯身进行加工 WS000003 黑色杯身加工 对黑色杯子的杯身进行加工 WS000004 金属杯身加工 对金属杯子的杯身进行加工 WS000005 白色杯子组装 对白色杯子的杯身和杯盖组装 WS000006 黑色杯子组装 对黑色杯子的杯身和杯盖组装 WS000007 金属杯子组装 对金属杯子的杯身和杯盖组装	

（续）

站点资料			
序号	步骤	操作说明	注意事项
2	添加记录	单击界面顶部工具栏中的【添加记录】或在表格中单击鼠标右键选择【添加】菜单，弹出添加站点界面，如下图所示 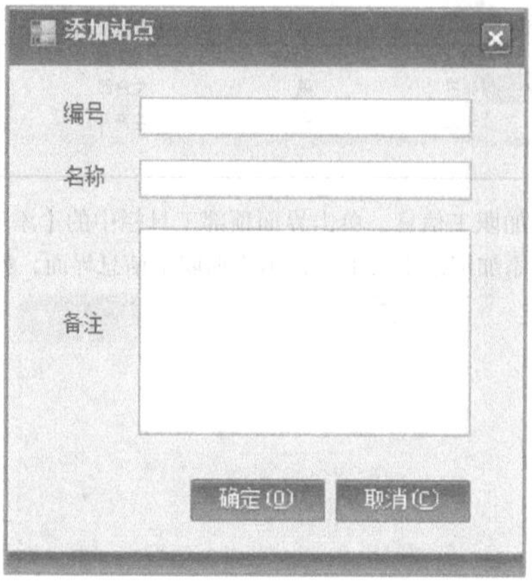 添加站点 编号 名称 备注 确定(O) 取消(C) 分别录入编号、名称、备注，然后单击【确定】按钮完成添加站点	
3	修改记录	选择要进行修改的站点记录，单击界面顶部工具栏中的【修改记录】或在表格中单击鼠标右键选择【修改记录】菜单，弹出修改站点信息界面，修改数据即可	
4	删除记录	选择要删除的站点，单击界面顶部工具栏中的【删除记录】或在表格中单击鼠标右键选择【删除记录】菜单	

生产线			
序号	步骤	操作说明	注意事项
1	进入生产线资料	在主界面上单击【基础数据】的子菜单【生产线】或双击【基础数据】的子节点【生产线】，进入站点资料界面，如下图所示 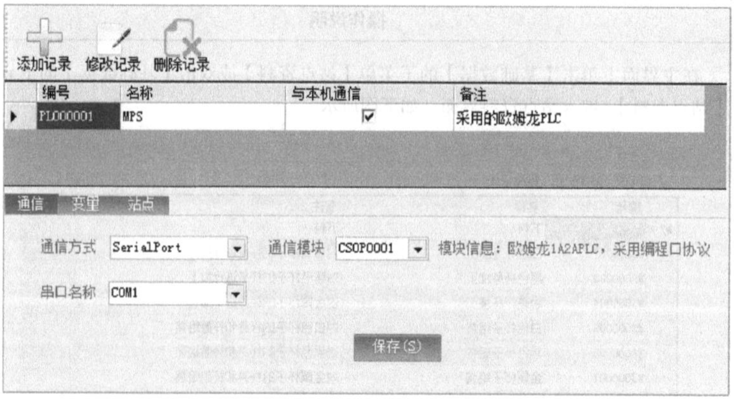 添加记录 修改记录 删除记录 编号 名称 与本机通信 备注 PL000001 MPS ☑ 采用的欧姆龙PLC 通信 变量 站点 通信方式 SerialPort 通信模块 CSOP0001 模块信息：欧姆龙1A2APLC，采用编程口协议 串口名称 COM1 保存(S)	

（续）

<table>
<tr><th colspan="4">生产线</th></tr>
<tr><th>序号</th><th>步骤</th><th>操作说明</th><th>注意事项</th></tr>
<tr><td>2</td><td>添加
记录</td><td>单击界面顶部工具栏中的【添加记录】或在表格中单击鼠标右键选择【添加】菜单弹出添加生产线界面，如下图所示

添加生产线
编号
名称
☑与本机通信
备注
确定(O) 取消(C)

分别录入编号、名称、备注，选择是否与本机通信后，单击【确定】按钮。选中“与本机通信”表示该生产线与本台计算机进行连接。添加生产线后，要对通信、变量、站点进行设置，如下图所示，对通信的内容进行设置后，单击【保存】按钮

通信 变量 站点
<table>
<tr><th>元件编号</th><th>元件用途</th><th>元件类型</th><th>元件地址</th><th>备注</th></tr>
<tr><td>CM0001</td><td>启动</td><td>离散输入继电器</td><td>0.0</td><td>启动</td></tr>
<tr><td>CM0002</td><td>停止</td><td>离散输入继电器</td><td>0.1</td><td>停止</td></tr>
<tr><td>CM0003</td><td>完成</td><td>寄存器</td><td>100</td><td>完成标识</td></tr>
<tr><td>CM0004</td><td>完成</td><td>寄存器</td><td>101</td><td>完成标识</td></tr>
<tr><td>CM0005</td><td>完成</td><td>寄存器</td><td>102</td><td>完成标识</td></tr>
<tr><td>CM0006</td><td>完成</td><td>寄存器</td><td>103</td><td>完成标识</td></tr>
<tr><td>CM0007</td><td>完成</td><td>寄存器</td><td>104</td><td>完成标识</td></tr>
<tr><td>CM0008</td><td>完成</td><td>寄存器</td><td>105</td><td>完成标识</td></tr>
</table>
在上图中单击鼠标右键选择【添加】菜单，弹出添加生产线变量，界面如下图所示

添加变量
元件编号
元件用途
元件类型
元件地址
备　注
确定(O) 取消(C)

分别录入元件编号、元件用途、元件类型、元件地址，录入完毕后单击【确定】按钮。单击站点选项卡进行站点设置，如下图所示</td><td></td></tr>
</table>

（续）

生产线			
序号	步骤	操作说明	注意事项
2	添加记录	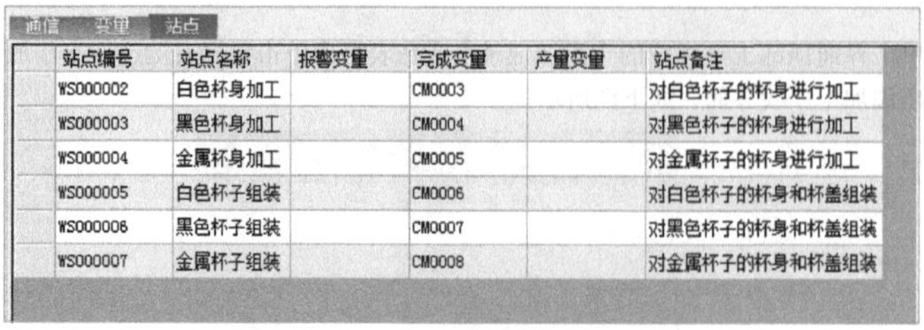 通信 变量 站点 站点编号 站点名称 报警变量 完成变量 产量变量 站点备注 WS000002 白色杯身加工 CM0003 对白色杯子的杯身进行加工 WS000003 黑色杯身加工 CM0004 对黑色杯子的杯身进行加工 WS000004 金属杯身加工 CM0005 对金属杯子的杯身进行加工 WS000005 白色杯子组装 CM0006 对白色杯子的杯身和杯盖组装 WS000006 黑色杯子组装 CM0007 对黑色杯子的杯身和杯盖组装 WS000007 金属杯子组装 CM0008 对金属杯子的杯身和杯盖组装 在上图中单击鼠标右键选择【添加】菜单，弹出添加生产线站点界面，如下图所示  添加站点 站点编号 站点名称 报警变量 完成变量 产量变量 站点备注 确定(O) 取消(C)	
3	修改记录	修改记录与添加记录操作相似，不再赘述	
4	删除记录	选择要删除的生产线，单击界面顶部工具栏中的【删除记录】或在表格中单击鼠标右键选择【删除记录】菜单	

2. 物品管理

物品包括物料资料和成品资料，物品管理见表 8-5。

表 8-5　物品管理

物料资料			
序号	步骤	操作说明	注意事项
1	进入物料资料	在主界面上单击【物品管理】的子菜单【物料资料】或双击【物品管理】的子节点【物料资料】，进入物料资料界面，如下图所示 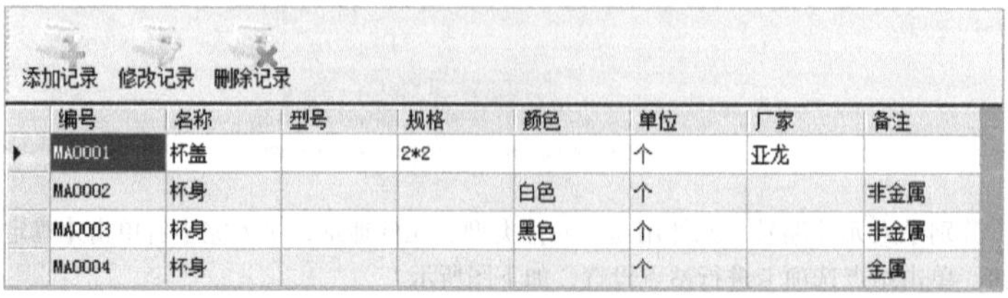 添加记录 修改记录 删除记录 编号 名称 型号 规格 颜色 单位 厂家 备注 MA0001 杯盖 2*2 个 亚龙 MA0002 杯身 白色 个 非金属 MA0003 杯身 黑色 个 非金属 MA0004 杯身 个 金属	

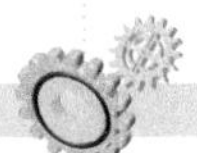

（续）

物料资料			
序号	步骤	操作说明	注意事项
2	添加记录	单击界面顶部工具栏中的【添加记录】或在表格中单击鼠标右键选择【添加】菜单，弹出添加物料界面，如下图所示 添加物料 编号 名称 型号 规格 颜色 单位 厂家 备注 确定(O) 取消(C) 分别录入物料的编号、名称、型号、规格、颜色、单位、厂家、备注，然后单击“确定”按钮	
3	修改记录	选择要修改的物料，单击界面顶部工具栏中的【修改记录】或在表格中单击鼠标右键选择【修改记录】菜单，弹出修改物料界面，修改数据即可	
4	删除记录	选择要删除的物料，单击界面顶部工具栏中的【删除记录】或在表格中单击鼠标右键选择【删除记录】菜单	

成品资料			
序号	步骤	操作说明	注意事项
1	进入成品资料	在主界面上单击【物品管理】的子菜单【物品资料】或双击【物品管理】的子节点【物品资料】，进入成品资料界面，如下图所示 添加记录 修改记录 删除记录 编号 名称 型号 规格 颜色 单位 备注 PD0001 杯子 白色 个 非金属 PD0002 杯子 黑色 个 非金属 PD0003 杯子 金属 个 金属 成品表 PD0001 BOM 编号 名称 型号 规格 颜色 数量 单位 MA0001 杯盖 2*2 1 个 MA0002 杯身 白色 1 个 成品BOM表	

（续）

成品资料			
序号	步骤	操作说明	注意事项
2	添加记录	单击界面顶部工具栏中的【添加记录】或在成品表中单击鼠标右键选择【添加】菜单弹出添加产品界面，如下图所示 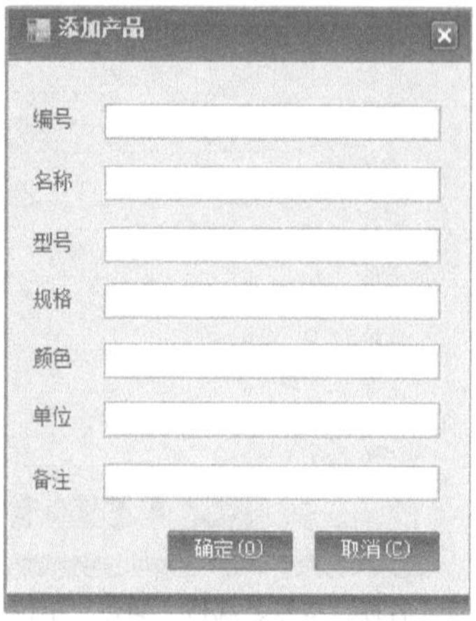 分别录入成品的编号、名称、型号、规格、颜色、单位、备注，单击【确定】按钮。在成品 BOM 表单击鼠标右键选择【添加】菜单，弹出添加产品 BOM 界面，如下图所示 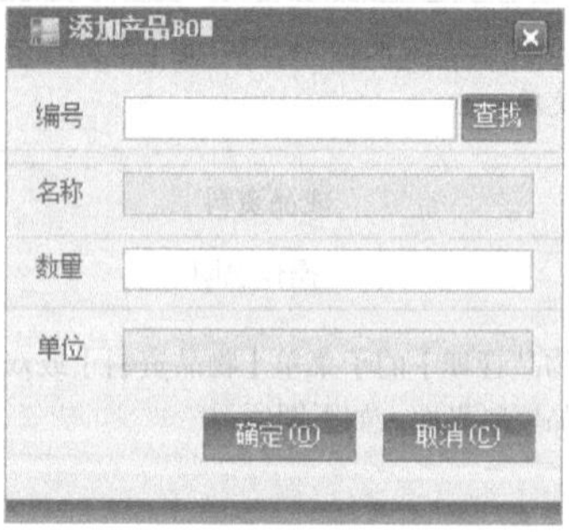 录入产品编号及数量，单击【确定】按钮	
3	修改记录	选择要修改的物品或产品 BOM，单击界面顶部工具栏中的【修改记录】或在表格中单击鼠标右键选择【修改记录】菜单，弹出修改界面，然后修改数据即可	
4	删除记录	选择要删除的物品，单击界面顶部工具栏中的【删除记录】	

3. 工艺管理

工艺包括工艺资料和工艺流程，工艺管理见表 8-6。

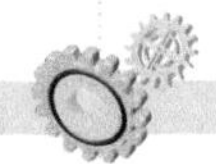

表 8-6 工艺管理

工艺资料			
序号	步骤	操作说明	注意事项
1	进入工艺资料	在主界面上单击【工艺管理】的子菜单【工艺资料】或双击【工艺管理】的子节点【工艺资料】，进入工艺资料界面，如下图所示 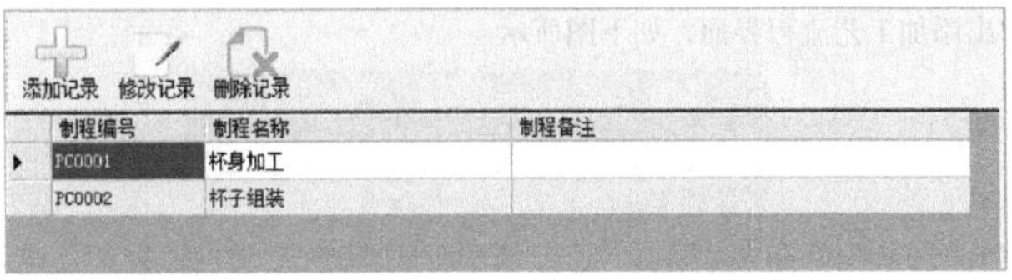 添加记录 修改记录 删除记录 制程编号 | 制程名称 | 制程备注 PC0001 | 杯身加工 | PC0002 | 杯子组装 |	
2	添加记录	单击顶部工具栏中的【添加记录】或在表格中单击鼠标右键选择【添加】菜单，弹出添加工艺资料界面，如下图所示 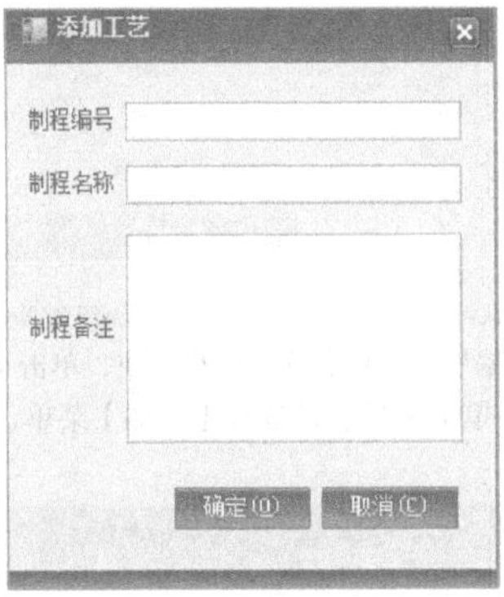 添加工艺 制程编号 制程名称 制程备注 确定(O) 取消(C) 分别录入工艺的制程编号、制程名称、制程备注，单击【确定】按钮	
3	修改记录	修改记录与添加记录操作相似	
4	删除记录	选择要删除的工艺制程，单击界面顶部工具栏中的【删除记录】	

工艺流程			
序号	步骤	操作说明	注意事项
1	进入工艺流程	在主界面上单击【工艺管理】的子菜单【工艺流程】或双击【工艺管理】的子节点【工艺流程】，进入工艺流程界面，如下图所示 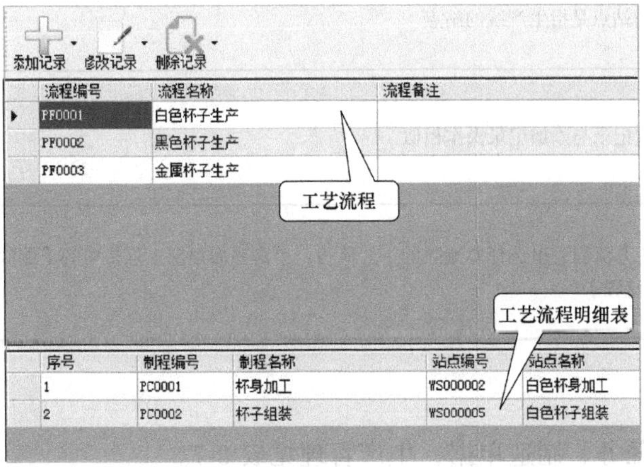 添加记录 修改记录 删除记录 流程编号 | 流程名称 | 流程备注 PF0001 | 白色杯子生产 | PF0002 | 黑色杯子生产 | PF0003 | 金属杯子生产 | 工艺流程 工艺流程明细表 序号 | 制程编号 | 制程名称 | 站点编号 | 站点名称 1 | PC0001 | 杯身加工 | WS000002 | 白色杯身加工 2 | PC0002 | 杯子组装 | WS000005 | 白色杯子组装	

（续）

工艺流程			
序号	步骤	操作说明	注意事项
2	添加记录	单击顶部工具栏中的【添加记录】或在工艺流程表中单击鼠标右键选择【添加】菜单，弹出添加工艺流程界面，如下图所示 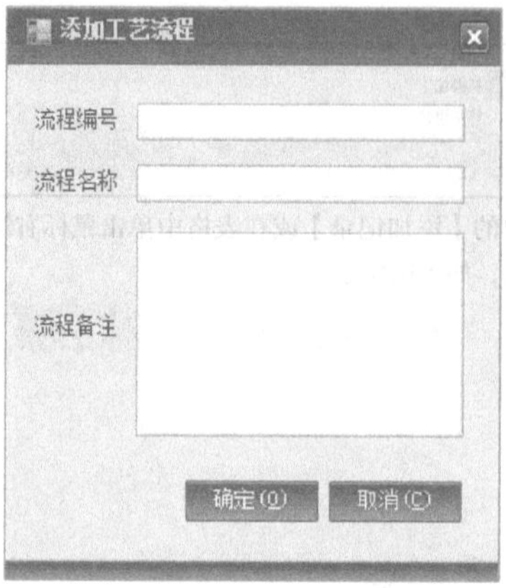 分别录入工艺的流程编号、流程名称、流程备注，单击【确定】按钮 在工艺流程明细表中单击鼠标右键选择【添加】菜单，弹出添加工艺流程项目界面，如下图所示 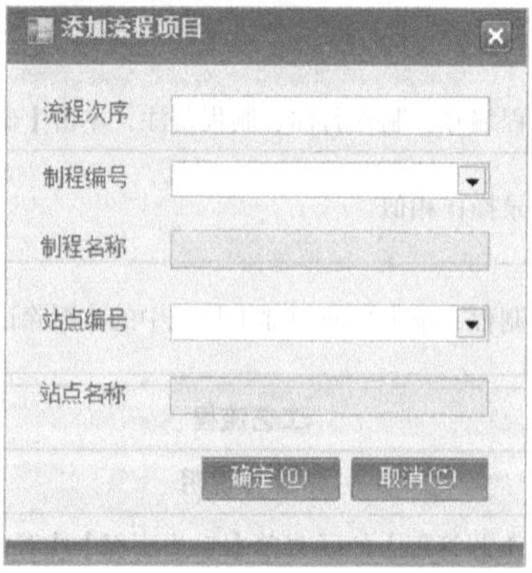 分别录入流程次序、制程编号、（制程名称）、站点编号，然后单击【确定】按钮。这里的站点是指生产线的站点	
3	修改记录	修改记录与添加记录操作相似	
4	删除记录	在工艺流程表里选择要删除的工艺流程，单击界面顶部工具栏中的【删除记录】→【工艺流程】	

4. 生产管理

生产包括生产任务、制造单据，生产管理见表 8-7。

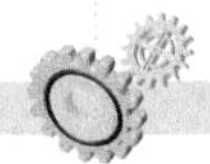

表 8-7 生产管理

生产任务			
序号	步骤	操作说明	注意事项
1	进入生产任务	在主界面上单击【生产管理】的子菜单【生产任务】或双击【生产管理】的子节点【生产任务】，进入工艺流程界面，如下图所示 添加记录 修改记录 删除记录 工具栏 工单编号 产品编号 产品名称 流程编号 流程名称 排产数量 001 PD0001 杯子 PF0001 白色杯子生产 12 生产任务表 产品生产途程表 制程编号 制程名称 站点编号 站点名称 物品类别 物品编号 物品名称 生产线编号 生产线名称 PC0001 杯身加工 WS000002 白色... PC0002 杯子组装 WS000005 白色...	
2	添加记录	单击顶部工具栏中的【添加记录】或在生产任务表中单击鼠标右键选择【添加】菜单，弹出添加生产任务单界面，如下图所示 添加生产任务单 工单编号 产品编号 产品名称 工单状态 未完工 流程编号 流程名称 排产数量 产品单位 下单日期 已产数量 0 完成日期 下单员工 Admin 确定(O) 取消(C) 分别录入工单编号、产品编号、流程编号、排产数量，单击【确定】按钮。然后对产品的途程进行设置，在产品生产途程表选中某个途程，单击鼠标右键，然后选择【设置】菜单，弹出设置途程界面，如下图所示 制造途程设置 制程编号 PC0001 制程名称 杯身加工 物品类别 物品编号 物品名称 站点编号 WS000002 生产线号 生产线名称 确定(O) 取消(C) 分别录入物品类别、物品编号、生产线号，单击【确定】按钮	

（续）

生产任务			
序号	步骤	操作说明	注意事项
3	修改记录	修改记录与添加记录操作相似	
4	删除记录	在生产任务表里选择要删除的生产任务单，单击界面顶部工具栏中的【删除记录】或单击鼠标右键选择【删除】菜单	

制造单据			
序号	步骤	操作说明	注意事项
1	进入制造单据	在主界面上单击【生产管理】的子菜单【制造单据】或双击【生产管理】的子节点【制造单据】，进入工艺流程界面，如下图所示 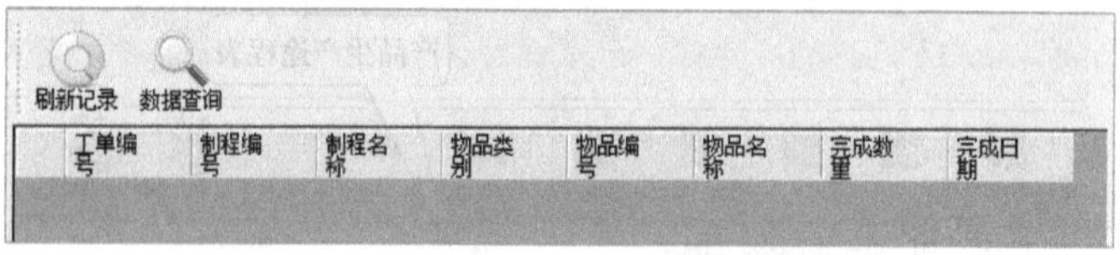 刷新记录 数据查询 工单编号 制程编号 制程名称 物品类别 物品编号 物品名称 完成数量 完成日期	
2	刷新记录	制造单据是系统自动生成的，表中的数据不会及时更新，因此需要手动刷新。单击工具栏的【刷新记录】或单击鼠标右键选择【刷新记录】	
3	数据查询	单击工具栏的“数据查询”或单击鼠标右键选择“数据查询”，弹出【制造单据查找】对话框，如下图所示 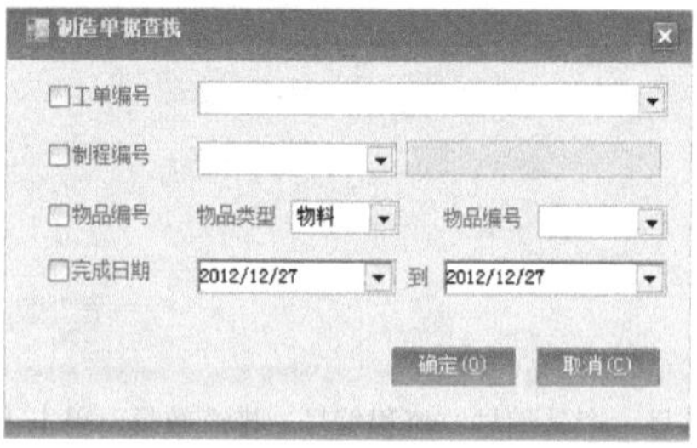 制造单据查找 工单编号 制程编号 物品编号 物品类型 物料 物品编号 完成日期 2012/12/27 到 2012/12/27 确定(O) 取消(C) 录入要查找的内容，单击【确定】按钮	

5. 设备监控

设备监控见表 8-8。

表 8-8 设备监控

序号	步骤	操作说明	注意事项
1	进入生产线控制界面	在主界面上单击【设备监控】的子菜单【生产线控制】或双击【设备监控】的子节点【生产线控制】进入生产线控制界面，如下图所示 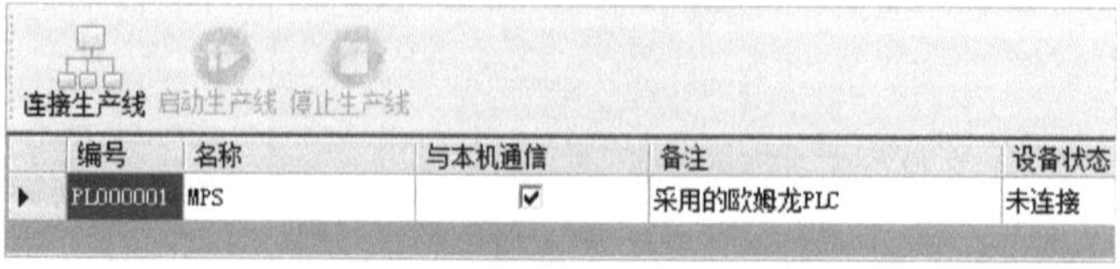 连接生产线 启动生产线 停止生产线 编号 名称 与本机通信 备注 设备状态 PL000001 MPS ☑ 采用的欧姆龙PLC 未连接	
2	连接生产线	单击工具栏的【连接生产线】或单击鼠标右键选择【连接生产线】	

（续）

序号	步骤	操作说明	注意事项
3	启动生产线	单击工具栏的【启动生产线】或单击鼠标右键选择【启动生产线】	
4	停止生产线	单击工具栏的【停止生产线】或单击鼠标右键选择【停止生产线】	

6. 系统管理

系统管理见表 8-9。

表 8-9 系统管理

序号	步骤	操作说明	注意事项
1	用户管理	单击顶部工具栏中的“添加记录”或在生产任务表中用鼠标右键选择【添加】菜单弹出添加用户界面，如下图所示 添加用户 用户编号 001 用户名字 张三 权限 ☑基础数据 ☑物料管理 ☑途程管理 ☐生产管理 ☐设备监控 ☐系统管理 确定(O) 取消(C) 录入用户名字，设置好权限，单击【确定】按钮	
2	修改记录	修改记录与添加记录操作相似	
3	删除记录	选择要删除的用户，单击界面顶部工具栏中的【删除记录】	
4	密码设置	在主界面上单击【系统管理】的子菜单【密码设置】或双击【系统管理】的子节点【密码设置】进入密码设置界面，如下图所示 修改密码 旧密码 新密码 确认值 确定(O) 取消(C) 分别录入旧密码、新密码、确认值，单击【确定】按钮	

任务实施

任务基于生产性实训数控产线平台 MES 进行。本任务要求对 MES 进行操作，完成基础数据管理、物品管理、工艺管理、生产管理、设备监控、系统管理等操作。任务书见表 8-10，完成后填写表 8-11。

表 8-10　任务书

<table>
<tr><td>任务名称</td><td colspan="7">MES 操作</td></tr>
<tr><td>班级</td><td></td><td>姓名</td><td></td><td>学号</td><td></td><td>组别</td><td></td></tr>
<tr><td>任务内容</td><td colspan="7">实操任务：
1. MES 软件的认识及操作
2. 基础数据管理、物品管理、工艺管理、生产管理、设备监控、系统管理的操作
要求：
操作前必须熟读步骤和注意事项，过程中需教师监督，工作区域内只允许操作人员站立</td></tr>
<tr><td>任务目标</td><td colspan="7">1. 掌握 MES 各模块的组成
2. 掌握 MES 中建立、修改和检索生产资料数据资源
3. 掌握 MES 制定生产计划、排产、分派任务等业务</td></tr>
<tr><td colspan="3">资料</td><td colspan="2">工具</td><td colspan="3">设备</td></tr>
<tr><td colspan="3">MES 说明书</td><td colspan="2">常用工具</td><td colspan="3">生产性实训系统</td></tr>
<tr><td colspan="3">生产性实训系统使用手册</td><td colspan="2"></td><td colspan="3"></td></tr>
</table>

表 8-11　任务完成报告书

<table>
<tr><td>任务名称</td><td colspan="7">MES 操作</td></tr>
<tr><td>班级</td><td></td><td>姓名</td><td></td><td>学号</td><td></td><td>组别</td><td></td></tr>
<tr><td>任务内容</td><td colspan="7"></td></tr>
</table>

拓展思考

根据 MES 在智能制造中的应用，思考使用 MES 如何实现车间制造过程中的质量管理？请写出车间加工过程收集和管理质量数据的步骤。

任务评价

参考表 8-12，对本任务进行评价，并根据完成的实际情况进行总结。

表 8-12　任务完成评价表

评价项目		评价要求	评分标准	分值	得分
任务内容	MES 基础数据管理	规范操作	结果性评分，MES 建立、修改和检索生产资源数据；建立、修改和检索产品定义数据	25 分	
	MES 生产管理	规范操作	结果性评分，使用 MES 制定生产计划、排产、分派任务、接收生产任务、采集生产数据、控制和跟踪审查过程	25 分	
	MES 物品管理	规范操作	结果性评分，使用 MES 管理生产物料库存、管理成品库存、分派和跟踪生产物料	25 分	
	MES 设备管理	规范操作	结果性评分，使用 MES 管理车间设备资产、设备维护	25 分	
合计				100 分	

参考文献

[1] 汪励，陈小艳 . 工业机器人工作站系统集成 [M]. 2 版 . 北京：机械工业出版社，2020.

[2] 李志谦 . 精通 FANUC 机器人编程、维护与外围集成 [M]. 北京：机械工业出版社，2020

[3] 陈晓明，霍永红，项万明 . 工业机器人应用编程（FANUC）初级 [M]. 北京：机械工业出版社，2021.

[4] 王哲禄，何红军 . 工业机器人应用编程与集成技术 [M]. 北京：机械工业出版社，2022.

[5] 廖常初 . S7–1200 PLC 应用教程 [M]. 2 版 . 北京：机械工业出版社，2020.

[6] 乡碧云 . 自动化生产线组建与调试：YL–335B 数字孪生虚实调试技术 [M]. 3 版 . 北京：机械工业出版社，2022.